2026 MBA MPA MEM MPAcc

管理类联考数学

条件充分性判断400题

100%原创题

紧扣真题新考法

抢分冲刺

主编 ◎ 罗瑞 吕建刚

中国政法大学出版社

2025 · 北京

图书在版编目（CIP）数据

管理类联考数学. 条件充分性判断 400 题 / 罗瑞, 吕建刚主编. -- 北京 : 中国政法大学出版社, 2025. 7（2025.10 重印）. -- ISBN 978-7-5764-2109-5

Ⅰ. O13-44

中国国家版本馆 CIP 数据核字第 2025KK4347 号

出 版 者　中国政法大学出版社

地　　址　北京市海淀区西土城路 25 号

邮寄地址　北京 100088 信箱 8034 分箱　邮编 100088

网　　址　http://www.cuplpress.com (网络实名：中国政法大学出版社)

电　　话　010-58908285(总编室) 58908433（编辑部） 58908334(邮购部)

承　　印　河北燕山印务有限公司

开　　本　787mm×1092mm　1/16

印　　张　16.5

字　　数　387 千字

版　　次　2025 年 7 月第 1 版

印　　次　2025 年 10 月第 4 次印刷

定　　价　59.80 元（全 2 册）

新考法，新学法

——带你一起搞定条充题

感谢大家选择《条充400题》！

当你打开这本书，考研已经进入了备考的白热化阶段．“我怎么在考前这几个月掌握条充题的解题方法、提高自己的分数呢”，是摆在大部分考生面前亟待解决的问题．

在开始学习之前，请大家先认真阅读前言，了解以下内容：

1.“条充题出现了哪些命题变化？”

2.“面对这些变化，我要做哪些准备？”

3.“新版400题优化了哪些内容？”

4.“不同考生应该怎么安排学习？”

相信通过对这些内容的学习，你一定能在400题的帮助下，重新认识和掌握条充题，找到提高的突破口，从而更从容地应对条充题，实现数学分数的真正提高．

一、2025年条充题的“3变”和“2不变”

2025年管综数学真题，虽然考查题型、题型顺序没有变化，但是在条充题的命题上出现了以下3大变化(简称“3变”)：

1. 无数字型题目增多，抽象化趋势增强

条充题最典型的难点就是题目没有给具体的数值，而是采用了更为抽象的表述方式“已知xxx的值”．这种趋势在近5年的真题中尤为明显，今年的题目数量更是达到了近几年来的峰值．

例1 (2025年真题)甲、乙、丙三人共同完成了一批零件的加工，三人的工作效率互不相同，已知他们的工作效率之比．则能确定这批零件的数量．

(1)已知甲、乙两人加工零件数量之差．

(2)已知甲、丙两人加工零件数量之和．

2. 综合性题目增多，多个知识点交叉考查

2025 年的条充题在命题形式上更加新颖，不仅考查对单个知识点的掌握程度，还更加注重多个知识点的综合运用．例如：第 22 题结合了几何和方程的知识，题意本身就不好理解，且证明过程也颇为复杂；第 23 题涉及了复杂的不等式，且带有绝对值，进一步加大了题目的难度；第 25 题首次出现二次函数与圆的交点问题，这无疑是对数学素养的一次全面考验．

例 2（2025 年真题）设 p，q 是常数，若等腰三角形的底和腰长分别是方程 $x^2-3px+q=0$ 的两个不同的解．则可以确定该三角形的形状．

(1) $q\leqslant 2p^2$.

(2) $p\geqslant 2$.

例 3（2025 年真题）已知曲线 L：$y=a(x-1)(x-7)$．则能确定实数 a 的值．

(1) L 与圆 $(x-4)^2+(y+1)^2=10$ 有三个交点．

(2) L 与圆 $(x-4)^2+(y-4)^2=25$ 有四个交点．

3. 题目陷阱增多，条件关系模糊，不好判断

在基础概念上挖坑．例如：第 21 题在“实数”这一基础概念上设置了陷阱，要求大家对有理数、无理数、实数的概念有深入的理解．这种陷阱的设置，考查的是对基础知识的掌握程度和思维的严谨性．

例 4（2025 年真题）设 a，b 为实数．则 $(a+b\sqrt{2})^{\frac{1}{2}}=1+\sqrt{2}$.

(1) $a=3$，$b=2$.

(2) $(a-b\sqrt{2})(3+2\sqrt{2})=1$.

条件关系模糊．很多题目的条件关系并不明确，大家难以判断条件是独立关系还是互补关系．这导致往年常用的蒙猜技巧在今年的题目中难以发挥作用，更多时候大家需要按部就班地进行分析和推理．

面对以上提到的这些变化，大家也不要过于担心，我们要透过现象看本质，抓住条充题的“2 不变”：

1. 大纲考点不变，对基础知识的理解和应用，在任何时候都是重中之重

不管题目如何变形，出题角度多么新奇，都是建立在各种基础知识之上的，脱离不了大纲考点的范围．所以大家要理解基础概念，并能熟练运用各种基本技能，如代数运算、函数方程和不等式的运算、几何证明、应用题的推理等，以应对复杂多变的题目．

2. 条充题的本质不变，解题思路不变

条充题的本质就是判断条件是否能够推导出结论．解题时，首先需要明确题目中的条件和结论，然后再选用合适的解题方法进行解答，如直接推导法、赋值法等．大家需要熟练掌握这些方法，并能够根据题目特点灵活选择．

二、如何更好地应对2026年条充题

1. 重视基础知识的复习，构建完整知识体系

基础是解题的基石，大家在深入学习条充题之前，需要对各个母题涉及的基础概念、公式定理、多种变式和解题方法等有深入的理解，再以这些知识点为脉络，建立完整的知识体系．

例5（2024年真题）设a为实数，$f(x)=|x-a|-|x-1|$．则$f(x)\leqslant 1$.

(1)$a\geqslant 0$.

(2)$a\leqslant 2$.

我们可以看出，本题考查的知识点是：绝对值线性和问题中的“两个线性差”，而考查形式是不等式的恒成立问题，这些都是管综数学的必考知识点，做题之前必须要掌握，我们在《数学要点7讲》和《数学母题800练》中，对管综数学所有的考点、题型、对应方法都有详细的阐述，掌握了这些之后，才能更快速解题．

2. 提升综合解题能力

面对命题形式新颖、综合性强的题目，大家需要注重知识点之间的综合运用，可以通过做一些跨章节的综合题来提升这方面的能力．在本书中，我们精编了大量综合性、难度较大的题目，专门解决这方面的痛点．

3. 加强对无数字型题目的训练

由于无数字型题目的趋势加强，大家需要通过大量练习来适应这种出题模式．在本书中，我们有讲解对应的解题方法，同时也配备了丰富的原创习题加以练习，能够有效提高此类题目的正确率．

4. 警惕题目陷阱

大家在做题时需要更加细心，很多容易忽略的点会导致本该做对的题目失分，例如：对于联合很显然的题，不要一上来就联合，严格按照先单独判断条件(1)和条件(2)的充分性，都不充分再判断联合后的充分性．在本书中，我们总结了近20年真题，汇总出5个最常见的命题陷阱，详细描述了其特点和应对方法，此部分同学们一定要认真学习，尽量减少无谓失误．

5. 重视真题，多做总结

通过多做历年真题，可以更好地了解考试趋势和题型，同时检验自己的备考效果．在做题过程中，要注重总结错题和难题，以便后续针对性复习．本书有设置近5年真题(条充题)板块，并配备详细解析，可供同学们练习，大家也可以自行练习其余年份真题，加深对真题的了解．

三、2026《条充400题》有哪些优化升级

在系统研究近20年真题(尤其近5年命题趋势)的基础上，结合2025届考生考后反馈、面对面学情诊断，以及乐学喵数学教研室全体教师的深度研讨，我们对《条充400题》进行了全面修订．今年的版本延续了“100%原创命题，紧扣真题新考法”的出版标准，做了一些“方法瘦身”和“增肌

训练”，并进一步优化了题型结构．全书以中档题为主体，科学配置难题与创新题，既确保对核心考点的全覆盖，更着力于预判命题新动向，“见的题越多样化，考场上越从容”．

1. 从新考法里，挖掘“新方法”，抓本质——对应本书第 1 部分

本部分内容			优化内容	解决问题
条充题破题技巧	条充题破题本质	说明条充题的难点以及通过等价转化来规范做题思路	今年 100%全新增加	对条充题的命题形式很陌生，不知从何处入手
	2 大破题思路	详细讲解从条件出发和从结论出发两种思路	对思路和方法进行了结构上和例题上的优化	解题思路混乱，缺乏灵活多样的解题策略，难以应对不同类型的题目

2. 从应试角度，巧设陷阱识别技巧——对应本书第 2 部分

本部分内容		优化内容	解决问题
5 大命题陷阱	以真题为样本，总结 5 种常见陷阱类型，帮助大家快速识别各类陷阱	对陷阱说明和试题都做了优化	对命题陷阱缺乏认识，导致不必要的失分； 缺乏应对陷阱的策略，导致解题过程中频繁出错

3. 从考场角度，灵活设置做题小技能——对应本书第 3 部分

本部分内容		优化内容	解决问题
7 大条件关系	根据历年真题，归纳了 7 种易判断的条件关系，提供各个条件关系的特点、真题特征和解题技巧	对条件特点和试题都做了优化	缺乏判断条件关系的技巧，做题速度慢

4. 追本溯源，大纲考点专项巩固，查漏补缺——对应本书第 4 部分

本部分内容		优化内容	解决问题
7 大专项冲刺	①按照考试大纲分为 7 个专项，覆盖所有母题模型； ②根据每个专项在真题的考查频率设置题目数量，让大家掌握这些考点在条充题中的应用； ③含有大量无数字型的题目和部分陷阱题目	①每道题的解析新增破题思路； ②题目更新比例 65%	对条充题缺乏足够的训练，解题能力较弱，难以在考试中取得高分

5. 真题验证，好的方法具有极高的适配性——对应本书第 5 部分

本部分内容		使用说明	优化内容
真题必刷卷	提供近 5 年条充真题（2021—2025 年），每道题配有详细解析	对每套题进行限时（30 分钟）仿真模考	每道题的解析新增破题思路，部分解题方法优化

6. 模考预测，原创高质量必刷套卷——对应本书第 6 部分

<table>
<tr><th colspan="2">本部分内容</th><th>优化内容</th><th>解决问题</th></tr>
<tr><td>满分必刷卷</td><td>共 15 套模拟卷，整体难度由易到难，每套试卷标注难度星级</td><td>①题目更新比例 75%；
②每道题的解析新增破题思路</td><td>①缺乏模拟考试的经历；
②缺乏高难度题目的练习；
③难以应对考试中的难题</td></tr>
</table>

四、不同考生怎么学习 400 题

我们根据大家对考试分数要求的不同，制定如下学习计划：

<table>
<tr><th rowspan="2">学习情况</th><th colspan="3">分数要求</th></tr>
<tr><th>190 分以内</th><th>190～210 分</th><th>210 分以上</th></tr>
<tr><td>第 1 部分</td><td colspan="3" rowspan="2">①本部分是全书的重点，所有分数段学生均需掌握；
②充分掌握所有内容，具体到每个技巧、每道例题；
③建议至少学 2 遍，达到全面掌握</td></tr>
<tr><td>第 2 部分</td></tr>
<tr><td>第 3 部分</td><td colspan="2">作为第 1、2 部分的补充学习，提高蒙猜得分率
帮助快速定位选项范围</td><td>选择性学习</td></tr>
<tr><td>第 4 部分
第 5 部分
第 6 部分</td><td>①可以把精力重点放在第 4、5 部分，要做到扎实掌握；
②第 6 部分根据难易度情况，对于较难的题目可以选择性跳过，特别是 5 星级的套卷；
③正确率达 50%以上即可</td><td>①全面掌握第 4 部分题目，争取学会每道题；
②第 5、6 部分要限时 30 分钟完成；
③正确率达 70%以上</td><td>①熟练掌握第 4 部分题目，吃透每道题；
②第 5、6 部分要限时 25 分钟完成，难题用来拔高训练；
③正确率达 80%以上</td></tr>
</table>

因为本书是针对条充题的“专项高分训练”，所以本书对于数学基础有一定的要求，需要先学习完联考数学的全部内容(可参考《数学要点 7 讲》《数学母题 800 练》)，再使用本书．

本书适用于一轮复习之后至考前冲刺阶段，每位同学的实际情况各异，大家也可以按照自己的节奏学习．

最后祝 400 题能陪伴大家一起上岸，加油！

CONTENTS 目录

第 4 部分　7 大专项冲刺

04

第 5 部分　真题必刷卷

05

第 6 部分　满分必刷卷

06

条充题型说明

如果已经对条件充分性判断题型有较好的了解，可以跳过此部分的学习，直接学习第 1 部分；如果还不了解条件充分性判断这一题型，请务必认真阅读题型说明．

1 充分性

1. 条件充分性的定义：对于条件 A 和结论 B，若有 $A\Rightarrow B$，则称 A 是 B 的充分条件．

【例】结论 B：等差数列 $\{a_n\}$ 为递增数列．

条件 A：等差数列 $\{a_n\}$ 的公差 $d>0$.

因为当 $d>0$ 时，能推出 $\{a_n\}$ 为递增数列，故 A 是 B 的充分条件．

【例】结论 B：四边形是菱形．

条件 A：四边形的对角线互相垂直．

因为对角线互相垂直的四边形不一定是菱形，也可能是梯形，故 A 推不出 B，A 不是 B 的充分条件．

2. 从集合的角度看充分性：若 A 是 B 的非空子集，则有 $A\Rightarrow B$，即 A 是 B 的充分条件．（也就是我们常说的“小集合能推大集合，反之不行”）

【例】结论 B：$x>1$.

条件 A：$x>2$.

当 $x>2$ 成立时，$x>1$ 一定成立，即 A 是 B 的充分条件．画数轴也能看出，$x>2$ 是小集合，$x>1$是大集合，小集合能推大集合．

【例】结论 B：$x>3$.

条件 A：$|x-1|>2$.

解不等式 $|x-1|>2$，得 $x>3$ 或 $x<-1$. 因为 $x>3$ 或 $x<-1$ 不是 $x>3$ 的子集，故 A 不是 B 的充分条件．画数轴也能看出，$x>3$ 或 $x<-1$ 是大集合，$x>3$ 是小集合，大集合不能推小集合．

2 条件充分性判断题型构成

1. 题干结构

题干先给出一个结论，再给出两个条件（1）和（2），判断由给定的条件是否可以推出题干中的结论．基本形式为：

<u>题干条件</u>．则<u>结论</u>．

（1）<u>条件（1）</u>.

（2）<u>条件（2）</u>.

2. 选项设置

(A) 条件（1）充分，条件（2）不充分.

(B) 条件（2）充分，条件（1）不充分.

(C) 条件（1）和条件（2）单独都不充分，但条件（1）和条件（2）联合起来充分.

(D) 条件（1）充分，条件（2）也充分.

(E) 条件（1）和条件（2）单独都不充分，条件（1）和条件（2）联合起来也不充分.

3. 做题思路

根据题干和给出条件，分别单独判断条件（1）和条件（2）能否推出结论，如果都不能，将两个条件联合，再判断能否推出结论.

条件（1）能否推出结论	条件（2）能否推出结论	两个条件联合能否推出结论	答案
能	不能	—	(A)
不能	能	—	(B)
能	能	—	(D)
不能	不能	能	(C)
不能	不能	不能	(E)

条件充分性判断题为固定题型，其选项设置均相同，管综试卷是在第16题前面统一放置选项，本书题目将不再单独注明.

【例】某产品由两道独立工序加工完成(题干条件). 则该产品是合格品的概率大于0.8.(结论)

(1)每道工序的合格率为0.81.(条件1)

(2)每道工序的合格率为0.9.(条件2)

【解析】要想产品是合格品，两道工序都要合格.

条件(1)：该产品是合格品的概率为$0.81\times0.81<0.8$，推不出结论，故条件(1)不是结论的充分条件.

条件(2)：该产品是合格品的概率为$0.9\times0.9=0.81>0.8$，能推出结论，故条件(2)是结论的充分条件. 因此本题选(B)项.

【例】甲、乙、丙三人的年龄相同.(结论)

(1)甲、乙、丙的年龄成等差数列.(条件1)

(2)甲、乙、丙的年龄成等比数列.(条件2)

【解析】条件(1)：甲、乙、丙的年龄成等差数列，推不出三人的年龄相同，故条件(1)不是结论的充分条件.

条件(2)：甲、乙、丙的年龄成等比数列，推不出三人的年龄相同，故条件(2)不是结论的充分条件.

联合两个条件，则甲、乙、丙的年龄既成等差数列又成等比数列，是非零的常数列，能推出三人的年龄相同，故联合以后是结论的充分条件，因此本题选(C)项.

第 1 部分

条充题破题技巧

第1篇　条充题破题本质

一、条充题的难点

此部分内容适合还不太清楚条充题的做题逻辑的同学，如果你已经完全掌握其做题逻辑，这部分内容可以直接跳过，开始第2篇的学习；如果你还不清楚条充题到底该如何思考，从哪里破题，那么请务必仔细阅读这部分内容.

条件充分性判断是管理类联考数学的独有题型，是一种在以往的数学学习中从来没有出现过的题型，这就给我们做条充题带来了先天的困难，一道题如果是问题求解的形式，可能做起来会比较容易，但是如果改为条充题的形式，可能做起来就比较困难，举个例子：

【例】已知A公司男员工的平均年龄是30岁，女员工的平均年龄是25岁，男、女员工人数之比为2∶3，则所有员工的平均年龄是(　　)岁.

(A)26　　(B)27　　(C)28　　(D)28.5　　(E)29

【解析】这个题一看就知道是求平均值，利用$\frac{总年龄}{总人数}$就可以求出所有人的平均年龄.

设男、女人数分别为$2k$和$3k$，则平均年龄$=\frac{30\cdot 2k+25\cdot 3k}{2k+3k}=27$.

本题难度并不大，但是如果我们把题目改为条充题：

【例】已知A公司的男、女员工的平均年龄.则可以确定所有员工的平均年龄.

(1)已知公司的总人数.

(2)已知公司的男、女人数之比.

改完之后，题目发生了翻天覆地的变化，本来只是求出一个数即可，现在的思考方式变为：

①条件(1)单独是否能求出平均年龄?

②条件(2)单独是否能求出平均年龄?

③如果两个条件单独都求不出来，那么联合之后是否能求出平均年龄?

1道题变成了3道题，难度立马飙升，甚至除此之外还有其他隐藏难点：

【难点1】题目没有具体值.

虽然题目说的是已知，但完全没有给任何具体的数字或者字母，拿什么来计算呢?

【难点2】计算结果的情况是多样化的.

问题求解的答案一定包含在5个选项内，实在不会算，有些题我们也可以将选项代入验证.但在条充题中，根据条件可能算不出来任何结果，也可能算出来的结果与所给结论不同，也可能算出来多种结果但结论要求唯一确定，这些情况下条件都是不充分的．

【难点 3】缺乏由下而上的做题思维．

在做问题求解时，我们是从题干入手进行推导计算，选择下方符合试题要求的选项．然而，条充题的情况却是反过来的，结论存在于题干中，而下面的(1)和(2)才是我们可以用的条件，由这两个条件(加题干条件)分别尝试推导上面的结论，这与我们习惯的做题思维是相反的，很多同学刚开始难以适应，甚至会错误地使用结论去推导条件．

怎么去解决这些问题呢？那就把条充题变成我们习惯的样子．还是用上面的例子，我们可以将其转化为：

(1)已知 A 公司的男、女员工的平均年龄（题干），并且已知公司的总人数（条件(1)），则所有员工的平均年龄能否计算出唯一的值?（结论）

(2)已知 A 公司的男、女员工的平均年龄（题干），并且已知公司的男、女人数之比（条件(2)），则所有员工的平均年龄能否计算出唯一的值?（结论）

到这一步好像也无法入手，因为缺乏可以计算的数字或字母，那么我们用赋值法进一步转化，将其完全变成熟悉的样子：

(1)已知 A 公司的男、女员工的平均年龄分别为 30 岁和 25 岁，并且已知公司的总人数为 100，则所有员工的平均年龄能否计算出唯一的值?

(2)已知 A 公司的男、女员工的平均年龄分别为 30 岁和 25 岁，并且已知公司的男、女人数之比为 2∶3，则所有员工的平均年龄能否计算出唯一的值?

由此发现，将条充题做了一个简单的等价化之后，做题的思路和方法瞬间变得清晰了，那么对于初学者来说，我们可以通过这个方法来熟悉并突破条充题．

二、条充题的等价转化

在开始接触条充题时，可以先将其转化成更熟悉的问答型题目来解答，转化方法如下：

第一步：先分别将两个条件的内容放到问答题的题干中，作为已知条件．

如果条件中出现“已知 xxx 的值”，可以在转化过程中赋予具体的字母或数字．

第二步：如果结论是“能确定 xxx 的值”，则转化成“能否计算出唯一的值?”；

其他情况，则在结论中加上“是否”或“是否成立”．

例 1 (2022 年真题)将 75 名学生分成 25 组，每组 3 人．则能确定女生的人数．

(1)已知全是男生的组数和全是女生的组数．

(2)只有一名男生的组数和只有一名女生的组数相等．

转化后的题目为：

(1)将75名学生分成25组，每组3人．已知全是男生的组数和全是女生的组数分别为3和5，则女生的人数能否计算出唯一的值？

(2)将75名学生分成25组，每组3人．已知只有一名男生的组数和只有一名女生的组数相等，则女生的人数能否计算出唯一的值？

例 2 (2025年真题)甲班有34人，乙班有36人，在满分为100的考试中，甲班总分数与乙班总分数相等．则可知两班的平均分之差．

(1)两班的平均分都是整数．

(2)乙班的平均分不低于65.

转化后的题目为：

(1)甲班有34人，乙班有36人，在满分为100的考试中，甲班总分数与乙班总分数相等．已知两班的平均分都是整数，则两班的平均分之差能否计算出唯一的值？

(2)甲班有34人，乙班有36人，在满分为100的考试中，甲班总分数与乙班总分数相等．已知乙班的平均分不低于65，则两班的平均分之差能否计算出唯一的值？

例 3 (2025年真题)已知a_1，a_2，…，a_5为实数．则a_1，a_2，…，a_5为等差数列．

(1)$a_1+a_5=a_2+a_4$.

(2)$a_1+a_5=2a_3$.

转化后的题目为：

(1)已知a_1，a_2，…，a_5为实数，且$a_1+a_5=a_2+a_4$，则a_1，a_2，…，a_5是否为等差数列？

(2)已知a_1，a_2，…，a_5为实数，且$a_1+a_5=2a_3$，则a_1，a_2，…，a_5是否为等差数列？

例 4 (2024年真题)设a为实数，$f(x)=|x-a|-|x-1|$．则$f(x)\leqslant 1$.

(1)$a\geqslant 0$.

(2)$a\leqslant 2$.

转化后的题目为：

(1)设a为实数，$f(x)=|x-a|-|x-1|$，且$a\geqslant 0$，则$f(x)\leqslant 1$是否成立？

(2)设a为实数，$f(x)=|x-a|-|x-1|$，且$a\leqslant 2$，则$f(x)\leqslant 1$是否成立？

实战训练

请写出转化后的问答题．

1. (2015年真题)已知p，q为非零实数．则能确定$\dfrac{p}{q(p-1)}$的值．

(1)$p+q=1$.

(2)$\dfrac{1}{p}+\dfrac{1}{q}=1$.

(1)____________________

(2)____________________

2. (2016 年真题)设有两组数据 S_1：3，4，5，6，7 和 S_2：4，5，6，7，a. 则能确定 a 的值 .

(1) S_1 与 S_2 的均值相等 .

(2) S_1 与 S_2 的方差相等 .

(1)______________________________

(2)______________________________

3. (2024 年真题)已知 $n\in\mathbf{N}_+$. 则 n^2 除以 3 的余数为 1.

(1) n 除以 3 余 1.

(2) n 除以 3 余 2.

(1)______________________________

(2)______________________________

• 答案详解 •

1. 【答案】(1)已知 p，q 为非零实数，且 $p+q=1$，则 $\frac{p}{q(p-1)}$ 能否计算出唯一的值?

(2)已知 p，q 为非零实数，且 $\frac{1}{p}+\frac{1}{q}=1$，则 $\frac{p}{q(p-1)}$ 能否计算出唯一的值?

2. 【答案】(1)设有两组数据 S_1：3，4，5，6，7 和 S_2：4，5，6，7，a，且 S_1 与 S_2 的均值相等，则 a 能否计算出唯一的值?

(2)设有两组数据 S_1：3，4，5，6，7 和 S_2：4，5，6，7，a，且 S_1 与 S_2 的方差相等，则 a 能否计算出唯一的值?

3. 【答案】(1)已知 $n\in\mathbf{N}_+$，且 n 除以 3 余 1，则 n^2 除以 3 的余数是否为 1?

(2)已知 $n\in\mathbf{N}_+$，且 n 除以 3 余 2，则 n^2 除以 3 的余数是否为 1?

第 2 篇　2 大破题思路

思路 1　从条件出发

【说明】
条件分为题干条件和已知的(1)、(2)两个条件，但是无论从条件出发还是从结论出发，我们都需要用到题干条件，因此，所谓从条件出发实际上是从(1)、(2)两个条件出发．

考法 1　直接推导型

——条件有关系式可以计算，结论没法算

命题特点	解题方法
①结论没有任何可用于计算的信息，最常见的类型是结论为“能确定 xxx”； ②结论需要用到条件所给的信息才能推导或计算等．	将两个条件分别代入到题干，通过等价转化，验证能否推出结论．

真题例析

例 1 (2019 年真题)能确定小明的年龄．

(1)小明的年龄是完全平方数．

(2)20 年后小明的年龄是完全平方数．

【解析】第一步：命题识别．先做等价化：

(1)小明的年龄是完全平方数，则小明的年龄能否计算出唯一的值?

(2)20 年后小明的年龄是完全平方数，则小明的年龄能否计算出唯一的值?

由等价化的形式可以看出，结论没有任何可用于计算的信息，故本题从条件出发．

第二步：解题方法．

条件(1)：小明可能为 1，4，9，…岁，不能唯一确定，不充分．

条件(2)：小明可能为 5，16，29，…岁，不能唯一确定，不充分．

联合两个条件，设小明的年龄为 m^2，20 年后的年龄为 $20+m^2=n^2(m,\ n\in\mathbf{N}_+)$，整理得 $(n+m)(n-m)=20=5\times4=10\times2=20\times1$．因为 $n+m$ 与 $n-m$ 同奇同偶，故只能是 $n+m=10$，

$n-m=2$，解得 $m=4$，$n=6$. 故小明的年龄为 $4^2=16$，两个条件联合充分．

【秒杀方法】本题可以用穷举法，在人类的正常年龄范围内穷举即可．

条件(1)：小明可能为 1，4，9，16，25，36，49，64，81，100 岁．

条件(2)：小明可能为 5，16，29，44，61，80，101 岁．

两个条件皆满足的只有 16 岁，故两个条件联合能确定小明的年龄，充分．

【答案】(C)

例 2 (2024 年真题)已知 $n\in\mathbf{N}_+$. 则 n^2 除以 3 的余数为 1.

(1)n 除以 3 余 1.

(2)n 除以 3 余 2.

【解析】第一步：命题识别．先做等价化：

(1)已知 $n\in\mathbf{N}_+$，且 n 除以 3 余 1，则 n^2 除以 3 的余数是否为 1?

(2)已知 $n\in\mathbf{N}_+$，且 n 除以 3 余 2，则 n^2 除以 3 的余数是否为 1?

由等价化的形式可以看出，结论中的 n 必须要通过条件(1)、(2)中的关系式得到，因此本题必须从条件出发．

第二步：解题方法．

条件(1)：n 除以 3 余 1，则 n 可以表示成 $n=3k+1(k\in\mathbf{N})$，结论求 n^2 除以 3 的余数，可尝试将 n^2 表示成 3 的倍数的形式，有

$$n^2=9k^2+6k+1=3(3k^2+2k)+1,$$

故 n^2 除以 3 的余数为 1，说明条件(1)能推出结论，是充分的．

条件(2)：同理，可令 $n=3k+2(k\in\mathbf{N})$，则

$$n^2=9k^2+12k+4=3(3k^2+4k+1)+1,$$

故 n^2 除以 3 的余数为 1，条件(2)也能推出结论，是充分的．

【答案】(D)

例 3 (2025 年真题)在分别标记了数字 1，2，3，4，5，a 的 6 张卡片中随机抽取 2 张．则这两张卡片上的数字之和为奇数的概率大于$\frac{1}{2}$.

(1)$a=7$.

(2)$a=8$.

【解析】第一步：命题识别．先做等价化：

(1)在分别标记了数字 1，2，3，4，5，7 的 6 张卡片中随机抽取 2 张，则这两张卡片上的数字之和为奇数的概率是否大于$\frac{1}{2}$?

(2)在分别标记了数字 1，2，3，4，5，8 的 6 张卡片中随机抽取 2 张，则这两张卡片上的数字之和为奇数的概率是否大于$\frac{1}{2}$?

由等价化的形式可以看出，结论中概率的计算与未知量 a 有关，而两个条件直接给出了 a 的具体值，代入 a 的值才可以计算出概率大小，因此本题从条件出发．

第二步：解题方法．

两个数和为奇数，则抽取的两张卡片数字必然是一奇一偶．

条件(1)：当 $a=7$ 时，6 张卡片中有 4 个奇数、2 个偶数，根据袋中取球模型，所求概率为 $\frac{C_4^1C_2^1}{C_6^2}=\frac{8}{15}>\frac{1}{2}$，说明条件(1)能推出结论，是充分的．

条件(2)：当 $a=8$ 时，6 张卡片中有 3 个奇数、3 个偶数，故所求概率为 $\frac{C_3^1C_3^1}{C_6^2}=\frac{9}{15}>\frac{1}{2}$，条件(2)也能推出结论，是充分的．

【答案】(D)

考法 2 赋值型

——条件赋值之后好计算，结论没法算

命题特点	解题方法
①条件为“已知……的值”，但没有给出具体的数值． ②条件给出几个对象之间的数量关系(比例、百分比等)、大小关系等，但没有给出具体的数值．	可以用一个字母代替它的值．不过这种题目已知条件的值并不影响最终充分性的判断，所以也可以赋一个具体的数值来简化计算，这个值一般是方便计算的数值．

真题例析

例 4 (2020 年真题)在长方体中，能确定长方体对角线的长度．

(1)已知共顶点的三个面的面积．

(2)已知共顶点的三个面的对角线长度．

【解析】第一步：命题识别．先做等价化：

(1)在长方体中，已知共顶点的三个面的面积，则长方体的体对角线长能否计算出唯一的值？

(2)在长方体中，已知共顶点的三个面的对角线长度，则长方体的体对角线长能否计算出唯一的值？

由等价化的形式可以看出，本题的结论没有任何可用于计算的信息，若想求对角线的长度，只能从条件出发，且条件都没有给出具体的数值，结论是问能否确定，我们只需要判断结果是否唯一即可，因此本题可用赋值法．

第二步：解题方法．

可以赋字母，如用 a，b，c 来表示长方体的长、宽、高，则结论转化为：能确定 $\sqrt{a^2+b^2+c^2}$ 的值．

条件(1)：不妨设共顶点的三个面的面积分别为 m，n，k．(注意：m，n，k 是已知数，如果最终 $\sqrt{a^2+b^2+c^2}$ 的值能用含有 m，n，k 的式子表示出来，就代表 $\sqrt{a^2+b^2+c^2}$ 的值可以确定)

由长方体的性质知 $\begin{cases}ab=m①,\\bc=n②,\\ac=k③,\end{cases}$ 三式相乘，得 $(abc)^2=mnk$；将式①代入，得 $(mc)^2=mnk\Rightarrow c=\sqrt{\frac{nk}{m}}$，同理可得 $b=\sqrt{\frac{mn}{k}}$，$a=\sqrt{\frac{mk}{n}}$．

a，b，c 的值可以确定，故 $\sqrt{a^2+b^2+c^2}$ 的值可以确定，条件(1)充分．

【说明】不难发现，赋字母之后的式子较为复杂，极易出错，不妨直接赋具体的值．

条件(1)：不妨设共顶点的三个面的面积分别为2，3，6(注意尽量赋容易计算的值)．

由长方体的性质知 $\begin{cases} ab=2①, \\ bc=3②, \\ ac=6③, \end{cases}$ 三式相乘，得 $(abc)^2=36$，解得 $abc=6$，将式①、②、③分别代入，可得 $\begin{cases} a=2, \\ b=1, \\ c=3, \end{cases}$ 故 $\sqrt{a^2+b^2+c^2}=\sqrt{2^2+1^2+3^2}=\sqrt{14}$，体对角线的长度可以确定，条件(1)充分．

条件(2)：不妨设共顶点的三个面的面对角线分别为 x，y，z．(注意：x，y，z 是已知数，如果最终 $\sqrt{a^2+b^2+c^2}$ 的值能用含有 x，y，z 的式子表示出来，就代表 $\sqrt{a^2+b^2+c^2}$ 的值可以确定)

由长方体的性质知 $\begin{cases} \sqrt{a^2+b^2}=x, \\ \sqrt{b^2+c^2}=y, \\ \sqrt{a^2+c^2}=z \end{cases} \Rightarrow \begin{cases} a^2+b^2=x^2, \\ b^2+c^2=y^2, \\ a^2+c^2=z^2 \end{cases} \Rightarrow 2(a^2+b^2+c^2)=x^2+y^2+z^2 \Rightarrow$

$\sqrt{a^2+b^2+c^2}=\sqrt{\dfrac{x^2+y^2+z^2}{2}}$，即 $\sqrt{a^2+b^2+c^2}$ 的值可以确定，条件(2)充分．

【说明】条件(2)因为可以直接平方相加得到体对角线的形式，字母和数字的难易程度是一样的．

【答案】(D)

例5 (2025年真题)甲、乙、丙三人共同完成了一批零件的加工，三人的工作效率互不相同，已知他们的工作效率之比．则能确定这批零件的数量．

(1)已知甲、乙两人加工零件数量之差．

(2)已知甲、丙两人加工零件数量之和．

【解析】第一步：命题识别．先做等价化：

(1)甲、乙、丙三人共同完成了一批零件的加工，三人的工作效率互不相同，已知他们的工作效率之比和甲、乙两人加工零件数量之差，则这批零件的数量能否计算出唯一的值?

(2)甲、乙、丙三人共同完成了一批零件的加工，三人的工作效率互不相同，已知他们的工作效率之比和甲、丙两人加工零件数量之和，则这批零件的数量能否计算出唯一的值?

由等价化的形式可以看出，结论显然无法计算，因此本题从条件出发，同时条件并没有具体数据，只是“已知……的值”，结论只是问能否确定，所以我们只要能确定计算出来的结果是唯一的即为充分，而不用管具体数值是多少，因此采用赋值法．

第二步：解题方法．

因为时间相同时，效率之比＝工作总量之比，不妨假设甲、乙、丙三人加工零件数量之比为 $3:2:1$．

条件(1)：假设甲、乙两人加工零件数量之差等于5，由所设比例可知，1份代表5个零件，故这批零件总数为 $5\times(1+2+3)=30$，能唯一确定，条件(1)充分．

条件(2)：同理假设甲、丙两人加工零件数量之和等于8，4份代表8个零件，则1份代表2个零件，故这批零件总数有$2\times(1+2+3)=12$，能唯一确定，条件(2)充分．

【答案】(D)

例6 (2010年真题)企业今年人均成本是去年的60%.

(1)甲企业今年总成本比去年减少25%，员工人数增加25%.

(2)甲企业今年总成本比去年减少28%，员工人数增加20%.

【解析】第一步：命题识别．先做等价化：

(1)甲企业今年总成本比去年减少25%，员工人数增加25%，则今年人均成本是否是去年的60%?

(2)甲企业今年总成本比去年减少28%，员工人数增加20%，则今年人均成本是否是去年的60%?

由等价化的形式可以看出，结论的计算需要用到条件所给的数量关系，因此本题从条件出发，同时条件给的只有百分比，没有具体数值，因此可以采用赋值法．

第二步：解题方法．

不妨假设去年的总成本为100，员工人数为100，则去年的人均成本为1.

条件(1)：今年总成本减少25%，为75；人数增加25%，为125；故人均成本为$\frac{75}{125}=0.6$.所以今年人均成本是去年的60%，条件(1)充分．

条件(2)：今年总成本减少28%，为72；人数增加20%，为120；故人均成本为$\frac{72}{120}=0.6$.所以今年人均成本是去年的60%，条件(2)充分．

【答案】(D)

考法3 反例型

——条件有关系式，但是不好算，反例很好找

命题特点	解题方法
题目出现代数式、等式、不等式、与某个量的大小关系、整除、余数、倍数等运算、数列的关系式等比较容易验证的条件．	直接举符合条件、但不符合结论的数值，用来验证条件不充分．

真题例析

例7 (2025年真题)已知a_1，a_2，…，a_5为实数．则a_1，a_2，…，a_5为等差数列．

(1)$a_1+a_5=a_2+a_4$.

(2)$a_1+a_5=2a_3$.

【解析】第一步：命题识别．先做等价化：

(1)已知a_1，a_2，…，a_5为实数，满足$a_1+a_5=a_2+a_4$，则a_1，a_2，…，a_5是否为等差数列?

(2)已知a_1，a_2，…，a_5为实数，满足$a_1+a_5=2a_3$，则a_1，a_2，…，a_5是否为等差数列?

由等价化的形式可以看出，结论的判断需要用到条件所给的等量关系，显然从条件出发；且结论只需要确认是否为等差数列即可，并非要求出数列的通项公式或递推公式，项数也比较少，可以尝试举反例验证．

第二步：解题方法．

条件(1)：$a_1+a_5=a_2+a_4$，满足条件的数值很多，且式子中缺少 a_3，未必都能使 a_1，a_2，…，a_5 成等差数列．如 a_1，a_2，…，a_5 分别为 1，1，1，2，2，它们并不成等差数列，故条件(1)不充分．

条件(2)：$a_1+a_5=2a_3$，只能说明 a_1，a_3，a_5 成等差数列，但式子中缺少 a_2，a_4，未必都能使 a_1，a_2，…，a_5 成等差数列．如 a_1，a_2，…，a_5 分别为 1，0，1，0，1，它们并不成等差数列，故条件(2)也不充分．

联合两个条件，依然可以举反例，令 a_1，a_2，…，a_5 分别为 1，0，1，2，1，它们仍然不成等差数列，故联合也不充分．

【答案】(E)

【说明】并不是所有的题目都能轻易找到反例，举反例只是一种快捷的解题方法，但如果短时间内找不到反例，就不要过多浪费时间，直接按照正常做题方法进行推导．以下 2 道例题就是部分可以举反例．

例 8 (2020 年真题)设 a，b，c，d 是正实数．则 $\sqrt{a}+\sqrt{d}\leqslant\sqrt{2(b+c)}$．

(1) $a+d=b+c$．

(2) $ad=bc$．

【解析】第一步：命题识别．先做等价化：

(1)设 a，b，c，d 是正实数，且 $a+d=b+c$，则 $\sqrt{a}+\sqrt{d}\leqslant\sqrt{2(b+c)}$ 是否成立？

(2)设 a，b，c，d 是正实数，且 $ad=bc$，则 $\sqrt{a}+\sqrt{d}\leqslant\sqrt{2(b+c)}$ 是否成立？

由等价化的形式可以看出，结论的证明需要用到条件所给的等量关系，显然从条件出发，且不等式类型的题目可以尝试举反例．

第二步：解题方法．

条件(1)：将 $\sqrt{a}+\sqrt{d}\leqslant\sqrt{2(b+c)}$ 两边平方，可得 $a+d+2\sqrt{ad}\leqslant 2(b+c)$①．因为 $a+d=b+c$，故式①可化为 $2\sqrt{ad}\leqslant a+d$，由均值不等式可知条件(1)充分．

条件(2)：举反例，令 $a=1$，$d=4$，$b=c=2$，则 $\sqrt{a}+\sqrt{d}=3$，$\sqrt{2(b+c)}=\sqrt{8}$，因为 $3>\sqrt{8}$，故结论不成立，条件(2)不充分．

【答案】(A)

例 9 (2013 年真题)已知 a，b 是实数．则 $|a|\leqslant 1$，$|b|\leqslant 1$．

(1) $|a+b|\leqslant 1$．

(2) $|a-b|\leqslant 1$．

【解析】第一步：命题识别．先做等价化：

(1)已知 a，b 是实数，且 $|a+b|\leqslant 1$，则 $|a|\leqslant 1$，$|b|\leqslant 1$ 是否成立？

(2)已知 a，b 是实数，且 $|a-b|\leqslant 1$，则 $|a|\leqslant 1$，$|b|\leqslant 1$ 是否成立？

由等价化的形式可以看出，结论需要用到条件所给的 a，b 的关系来判断 $|a|$，$|b|$ 的取值范围，故从条件出发，而且不等式类型的题目可以尝试举反例．

条件(1)：举反例，令 $a=-2$，$b=1$，则 $|a|>1$，故条件(1)不充分．

条件(2)：举反例，令 $a=2$，$b=1$，则 $|a|>1$，故条件(2)不充分．

联合两个条件．去绝对值符号．由 $|a+b|\leqslant1$，得 $-1\leqslant a+b\leqslant1$①.

由 $|a-b|\leqslant1$，得 $-1\leqslant a-b\leqslant1$②，等价于 $-1\leqslant b-a\leqslant1$③.

式①+式②得 $-2\leqslant2a\leqslant2\Rightarrow-1\leqslant a\leqslant1\Rightarrow|a|\leqslant1$；

式①+式③得 $-2\leqslant2b\leqslant2\Rightarrow-1\leqslant b\leqslant1\Rightarrow|b|\leqslant1$.

故两个条件联合充分．

【答案】(C)

思路 2 从结论出发

考法 1 分析法型

——条件不好算，结论好化简

命题特点	解题方法
从条件推结论很困难，或者直接由条件无法进行推导或运算，而结论所给式子(或文字描述转化后的数学表达式)很容易化简成简单形式．常见的形式为条件给出的是取值范围．	先化简结论，再看条件能否推导出化简后的结论．可以采用①"结论等价于 xxx"；②"若结论成立，需满足 xxx"；③"要证……，只需证……"的语言．

真题例析

例 10 (2024 年真题)设 a 为实数，$f(x)=|x-a|-|x-1|$．则 $f(x)\leqslant1$.

(1) $a\geqslant0$.

(2) $a\leqslant2$.

【解析】第一步：命题识别．先做等价化：

(1)设 a 为实数，$f(x)=|x-a|-|x-1|$，且 $a\geqslant0$，则 $f(x)\leqslant1$ 是否成立？

(2)设 a 为实数，$f(x)=|x-a|-|x-1|$，且 $a\leqslant2$，则 $f(x)\leqslant1$ 是否成立？

由等价化的形式可以看出，两个条件的 a 都是取值范围而不是具体的值，$f(x)$ 的取值范围会随着 a 的变化而变化，从条件出发去讨论 $f(x)$ 的取值范围并不方便，而结论的不等式是可以直接解的，因此本题从结论出发，采用分析法．

第二步：解题方法．

若结论成立，则 $f(x)_{max}\leqslant1$. $f(x)=|x-a|-|x-b|$ 是绝对值线性差问题，由线性差结论知 $f(x)_{max}=|a-b|$．故本题 $f(x)$ 的最大值为 $|a-1|$，即 $|a-1|\leqslant1$，解得 $0\leqslant a\leqslant2$.

下面来验证两个条件能否推出等价结论：$0\leqslant a\leqslant2$.

条件(1)：$a\geqslant 0$，推不出 $0\leqslant a\leqslant 2$，故不充分.

条件(2)：$a\leqslant 2$，推不出 $0\leqslant a\leqslant 2$，故不充分.

联合两个条件，得 $0\leqslant a\leqslant 2$，联合充分.

【答案】(C)

例 11 (2019 年真题)直线 $y=kx$ 与圆 $x^2+y^2-4x+3=0$ 有两个交点.

(1) $-\frac{\sqrt{3}}{3}<k<0$.

(2) $0<k<\frac{\sqrt{2}}{2}$.

【解析】第一步：命题识别．先做等价化：

(1)当 $-\frac{\sqrt{3}}{3}<k<0$ 时，直线 $y=kx$ 与圆 $x^2+y^2-4x+3=0$ 是否有两个交点?

(2)当 $0<k<\frac{\sqrt{2}}{2}$ 时，直线 $y=kx$ 与圆 $x^2+y^2-4x+3=0$ 是否有两个交点?

由等价化的形式可以看出，本题的两个条件同样都是取值范围而非具体的值，通过范围去分析结论并不好计算．而结论可以利用直线与圆的位置关系的相关公式进行计算化简，因此，可以从结论出发，采用分析法.

第二步：解题方法.

若结论成立，则需满足圆心到直线的距离小于半径.

将圆的方程整理成标准形式，得 $(x-2)^2+y^2=1$，故圆心为(2，0)，半径为 1.

圆心到直线的距离为 $\frac{|2k-0|}{\sqrt{k^2+(-1)^2}}<1$，解得 $-\frac{\sqrt{3}}{3}<k<\frac{\sqrt{3}}{3}$.

下面来验证两个条件能否推出等价结论：$-\frac{\sqrt{3}}{3}<k<\frac{\sqrt{3}}{3}$.

条件(1)：$-\frac{\sqrt{3}}{3}<k<0$ 在等价结论的范围内，可以推出结论，充分.

条件(2)：$0<k<\frac{\sqrt{2}}{2}$ 有一部分不在等价结论的范围内，推不出结论，不充分.

【答案】(A)

例 12 (2015 年真题)已知 $M=(a_1+a_2+\cdots+a_{n-1})(a_2+a_3+\cdots+a_n)$，$N=(a_1+a_2+\cdots+a_n)\cdot(a_2+a_3+\cdots+a_{n-1})$. 则 $M>N$.

(1) $a_1>0$.

(2) $a_1a_n>0$.

【解析】第一步：命题识别．先做等价化：

(1)已知 $M=(a_1+a_2+\cdots+a_{n-1})(a_2+a_3+\cdots+a_n)$，$N=(a_1+a_2+\cdots+a_n)(a_2+a_3+\cdots+a_{n-1})$，若 $a_1>0$，则 $M>N$ 是否成立?

(2)已知 $M=(a_1+a_2+\cdots+a_{n-1})(a_2+a_3+\cdots+a_n)$，$N=(a_1+a_2+\cdots+a_n)(a_2+a_3+\cdots+a_{n-1})$，若 $a_1a_n>0$，则 $M>N$ 是否成立?

由等价化的形式可以看出，本题的 M，N 都是非常复杂的代数式，如果直接从条件出发，取值范围无法代入计算，所以本题可以从结论出发，先将结论不等式进行化简．

第二步：解题方法．

观察发现，M 和 N 有公共部分，故使用换元法．

令 $a_2+a_3+\cdots+a_{n-1}=t$，则 $M=(a_1+t)(t+a_n)$，$N=(a_1+t+a_n)t$.

若结论成立，只需证 $M-N>0$，即证 $(a_1+t)(t+a_n)-(a_1+t+a_n)t=a_1a_n>0$.

下面来验证两个条件能否推出等价结论：$a_1a_n>0$.

条件(1)：$a_1>0$，推不出 $a_1a_n>0$，条件(1)不充分．

条件(2)：$a_1a_n>0$，和等价结论一致，条件(2)充分．

【答案】(B)

考法 2 逆否验证型

命题特点	解题方法
由条件 A 推结论 B 比较困难，由结论 B 的逆命题 $\neg B$ 推条件 A 的逆命题 $\neg A$ 比较容易．	由于逆否命题和原命题是等价的，即 $A\Rightarrow B$ 等价于 $\neg B\Rightarrow\neg A$，故先对结论 B 取逆 $\neg B$，对条件 A 取逆 $\neg A$，再判断 $\neg B$ 能否推出 $\neg A$.

真题例析

例 13 (2015 年真题)已知 a，b 为实数．则 $a\geqslant 2$ 或 $b\geqslant 2$.

(1)$a+b\geqslant 4$.

(2)$ab\geqslant 4$.

【解析】第一步：命题识别．先做等价化：

(1)已知 a，b 为实数，且 $a+b\geqslant 4$，则 $a\geqslant 2$ 或 $b\geqslant 2$ 是否成立?

(2)已知 a，b 为实数，且 $ab\geqslant 4$，则 $a\geqslant 2$ 或 $b\geqslant 2$ 是否成立?

由等价化的形式可以看出，条件(1)看起来好像是充分的，因为两个数如果都是小于 2，相加不可能大于等于 4，如果你是这个思维，那么恭喜，这个思路完全正确，这就是逆否验证的思维．条件(2)比较容易举反例．

第二步：解题方法．

结论 B：$a\geqslant 2$ 或 $b\geqslant 2$，则 $\neg B$：$a<2$ 且 $b<2$.

条件 A：$a+b\geqslant 4$，则 $\neg A$：$a+b<4$.

由 $a<2$ 且 $b<2$，可推出 $a+b<4$，即 $\neg B\Rightarrow\neg A$ 成立，则 $A\Rightarrow B$ 成立，故条件(1)充分．

条件(2)：举反例．令 $a=b=-3$，满足条件，但结论不成立，故条件(2)不充分．

【答案】(A)

【说明】需要说明的是，这种逆否验证在真题中并不常见，近些年也只有在 2015 年真题中出现过这一道题，因此无须因为想不到这种思路而困扰，主要还是掌握好考法 1 的分析法．

第 2 部分
5大命题陷阱

陷阱1 单独充分陷阱

【陷阱说明】

如果两个条件看起来特别像需要联合，或者联合后很容易推出结论是成立的，此时需要注意：要先分别验证一下两个条件单独是否充分，而不是直接就联合．只有两个条件单独皆不充分时，才考虑联合．

真题例析

例1 (2018年真题)设$\{a_n\}$为等差数列．则能确定$a_1+a_2+\cdots+a_9$的值．

(1)已知a_1的值．

(2)已知a_5的值．

【解析】条件(1)：只知首项，无法求出前9项之和，故条件(1)不充分．

条件(2)：由等差数列求和公式$S_{2n-1}=(2n-1)a_n$，可知$a_1+a_2+\cdots+a_9=S_9=9a_5$，故已知$a_5$的值，能求出$a_1+a_2+\cdots+a_9$的值，条件(2)充分．

【陷阱分析】可能有同学观察两个条件，发现联合可以看出a_1和d，进而可以求出结论，从而误选(C)项．忽略了结论中等差数列前n项和共奇数项，还有另一个求和公式$S_{2n-1}=(2n-1)a_n$．做条充题时需注意，得出结论有时会有多种方法，直观的联合充分需要谨慎，一定要在验证两个条件单独皆不充分后再考虑联合．

【答案】(B)

例2 (2024年真题)设a，b，$c\in\mathbf{R}$．则$a^2+b^2+c^2\leqslant1$．

(1)$|a|+|b|+|c|\leqslant1$．

(2)$ab+bc+ac=0$．

【解析】条件(1)：两边同时平方得$(|a|+|b|+|c|)^2\leqslant1^2$，即

$$a^2+b^2+c^2+2|a||b|+2|a||c|+2|b||c|\leqslant1.$$

易知$2|a||b|+2|a||c|+2|b||c|\geqslant0$，所以$a^2+b^2+c^2\leqslant1$，条件(1)充分．

条件(2)：举反例，令$a=0$，$b=0$，$c=100$，满足条件，但不满足结论，故条件(2)不充分．

【陷阱分析】可能有同学看见条件(1)和条件(2)，会想到公式$(a+b+c)^2=a^2+b^2+c^2+2ab+2bc+2ac$，然后发现，刚好联合的时候，结论成立，从而误选(C)项．需要注意，做条充题，特别是不等式的证明，一定要先单独验证这两个条件是否充分(如举反例)，都不充分才考虑联合，否则很容易出错．

【答案】(A)

例 3（2016 年真题）已知某公司男员工的平均年龄和女员工的平均年龄．则能确定该公司员工的平均年龄．

（1）已知该公司员工人数．

（2）已知该公司男、女员工的人数之比．

【解析】方法一：十字交叉法＋赋值法．

设男、女员工的平均年龄分别为 30，27，总平均年龄为 $\overline{x}$，如图所示，则有

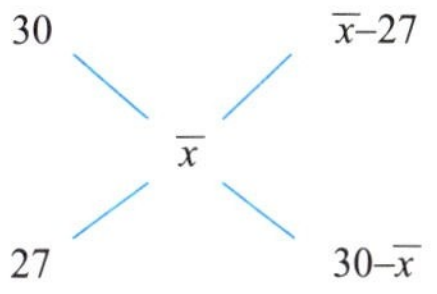

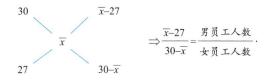

$$\Rightarrow \frac{\overline{x}-27}{30-\overline{x}}=\frac{\text{男员工人数}}{\text{女员工人数}}.$$

条件（1）：已知该公司员工人数（即男、女人数之和），无法求出平均年龄，条件（1）不充分．

条件（2）：已知男、女员工的人数之比，设为 a，即 $\frac{\overline{x}-27}{30-\overline{x}}=a$，则可以求出 $\overline{x}$，条件（2）充分．

方法二：加权平均值．

根据加权平均值的定义，可知所有员工的平均年龄＝男员工平均年龄×男员工的比例＋女员工平均年龄×女员工的比例．故知道男、女员工的比例，即可求出平均年龄，则条件（1）不充分，条件（2）充分．

【陷阱分析】可能有同学在求所有员工的平均年龄时，用算术平均值的公式来求平均年龄，即

$$\frac{\text{员工总年龄}}{\text{员工总人数}}=\frac{\text{男员工平均年龄}\times\text{男员工人数}+\text{女员工平均年龄}\times\text{女员工人数}}{\text{员工总人数}},$$

误以为必须知道男、女员工的人数，而两个条件联合后，恰好可以求出男、女员工的人数，因此误选（C）项．

【答案】（B）

实战训练

1.（2017 年真题）圆 $x^2+y^2-ax-by+c=0$ 与 x 轴相切．则能确定 c 的值．

（1）已知 a 的值．

（2）已知 b 的值．

2. 已知 a，b 为实数．则 $|a+b|\leqslant 4$.

（1）$a^2+b^2\leqslant 8$.

（2）$ab=4$.

3. 已知实数 m，n. 则 $mn\leqslant 1$.

（1）$m+n=2$.

（2）$m>0$，$n>0$.

4. 已知关于 x 的方程 $x^2-3mx+4=0$ 的两根为 a，b. 则 $\frac{4}{3}\leqslant m<\frac{5}{3}$.

（1）$1<a<4$.

（2）$1<b<4$.

• 答案详解 •

1.(A)

【解析】圆 $x^2+y^2-ax-by+c=0$ 的圆心为 $\left(\frac{a}{2}, \frac{b}{2}\right)$，半径为 $r=\frac{\sqrt{a^2+b^2-4c}}{2}$.

已知圆与 x 轴相切，则有 $\frac{\sqrt{a^2+b^2-4c}}{2}=\left|\frac{b}{2}\right|$，平方可得 $\frac{a^2+b^2-4c}{4}=\frac{b^2}{4}$，解得 $c=\frac{a^2}{4}$. 因此 c 的值只与 a 有关，与 b 无关，即条件(1)充分，条件(2)不充分.

【陷阱分析】题干含有 a，b，c 三个变量，有同学误以为要想确定 c，则 a 和 b 都需要知道，误选(C)项. 其实同学们通过题干的已知条件计算可知，c 的值只与 a 有关.

2.(A)

【解析】条件(1)：由柯西不等式可得，$(a+b)^2\leqslant 2(a^2+b^2)\leqslant 16$，即 $|a+b|\leqslant 4$，条件(1)充分.

条件(2)：举反例，当 $a=4$，$b=1$ 时，满足条件，但 $|a+b|>4$，条件(2)不充分.

【陷阱分析】此题可能会有同学在不考虑条件(1)和条件(2)单独是否充分的情况下，直接选择联合，凑出 $a^2+b^2+2ab\leqslant 16$ 的形式，从而得出 $(a+b)^2\leqslant 16\Rightarrow |a+b|\leqslant 4$.

3.(A)

【解析】条件(1)：利用二次函数求最值. 根据条件可得 $m=2-n$，则 $mn=(2-n)n=-n^2+2n=-(n-1)^2+1\leqslant 1$，充分.

条件(2)：举反例，令 $m=10$，$n=10$，则 $mn>1$，不充分.

【陷阱分析】此题很多同学看到条件(1)会想到用均值不等式求 mn 的取值范围，正好条件(2)给了使用均值不等式的前提条件，两个条件联合可得 $m+n=2\geqslant 2\sqrt{mn}\Rightarrow mn\leqslant 1$，联合充分，误选(C)项. 须注意，得出结论有时会有多种方法，直观的联合充分需要谨慎，特别是不等式的证明题，一定先单独验证两个条件，都不充分时才考虑联合.

4.(D)

【解析】一元二次方程有两根，则 $\Delta=9m^2-4\times 4\geqslant 0$，解得 $m\geqslant\frac{4}{3}$ 或 $m\leqslant -\frac{4}{3}$.

条件(1)：$1<a<4$，由韦达定理，得 $ab=4$，则 $1<b<4$，根据一元二次方程根的分布可得

$$\begin{cases}1<\frac{3m}{2}<4, \\ f(1)=1-3m+4>0, \\ f(4)=16-12m+4>0\end{cases}\Rightarrow\begin{cases}\frac{2}{3}<m<\frac{8}{3}, \\ m<\frac{5}{3}, \\ m<\frac{5}{3}\end{cases}\Rightarrow\frac{2}{3}<m<\frac{5}{3},$$

再结合判别式，得 $\frac{4}{3}\leqslant m<\frac{5}{3}$，故条件(1)充分.

条件(2)：$1<b<4$，则 $1<a<4$，和条件(1)等价，故条件(2)也充分.

【陷阱分析】有些同学看到条件(1)和条件(2)分别是两个根的范围，直接联合，从而误选(C)项. 实际上由韦达定理，得 $ab=4$，两个条件可以互相推导，无需联合.

陷阱 2 “指定对象取值”陷阱

【陷阱说明】
情况 1：确定集合，即确定集合中的元素构成即可，不需要与每个元素一一对应(即集合元素的无序性).
情况 2：求一组未知数的最值或取值时，最值或取值不需要与每个元素一一对应.
情况 3：求一组未知数每个元素的最值或取值时，最值或取值要与每个元素一一对应.

真题例析

例 4 (2014 年真题)已知 $M=\{a, b, c, d, e\}$是一个整数集合．则能确定集合 M.
(1)a，b，c，d，e 的平均值为 10.
(2)a，b，c，d，e 的方差为 2.

【解析】条件(1)：由平均值只能得到 $a+b+c+d+e=50$，不能确定集合 M. 不充分.

条件(2)：由方差为 2 只能得到 a，b，c，d，e 是连续的 5 个整数，不能确定集合 M. 也不充分.

联合两个条件，可知 a，b，c，d，e 是连续的 5 个整数，故平均值为中位数，因此联合可以直接确定这五个数为 8，9，10，11，12，两个条件联合充分.

【陷阱分析】有同学在联合两个条件后确定了这 5 个数，但认为{8，9，10，11，12}和{12，11，10，9，8}不是同一个数集，误选(E)项．根据集合的无序性可知，只要能确定这 5 个数是多少即可，不要求与 a，b，c，d，e 一一对应.

【答案】(C)

例 5 (2023 年真题)八个班参加植树活动，共植树 195 棵．则能确定各班植树棵数的最小值.
(1)各班植树的棵数均不相同.
(2)各班植树棵数的最大值是 28.

【解析】设八个班植树的棵数分别为 a_1，a_2，…，a_8，由题可得 $a_1+a_2+\cdots+a_8=195$.

条件(1)：1 个方程有 8 个未知数，显然有许多组解，如 $1+2+3+4+5+6+7+167=195$，$2+3+4+5+6+7+8+160=195$ 等，不能确定植树棵数的最小值，不充分.

条件(2)：最大值是 28，方程仍有多组解，如 $22+22+23+24+25+25+26+28=195$，$21+22+22+25+25+25+27+28=195$ 等，不能确定植树棵数的最小值，不充分.

联合两个条件，此时穷举可得只有一组解，即 $20+22+23+24+25+26+27+28=195$. 因此各班植树棵数的最小值为 20，联合充分.

【陷阱分析】题目问的是“确定”各班植树棵数的最小值，有同学认为最小值是 1，但是此时的解并不固定，最小值也有可能是其他值，只有解是唯一的一组解时，才能确定最小值．也有同学认为各班植树的数量关系无法与班级一一对应，误选(E)项．注意题目问的是“各班”植树棵数的最小值，并不特指某一个班，故不需要与每个班一一对应．

【答案】(C)

例 6 (2022年真题)两个人数不等的班数学测验的平均分不相等．则能确定人数多的班．

(1)已知两个班的平均分．

(2)已知两个班的总平均分．

【解析】条件(1)：知道两个班各自的平均分，但是没有两个班的其他关系，故无法判断，不充分．

条件(2)：知道总平均分但是没有其他的条件，所以也无法判断，故不充分．

联合两个条件．

方法一：设两个班的平均分分别为$\overline{x}_{甲}$，$\overline{x}_{乙}$，总平均分为$\overline{x}$. 如图所示，利用十字交叉法，可得$\frac{甲班人数}{乙班人数}=\frac{\overline{x}_{乙}-\overline{x}}{\overline{x}-\overline{x}_{甲}}$，根据人数的比就能知道人数多的班，故两个条件联合充分．

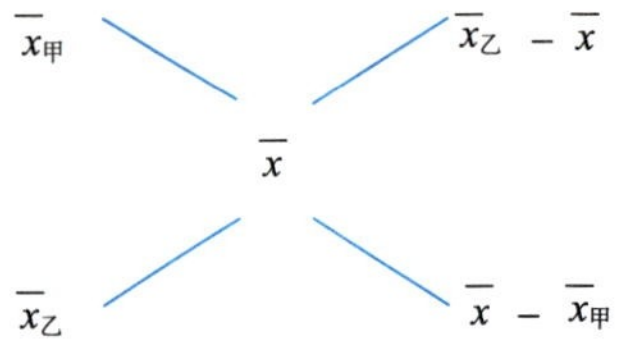

方法二：赋值法．

不妨设甲班平均分为60分，人数为x；乙班平均分为90分，人数为y. 两个班的总平均分为80分．则有$\frac{60x+90y}{x+y}=80$，解得$\frac{x}{y}=\frac{1}{2}$，故人数多的班为乙班．两个条件联合充分．

【陷阱分析】有些同学在做题的时候，会给这两个班取名，比如甲、乙两个班，赋值之后，计算发现可能甲班人多，也可能乙班人多，无法确定是甲班还是乙班，从而误选(E)项．实际上题目想表达的意思是能确定两个班人数的大小关系即可．

【答案】(C)

例 7 (2020年真题)已知甲、乙、丙三人共捐款3 500元．则能确定每人的捐款金额．

(1)三人的捐款金额各不相同．

(2)三人的捐款金额都是500的倍数．

【解析】条件(1)：显然不充分．

条件(2)：设三人的捐款金额为$500a$，$500b$，$500c$(a，b，$c\in\mathbf{N}_+$)，则有$500a+500b+500c=3\,500$. 整理得$a+b+c=7$，有多组解，不充分．

联合两个条件，得$a+b+c=7=1+2+4$，但无法确定甲、乙、丙各自对应的捐款金额，故两个条件联合也不充分．

【陷阱分析】可能会有同学在联合两个条件后，解得三人的捐款金额分别是500元、1 000元和2 000元，从而错误地认为三人的捐款金额可以确定，误选(C)项．实际上题目表达的意思是要能计算出每个人确切的金额，三人的金额需要一一对应，但是三人捐款金额的大小关系不确定，所以无法对应．

【答案】(E)

实战训练

1. 甲、乙两人从同一地点出发环绕周长为 400 米的跑道散步．则能确定甲、乙两人各自的散步速度.

(1)两人背向而行，经过 5 分钟相遇．

(2)两人同向而行，经过 20 分钟相遇．

2. 已知 $A=\{a, b, c\}$ 是一个正整数集合．则能确定集合 A.

(1) $3a+5b+3c=24$.

(2) $a<c$.

3. 已知正整数 a，b，c. 则可以确定 $\max\{a, b, c\}$.

(1)已知 a，b，c 互不相同．

(2) $a+b+c=7$.

4. 将 100 个苹果分给 10 个小朋友．则能确定各个小朋友分得的苹果个数的最大值．

(1)每个小朋友的苹果个数互不相同．

(2)分得苹果个数最少的小朋友分到了 5 个苹果．

5. 5 个互不相等的正整数 a，b，c，d，e. 则能确定每个数的值．

(1)平均数为 9.

(2)方差为 4.

• 答案详解 •

1. (E)

【解析】条件(1)：根据条件列出方程 $5(v_{甲}+v_{乙})=400$，可以确定甲、乙两人的速度和，但无法确定两人单独的速度，条件(1)不充分．

条件(2)：根据条件列出方程 $20|v_{甲}-v_{乙}|=400$，可以确定甲、乙两人的速度差的绝对值，但无法确定两人单独的速度，条件(2)不充分．

联合两个条件，可得 $\begin{cases}5(v_{甲}+v_{乙})=400,\\20|v_{甲}-v_{乙}|=400,\end{cases}$ 解得 $\begin{cases}v_{甲}=50,\\v_{乙}=30\end{cases}$ 或 $\begin{cases}v_{甲}=30,\\v_{乙}=50,\end{cases}$ 结果不唯一，故无法确定两人各自的散步速度，联合也不充分．

【陷阱分析】题目要求确定甲、乙两人各自的速度，意味着 50 米/分和 30 米/分和甲、乙两个人需要一一对应上，有且只有唯一一组解才行，可能会有同学认为两个人的速度就是 50 米/分和 30 米/分，从而误选(C)项．

2. (A)

【解析】条件(1)：$3a$，$3c$，24 都是 3 的倍数，故 b 也是 3 的倍数，穷举可得 $b=3$，则 $a+c=3$，解得 $a=1$，$c=2$ 或 $a=2$，$c=1$，则集合 $A=\{1, 2, 3\}$，能确定集合 A，充分．

条件(2)：显然不充分．

【陷阱分析】有同学认为条件(1)有 $a=1$，$c=2$ 或 $a=2$，$c=1$ 两组解，无法确定 a 和 c 的值，单独不充分，误选(C)项．但是条件(1)这两组解的数值是确定的，都是 1 和 2，集合元素有无序性，只要能确定这 3 个数是多少即可，不需要与 a，b，c 一一对应．

3. (C)

【解析】条件(1)：显然不充分．

条件(2)：$a+b+c=7$有很多组解，例如$a=1$，$b=1$，$c=5$或$a=1$，$b=2$，$c=4$，无法确定三个数中的最大值，不充分．

联合两个条件，只能取$a=1$，$b=2$，$c=4$这一组解，因此$\max\{a, b, c\}=4$，联合充分．

【陷阱分析】可能会有同学由条件(2)得出最大值是5，误选(B)项；也可能会有同学在联合两个条件后，认为无法判断最大值4是a，b，c中的哪一个，误选(E)项．需注意，当且仅当解是唯一一组解的时候，才能确定最大值，且max函数不需要结果与a，b，c中的某个字母对应上．

4. (E)

【解析】设10个小朋友的苹果个数分别为a_1，a_2，…，a_{10}，由题可得$a_1+a_2+\cdots+a_{10}=100$.

条件(1)：1个方程有10个未知数，显然有许多组解，如$1+2+3+4+5+6+7+8+9+55=100$或$1+2+3+4+5+6+7+8+10+54=100$等，不充分．

条件(2)：假设最小值为a_1，则$a_1=5$，此时方程仍有多组解，如$5+5+5+5+5+5+5+5+5+55=100$，$5+5+5+5+5+5+5+5+6+54=100$等，不充分．

联合两个条件，不妨令$a_1<a_2<\cdots<a_{10}$，此时方程仍有多组解，如$5+6+7+8+9+10+12+13+14+16=100$，$5+6+7+8+9+11+12+13+14+15=100$等，故联合也不充分．

【陷阱分析】有同学认为，条件(1)的解为$1+2+3+\cdots+9+55=100$，故苹果个数最多为55，是充分的；条件(2)的解为$5+5+5\cdots+5+55=100$，故苹果个数最多为55，也是充分的．误选(D)项．题目要求的是各个小朋友分得的苹果个数的最大值，两个条件都分别有多组解，只有当解是唯一一组解的时候，才能确定整体的最大值．

5. (E)

【解析】显然两个条件单独皆不充分，考虑联合．

两个条件联合可得$\frac{1}{5}[(a-9)^2+(b-9)^2+(c-9)^2+(d-9)^2+(e-9)^2]=4$，化简得

$$(a-9)^2+(b-9)^2+(c-9)^2+(d-9)^2+(e-9)^2=20.$$

20以内的完全平方数有0，1，4，9，16，5个正整数和为20的情况有$0+0+0+4+16$，$0+1+1+9+9$，$4+4+4+4+4$，又a，b，c，d，e互不相等，因此满足条件的完全平方数只能为$0+1+1+9+9$，即$0^2+1^2+(-1)^2+3^2+(-3)^2=20$，故这5个数的值分别为9，10，8，12，6，但$a$，$b$，$c$，$d$，$e$之间大小关系不确定，所以数和字母的对应关系不确定，两个条件联合也不充分．

【陷阱分析】可能会有同学在联合两个条件后，解得5个数的值分别为9，10，8，12，6，认为五个数的值可以确定，误选(C)项．实际上题目表达的意思是要能计算出五个确定的值，并且需要与a，b，c，d，e一一对应．

陷阱 3 “存在”陷阱

【陷阱说明】

当题干的结论为“存在……”或者含义是“存在”时，只要有解就行，并不需要唯一确定，如果根据某条件求出来的结论有两种及更多的情况，条件依然充分．

真题例析

例 8 (2016 年真题)利用长度为 a 和 b 的两种管材能连接成长度为 37 的管道(单位：米)．

(1)$a=3$，$b=5$.

(2)$a=4$，$b=6$.

【解析】设需要长度为 a 的管材 x 根，长度为 b 的管材 y 根．

条件(1)：$3x+5y=37$，$5y$ 的尾数为 0 或 5，则 $3x$ 的尾数为 7 或 2，穷举得 $x=4$ 或 $x=9$，故有两组解 $\begin{cases}x=4,\\y=5\end{cases}$ 或 $\begin{cases}x=9,\\y=2,\end{cases}$ 条件(1)充分．

条件(2)：$4x+6y=37$，等号左边为偶数，右边为奇数，显然无整数解，故条件(2)不充分．

【陷阱分析】有些同学会认为条件(1)有两组解，无法唯一确定，从而误选(E)项．需注意结论的表述是“能连接成”，即有解就行，不要求有唯一解．

【答案】(A)

实战训练

1. 方程 $|x+4|-|x+1|=2x+5$ 有实数解．

(1)$x>-3$.

(2)$x<-2$.

2. 存在正实数 a，b，c 可以使得 $ab+bc+ac\leqslant\frac{1}{2}$.

(1)$a+b+c=1$.

(2)$a^2+b^2+c^2=1$.

3. 现有足量的正三角形、正方形、正六边形三种地砖，选择若干块在平面上一点 O 周围进行铺设，且任意一块地砖都有一顶点位于点 O. 则可以在点 O 周围实现密铺．

(1)只用正三角形和正六边形地砖．

(2)3 种形状的地砖全都使用．

4. 存在 k 使得关于 x 的不等式 $\sqrt{x-4}+\sqrt{8-x}>k$ 有解．

(1)$k>2$.

(2)$k>3$.

• 答案详解 •

1. (D)

【解析】根据线性差的图像可知，当$-4\leqslant x\leqslant -1$时，满足$|x+4|-|x+1|=2x+5$.

条件(1)：举例，令$x=-1$，则$|x+4|-|x+1|=3=2x+5$，充分.

条件(2)：举例，令$x=-4$，则$|x+4|-|x+1|=-3=2x+5$，充分.

【陷阱分析】结论的表述是“有解”，故只要有一个解就充分，有些同学以为需要“恒成立”，从而误选(C)项.

2. (D)

【解析】条件(1)：举例，令$a=b=c=\frac{1}{3}$，则$ab+bc+ac=\frac{1}{3}<\frac{1}{2}$，充分.

条件(2)：举例，令$a=\sqrt{\frac{98}{100}}$，$b=\sqrt{\frac{1}{100}}$，$c=\sqrt{\frac{1}{100}}$，则$ab+bc+ac=\frac{2\sqrt{98}+1}{100}<\frac{1}{2}$，充分.

【陷阱分析】有些同学会认为两个条件只是举了个例子，满足结论，就说明这两个条件充分，这不严谨，因为举例子一般是用来证明不充分的，但本题要求的是存在正实数a，b，c，即只要有任意一组a，b，c的值，使得$ab+bc+ac\leqslant\frac{1}{2}$成立，那就充分.

3. (D)

【解析】在点O周围要实现密铺，则几块地砖中以O为顶点的内角总和应为$360°$. 正三角形、正方形、正六边形的一个内角分别为$60°$，$90°$，$120°$.

条件(1)：设用a块正三角形和b块正六边形地砖在点O周围进行密铺，则$60a+120b=360$，解得$a=2$，$b=2$或$a=4$，$b=1$，故可以在点O周围实现密铺. 条件(1)充分.

条件(2)：设用x块正三角形、y块正方形、z块正六边形地砖在点O周围进行密铺，则$60x+90y+120z=360$，解得$x=1$，$y=2$，$z=1$，故可以在点O周围实现密铺. 条件(2)充分.

【陷阱分析】有些同学会认为条件(1)有两组解，无法唯一确定，从而误选(B)项. 然而，结论的表述是“可以实现密铺”，即有解就行，不要求有唯一解.

4. (A)

【解析】从结论出发，对比条件和结论的范围.

$\sqrt{x-4}+\sqrt{8-x}>k$有解，即k小于$\sqrt{x-4}+\sqrt{8-x}$的最大值，利用柯西不等式可得

$$1\times\sqrt{x-4}+1\times\sqrt{8-x}\leqslant\sqrt{(1+1)(x-4+8-x)}=2\sqrt{2},$$

即$k<2\sqrt{2}$. 本题考查存在与否，因此只要在条件所给范围内找到一个数满足$k<2\sqrt{2}$即可.

条件(1)：在$2<k<2\sqrt{2}$范围内的k均满足题意，充分.

条件(2)：在$k>3$内没有任何一个数满足$k<2\sqrt{2}$，不充分.

【陷阱分析】有些同学在计算出结论的范围之后，发现两个条件均不是$k<2\sqrt{2}$的子集，因而误选(E)项. 本题只是考查存在与否，两个条件只需要与所求的解集有交集即可.

陷阱 4 “并且”与“或者”陷阱

【陷阱说明】

情况 1：结论为“A”.

若根据某条件推出 A 或 B，则该条件不充分.

情况 2：结论为“A 且 B”.

若根据某条件推出 A，B，A 或 B，则该条件不充分. 只有推出 A 且 B，才充分.

情况 3：结论为“A 或 B”.

若根据某条件推出 A，B，A 且 B，A 或 B，则均可视为该条件充分.

若根据某条件推出 A 或 C，则该条件不充分.

真题例析

例 9 (2023 年真题)已知等比数列 $\{a_n\}$ 的公比大于 1. 则 $\{a_n\}$ 为递增数列.

(1) a_1 是方程 $x^2-x-2=0$ 的根.

(2) a_1 是方程 $x^2+x-6=0$ 的根.

【解析】条件(1)：易解得方程 $x^2-x-2=0$ 的解为 -1 或 2，当首项 $a_1=-1$ 时，$q>1$，则该等比数列为递减数列，不充分.

条件(2)：易解得方程 $x^2+x-6=0$ 的解为 -3 或 2，当首项 $a_1=-3$ 时，$q>1$，则该等比数列为递减数列，不充分.

联合两个条件，a_1 只能为 2. 则该数列为首项 $a_1=2$、公比 $q>1$ 的等比数列，显然为递增数列，因此联合充分.

【陷阱分析】条件(1)和条件(2)都有两个根，只有当两个根都能使结论成立时，条件才充分.

【答案】(C)

例 10 (2011 年真题)已知 $\triangle ABC$ 的三边长分别为 a，b，c. 则 $\triangle ABC$ 是等腰直角三角形.

(1) $(a-b)(c^2-a^2-b^2)=0$.

(2) $c=\sqrt{2}b$.

【解析】条件(1)：由 $(a-b)(c^2-a^2-b^2)=0$ 可得 $a=b$ 或 $c^2=a^2+b^2$，$\triangle ABC$ 为等腰三角形或直角三角形，不充分.

条件(2)：显然不充分.

联合两个条件，有如下两种情况：

①$a=b$，$c=\sqrt{2}b$，得 $c^2=a^2+b^2$，则 $\triangle ABC$ 是等腰直角三角形；

②$c^2=a^2+b^2$，$c=\sqrt{2}b$，得 $a=b$，则 $\triangle ABC$ 是等腰直角三角形.

所以两个条件联合充分.

【陷阱分析】条件(1)是直角三角形或等腰三角形，而结论的等腰直角三角形是直角且等腰，可能会有同学误以为条件(1)充分，从而误选(A)项．

【答案】(C)

例 11 (2023年真题)设 x，y 是实数．则 $\sqrt{x^2+y^2}$ 有最小值和最大值．

(1) $(x-1)^2+(y-1)^2=1$.

(2) $y=x+1$.

【解析】求 $\sqrt{x^2+y^2}$ 的最值，可利用数形结合思想，转化为距离型最值问题，即动点 (x, y) 到原点 $(0, 0)$ 距离的最值．

条件(1)：$(x-1)^2+(y-1)^2=1$ 表示以 $(1, 1)$ 为圆心、1为半径的圆，(x, y) 表示圆上任意一点，如图所示．圆心到原点的距离为 $AO=\sqrt{2}$，则圆上的点到原点的最短距离为 $OC=AO-r=\sqrt{2}-1$，最长距离为 $OD=AO+r=\sqrt{2}+1$，故条件(1)充分．

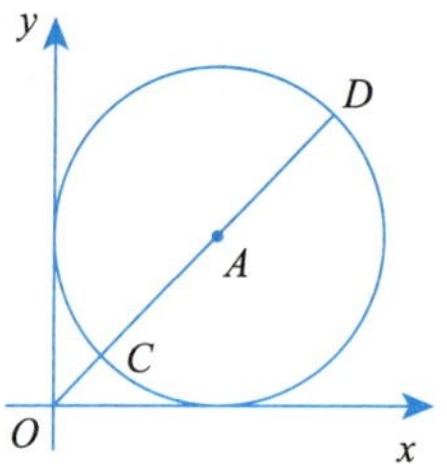

条件(2)：如图所示，(x, y) 表示直线 $y=x+1$ 上的任意一点，原点到直线只有最短距离 OB，没有最长距离，即 $\sqrt{x^2+y^2}$ 有最小值，没有最大值，故条件(2)不充分．

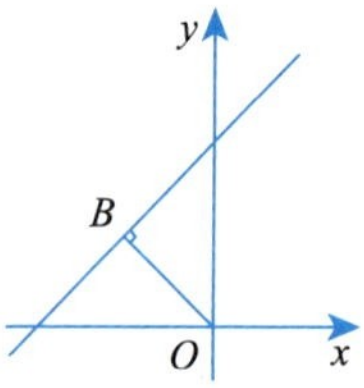

【陷阱分析】结论是“最大值和最小值”，两者是“且”的关系，都有才成立．条件(2)只有最小值没有最大值，但是可能会有同学误以为其充分，从而误选(D)项．

【答案】(A)

例 12(2015年真题)已知 a，b 为实数．则 $a\geqslant 2$ 或 $b\geqslant 2$.

(1) $a+b\geqslant 4$.

(2) $ab\geqslant 4$.

【解析】方法一：逆否验证法，见第16页．

方法二：条件(1)：a，b 的取值范围可分为两类情况：

①a，b 两个数都大于等于2，如 $a=3$，$b=3$，此时 $a\geqslant 2$ 且 $b\geqslant 2$，满足 $a\geqslant 2$ 或 $b\geqslant 2$.

②a，b 中有一个大于等于2，另一个小于等于2，如 $a=3$，$b=1$，此时满足 $a\geqslant 2$ 或 $b\geqslant 2$.

a，b 不可能都小于2，当都小于2时，$a+b<4$，与条件矛盾．

综上所述，条件(1)充分．

条件(2)：举反例．令 $a=b=-3$，满足条件，但结论不成立，故条件(2)不充分．

【陷阱分析】有同学把 $a\geqslant 2$ 或 $b\geqslant 2$ 理解成 $a\geqslant 2$ 且 $b\geqslant 2$，认为条件(1)不充分，但是"或"的含义是 $a\geqslant 2$，$b\geqslant 2$ 至少有一个成立即可，不必两个都成立．

【答案】(A)

实战训练

1. (2013 年真题)$\triangle ABC$ 的边长分别为 a，b，c．则 $\triangle ABC$ 为直角三角形．

(1)$(c^2-a^2-b^2)(a^2-b^2)=0$.

(2)$\triangle ABC$ 的面积为 $\frac{1}{2}ab$.

2. 某工厂要将 80 个零件分配给车间所有工人师傅们(分为熟练工和新手)进行加工．则车间总人数为 15.

(1)熟练工每人分配 9 个零件，新手每人分配 4 个零件．

(2)熟练工每人分配 10 个零件，新手每人分配 3 个零件．

3. 分式方程 $\frac{m}{x-1}+\frac{2}{x+1}=\frac{1}{x^2-1}$ 无解．

(1)$m=-2$.

(2)$m=\frac{1}{2}$.

4. 已知实数 x，y．则 $\frac{y-2}{x-1}$ 有最大值和最小值．

(1)$y=\sqrt{-x^2-2x}$.

(2)$y=\sqrt{1-x^2}$.

• 答案详解 •

1. (B)

【解析】条件(1)：$(c^2-a^2-b^2)(a^2-b^2)=0\Rightarrow c^2=a^2+b^2$ 或 $a=b$．故三角形为直角三角形或等腰三角形，条件(1)不充分．

条件(2)：$S_{\triangle ABC}=\frac{1}{2}ab\cdot\sin C=\frac{1}{2}ab$，则 $\sin C=1$，且 $0°<\angle C<180°$，故 $\angle C=90°$，即 $\triangle ABC$ 为直角三角形，条件(2)充分．

【陷阱分析】条件(1)推出 $c^2=a^2+b^2$ 或 $a=b$，可能有同学看到有 $c^2=a^2+b^2$，误以为其充分．实际上"或"表示两个式子任意一个成立即可，当只有 $a=b$ 成立时，$\triangle ABC$ 是等腰三角形，不一定是直角三角形．

2. (E)

【解析】设熟练工人数为 x，新手人数为 y.

条件(1)：可列等式 $9x+4y=80$，x 一定是 4 的倍数，穷举可得 $x=4$，$y=11$ 或 $x=8$，$y=2$，总人数为 15 或 10，不充分．

条件(2)：可列等式 $10x+3y=80$，y 一定是 10 的倍数，穷举可得 $y=10$，$x=5$ 或 $y=20$，

$x=2$，总人数为15或22，不充分．

两个条件的方程没有相同的解，因此无法联合．

【陷阱分析】结论的15是唯一的解，两个条件都是“或者”，解出了两个解，所以是不充分的，只有解得唯一的解15时，才充分．另外，有同学在联合两个条件后得出唯一的解15，错选(C)项，须注意，两个条件解出的熟练工和新手人数不相同，所以无法联合．

3.(D)

【解析】本题从结论出发，可以推导出m的范围，再判断条件是否充分．

去分母得整式方程$m(x+1)+2(x-1)=1$，整理可得$(m+2)x+m-3=0$.

当$m+2=0$，即$m=-2$时，方程无解．

当$x=\pm 1$时，分母为0，分式方程也无解，将$x=1$代入整式方程，解得$m=\frac{1}{2}$；将$x=-1$代入整式方程，此时m不存在．

因此当$m=-2$或$\frac{1}{2}$时，分式方程无解．故两个条件单独皆充分．

【陷阱分析】结论是$m=-2$或$\frac{1}{2}$，两个解满足其一即可，有同学认为只有条件是$m=-2$或$\frac{1}{2}$才充分；也有同学认为两个解都要有而错把两个条件联合了，注意本题的两个条件是不能联合的．

4.(A)

【解析】$\frac{y-2}{x-1}$表示动点$(x,\ y)$与定点$A(1,\ 2)$连线的斜率．

条件(1)：平方，整理得$(x+1)^2+y^2=1(y\geqslant 0)$，则动点$(x,\ y)$在以$(-1,\ 0)$为圆心、1为半径的圆的上半部分，如图所示．

易知，当所连直线与半圆相切于点B时斜率最小，经过原点时斜率最大，即$\frac{y-2}{x-1}$有最大值和最小值，故条件(1)充分．

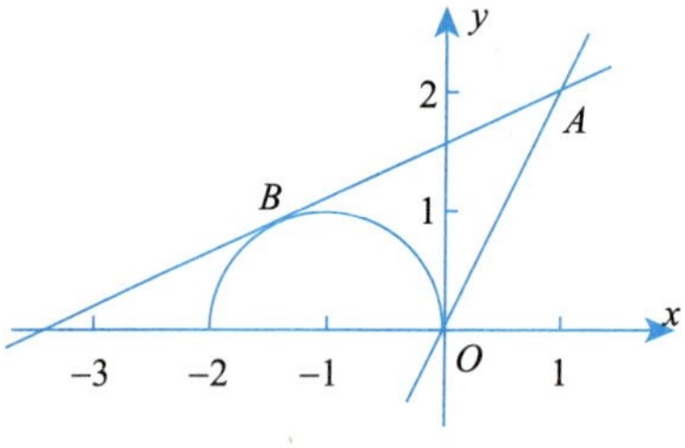

条件(2)：平方，整理得$x^2+y^2=1(y\geqslant 0)$，则动点$(x,\ y)$在以原点为圆心、1为半径的圆的上半部分，如图所示．

易知，当所连直线与半圆相切于点C时斜率最小，经过点$(1,\ 0)$时斜率不存在，此时斜率没有最大值，故条件(2)不充分．

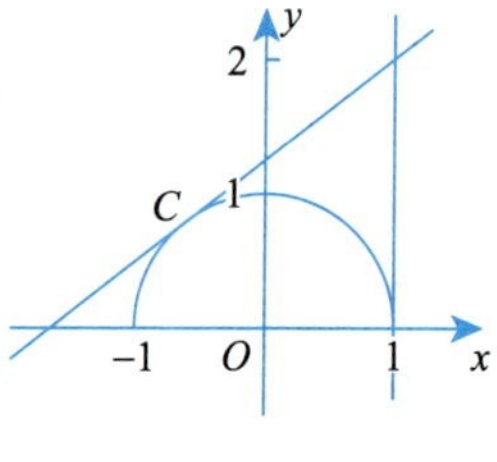

【注意】画图观察出有最值即可，不需要求出具体数值．

【陷阱分析】条件(2)只有最小值没有最大值，但是可能会有同学误以为其充分，从而误选(D)项．

陷阱 5　范围或定义域陷阱

【陷阱说明】

情况 1：少考虑或考虑错取值范围，例如没有注意题中设置了隐藏定义域，常见的有：求最值时，没有考虑最值点能否取到．

情况 2：定值也可以认为是最值．

情况 3：结论要求的结果是一个范围，但是做题时误以为求定值．

真题例析

例 13（2025 年真题）设 a，b 为实数．则 $(a+b\sqrt{2})^{\frac{1}{2}}=1+\sqrt{2}$．

(1) $a=3$，$b=2$．

(2) $(a-b\sqrt{2})(3+2\sqrt{2})=1$．

【解析】条件(1)：当 $a=3$，$b=2$ 时，有

$$(a+b\sqrt{2})^{\frac{1}{2}}=(3+2\sqrt{2})^{\frac{1}{2}}=\sqrt{1+2\sqrt{2}+2}=\sqrt{(1+\sqrt{2})^2}=1+\sqrt{2},$$

充分．

条件(2)：$a-b\sqrt{2}=\dfrac{1}{3+2\sqrt{2}}=3-2\sqrt{2}$．举反例，令 $a=3-2\sqrt{2}$，$b=0$，则

$$(a+b\sqrt{2})^{\frac{1}{2}}=(3-2\sqrt{2})^{\frac{1}{2}}=\sqrt{1-2\sqrt{2}+2}=\sqrt{(\sqrt{2}-1)^2}=\sqrt{2}-1,$$

不充分．

【陷阱分析】有同学在条件(2)中求出 $a-b\sqrt{2}=3-2\sqrt{2}$ 后，忽略 a 或 b 可以是无理数的情况，下意识以为 $a=3$，$b=2$，和条件(1)等价，从而误选(D)项．

【答案】(A)

例 14（2020 年真题）设 a，b 是正实数．则 $\dfrac{1}{a}+\dfrac{1}{b}$ 存在最小值．

(1)已知 ab 的值．

(2)已知 a，b 是方程 $x^2-(a+b)x+2=0$ 的不同实根．

【解析】根据均值不等式，可得 $\dfrac{1}{a}+\dfrac{1}{b}\geqslant 2\sqrt{\dfrac{1}{ab}}$，当且仅当 $a=b$ 时取等号．

条件(1)：已知 ab 的值，则 $2\sqrt{\dfrac{1}{ab}}$ 为定值，且 a 和 b 可以相等，故 $\dfrac{1}{a}+\dfrac{1}{b}$ 的最小值为 $2\sqrt{\dfrac{1}{ab}}$，充分．

条件(2)：已知 $a\neq b$，不满足均值不等式的取等条件，故最小值取不到，不充分．

【陷阱分析】有些同学认为条件(2)由韦达定理得 $ab=2$，和条件(1)等价，也充分，但均值不

等式取等号的条件“$a=b$”与“方程有两个不同实根”矛盾，所以条件(2)是取不到最小值的.

【答案】(A)

例 15 (2021年真题)已知数列$\{a_n\}$. 则数列$\{a_n\}$为等比数列.

(1)$a_na_{n+1}>0$.

(2)$a_{n+1}^2-2a_n^2-a_na_{n+1}=0$.

【解析】条件(1)：只能确定a_n与a_{n+1}同号，显然不充分.

条件(2)：a_{n+1}，a_n可以等于0，不满足等比数列的条件，条件(2)也不充分.

联合两个条件，由条件(2)可得$(a_{n+1}-2a_n)(a_{n+1}+a_n)=0$，解得$a_{n+1}=2a_n$或$a_{n+1}=-a_n$. 由条件(1)可知，$a_n$与$a_{n+1}$同号且不为0，可舍去第2种情况，故$a_{n+1}=2a_n$，则数列$\{a_n\}$是等比数列，两个条件联合充分.

【陷阱分析】很多同学会在分析条件(2)时，把式子化为$(a_{n+1}+a_n)(a_{n+1}-2a_n)=0$，解得$a_{n+1}=-a_n$或$a_{n+1}=2a_n$，认为无论是哪一种情况，都是等比数列，因而误选(B)项. 这是因为在做题的时候忽略了一种特殊情况，即$a_{n+1}=a_n=0$，等比数列每一项均不能为0，因此条件(2)单独并不充分.

【答案】(C)

例 16 (2018年真题)甲、乙、丙三人的年收入成等比数列. 则能确定乙的年收入的最大值.

(1)已知甲、丙两人的年收入之和.

(2)已知甲、丙两人的年收入之积.

【解析】设甲、乙、丙三人的年收入分别为a，b，c，则$ac=b^2$，$b=\sqrt{ac}$.

条件(1)：已知$a+c$，根据均值不等式，可得$a+c\geqslant 2\sqrt{ac}=2b$，当且仅当$a=c$时取等号，故$b$的最大值为$\frac{a+c}{2}$，充分.

条件(2)：已知ac，$b=\sqrt{ac}$，b为定值，该定值即最大值，充分.

【陷阱分析】有同学纠结于条件(2)，认为定值不是最值，因此误选(A)项. 但在数学上，对于常数函数$f(x)=c$而言，$f(x)_{\max}=f(x)_{\min}=c$.

【答案】(D)

例 17 (2013年真题)档案馆在一个库房中安装了n个烟火感应报警器，每个报警器遇到烟火成功报警的概率为p. 该库房遇烟火发出警报的概率达到0.999.

(1)$n=3$，$p=0.9$.

(2)$n=2$，$p=0.97$.

【解析】条件(1)：从反面思考，所有报警器均未报警的概率为$(1-0.9)^3=0.001$，故报警的概率为$1-0.001=0.999$，条件(1)充分.

条件(2)：从反面思考，所有报警器均未报警的概率为$(1-0.97)^2=0.0009$，故报警的概率为$1-0.0009=0.9991$，条件(2)充分.

【陷阱分析】“达到0.999”即为“$\geqslant 0.999$”，有些同学没有注意到题目中“达到”这两个字，认为结论要求的是一个定值而不是一个范围，从而误选(A)项.

【答案】(D)

实战训练

1. 已知实数 a，b，c. 则能确定 b 的值.

(1)已知 1，a，b，c，4 成等差数列.

(2)已知 1，a，b，c，4 成等比数列.

2. 某军队使用防空导弹对来犯敌机进行攻击. 则每次发射导弹能命中来犯敌机的概率达到 99%.

(1)每枚导弹的命中率为 0.7.

(2)同时发射 4 枚导弹.

3. 两个非空集合 $A=\{x\mid -3\leqslant x\leqslant 5\}$，$B=\{x\mid a+1\leqslant x\leqslant 4a+1\}$. 则 $B\subseteq A$.

(1)$-4\leqslant a\leqslant 1$.

(2)$0\leqslant a\leqslant 1$.

4. x^2+y^2 的最小值为 2.

(1)实数 x，y 满足 $x^2-y^2-8x+10=0$.

(2)实数 x，y 是关于 t 的方程 $t^2-2at+a+2=0$ 的两个实根.

5. 已知 $y=|2x-4|+|2x-9|$. 则能确定 $\dfrac{y-1}{x-3}$ 的最小值.

(1)$x\in[1,2]$.

(2)$x\in\left[2,\dfrac{5}{2}\right]$.

• 答案详解 •

1.(D)

【解析】条件(1)：根据等差中项，可知 $1+4=2b$，解得 $b=\dfrac{5}{2}$，条件(1)充分.

条件(2)：根据等比中项，可知 $1\times4=b^2$，解得 $b=\pm2$，但是 $b=1\cdot q^2$，显然 $b>0$，因此 $b=2$，条件(2)充分.

【陷阱分析】有些同学解出 $b=\pm2$，没有进一步确定 b 的正负，认为条件(2)不充分，从而误选(A)项. 需注意，等比数列中，奇数项的正负性一致，偶数项的正负性一致.

2.(C)

【解析】两个条件单独显然不充分，需要联合.

联合两个条件，可得 4 枚导弹都没有击中敌机的概率为 $(1-0.7)^4=0.0081$，则命中敌机的概率为 $1-0.0081=0.9919>0.99$，所以两个条件联合充分.

【陷阱分析】"达到 99%"即为"≥99%"，有同学以为必须是等于 99%才行，从而误选(E)项.

3.(B)

【解析】本题可以通过结论推导 a 的范围，再对比条件的范围.

集合 A，B 是非空集合，对于集合 B，首先要满足 $4a+1\geqslant a+1$，可得 $a\geqslant0$.

$B\subseteq A$ 等价于 $\begin{cases}a+1\geqslant -3,\\4a+1\leqslant 5,\end{cases}$ 解得 $-4\leqslant a\leqslant 1$.

综上可得，$0\leqslant a\leqslant 1$，验证可知，边界点 $a=0$，1 满足 $B\subseteq A$. 故条件(1)不充分，条件(2)充分.

【注意】子集问题在列不等式组时，区间端点先取等，最后再单独验证端点值即可．

【陷阱分析】有些同学会忽略集合 B 是非空集合这一条件，误选(D)项．也有同学不验证集合的端点，由“真子集”直接得 $\begin{cases}a+1>-3,\\4a+1<5\end{cases}\Rightarrow -4<a<1$，认为两个条件都不充分，联合也不充分，从而误选(E)项．

4.(B)

【解析】条件(1)：由 $x^2-y^2-8x+10=0$ 得 $y^2=x^2-8x+10$，则

$$x^2+y^2=x^2+x^2-8x+10=2x^2-8x+10=2(x-2)^2+2.$$

故当 $x=2$ 时，x^2+y^2 有最小值为 2.

但是当 $x=2$ 时，$y^2=x^2-8x+10=-2<0$，显然不成立，因此 $x\neq 2$，所以 x^2+y^2 的最小值也就取不到 2，条件(1)不充分．

条件(2)：$t^2-2at+a+2=0$ 有两个实根，则

$$\Delta=(-2a)^2-4(a+2)\geqslant 0\Rightarrow a\leqslant -1 \text{ 或 } a\geqslant 2.$$

由韦达定理得，$x+y=2a$，$xy=a+2$，故

$$x^2+y^2=(x+y)^2-2xy=(2a)^2-2(a+2)=4a^2-2a-4,$$

其对称轴为 $a=\frac{1}{4}$，不在定义域 $a\leqslant -1$ 或 $a\geqslant 2$ 内．因为该二次函数的图像开口向上，所以最小值取在离对称轴更近的定义域的端点处，即当 $a=-1$ 时，$4a^2-2a-4$ 取得最小值，最小值为 $4+2-4=2$. 条件(2)充分．

【陷阱分析】条件(1)容易忽略 $x=2$ 这一点不在定义域内；条件(2)容易忘记使用韦达定理的前提．

5.(D)

【解析】$\frac{y-1}{x-3}$表示点(x,y)与定点 $A(3,1)$连线的斜率．

条件(1)：当 $x\in[1,2]$时，$y=|2x-4|+|2x-9|=-4x+13$，而定点 A 的坐标代入，发现刚好满足 $y=-4x+13$，所以此时斜率是定值-4，即$\frac{y-1}{x-3}=-4$，定值也可以看成是最值，故条件(1)充分．

条件(2)：当 $x\in\left[2,\frac{5}{2}\right]$时，$y=|2x-4|+|2x-9|=5$. 画图易知，定点 A 与函数图像右端点的连线斜率最小，条件(2)也充分．

【注意】条件(2)中只要确定斜率最小值在具体某点处取得即可判断出充分，无需求出确切的值．

【陷阱分析】定值也是最值，因此条件(1)也是充分的．

第 3 部分

7大条件关系

类型 1 矛盾关系

【条件特点】

情况 1：两个条件围绕某个数值呈现出不等关系，且没有交集；结论也是不等关系.

例如：条件为 $x>1$ 与 $x<1$；$x\geqslant 1$ 与 $x<1$；$x=0$ 与 $x\neq 0$.

情况 2：结论是唯一的，但两个条件对应的结果不同，故最多只有一个条件是充分的.

【真题特征】

2016—2025 年题量：2，占比：2%；近五年题量：1，占比：2%.

选项分布	A	B	C	D	E
数量	1	1	—	—	—
年份	2022	2020	—	—	—

此类题目的条件一定无法联合，故不可能选(C)项.

当两个条件为矛盾关系时，多数为一个充分、一个不充分，即选(A)项或(B)项.

【解题技巧】

情况 1 可以先找反例排除一个条件.

真题例析

例 1 (2020 年真题)在$\triangle ABC$中，$\angle B=60^\circ$. 则$\frac{c}{a}>2$.

(1)$\angle C<90^\circ$.

(2)$\angle C>90^\circ$.

【条件关系】两个条件均为$\angle C$与90°的大小关系，且没有交集，显然无法联合，结论也是不等关系，故两个条件是矛盾关系.

【解题技巧】条件(1)可以先通过举反例排除掉：假设$\angle C=60^\circ$，则$\triangle ABC$是等边三角形，故$\frac{c}{a}=1$，不满足结论，条件(1)不充分. 那条件(2)大概率是充分的.

【解析】当$\angle C=90^\circ$时，$\frac{c}{a}=2$. 固定BC边的长度，即a不变，当$\angle C$变化时，c也随之变化，如图所示.

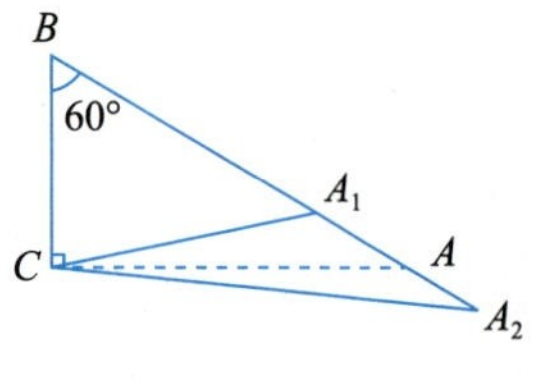

条件(1)：当$\angle C<90^\circ$时，c变小，则$\frac{c}{a}$变小，故$\frac{c}{a}<2$，不充分.

条件(2)：当$\angle C>90^\circ$时，c变大，则$\frac{c}{a}$变大，故$\frac{c}{a}>2$，充分.

【答案】(B)

例 2 (2022 年真题)设实数 a，b 满足 $|a-2b|\leqslant 1$. 则 $|a|>|b|$.

(1) $|b|>1$.

(2) $|b|<1$.

【条件关系】两个条件均为 $|b|$ 与 1 的大小关系，且没有交集，显然无法联合，结论也是不等关系，故两个条件是矛盾关系.

【解题技巧】条件(2)能通过举反例排除掉，那条件(1)大概率是充分的.

【解析】条件(1)：由 $|a-2b|\leqslant 1$ 可得 $\begin{cases}a-2b\geqslant -1 ①,\\ a-2b\leqslant 1 ②.\end{cases}$

根据 $|b|>1$ 可得 $b>1$ 或 $b<-1$.

当 $b>1$ 时，与式①相加得 $a-b>0\Rightarrow a>b>1\Rightarrow |a|>|b|$；

当 $b<-1$ 时，与式②相加得 $a-b<0\Rightarrow a<b<-1\Rightarrow |a|>|b|$.

综上所述，$|a|>|b|$ 一定成立，故条件(1)充分.

条件(2)：举反例，令 $b=0$，$a=0$，满足条件，但结论不成立，故条件(2)不充分.

【答案】(A)

例 3 (2010 年在职 MBA 真题)圆 C_1 是圆 C_2：$x^2+y^2+2x-6y-14=0$ 关于直线 $y=x$ 的对称圆.

(1)圆 C_1：$x^2+y^2-2x-6y-14=0$.

(2)圆 C_1：$x^2+y^2+2y-6x-14=0$.

【条件关系】圆关于直线对称的圆只有一个，两个条件给出的方程表示不同的圆，故属于矛盾关系，最多只有一个条件是充分的.

【解析】易知关于 $y=x$ 对称的曲线方程，将 x 与 y 互换即可，则 C_1 为 $x^2+y^2+2y-6x-14=0$. 故条件(1)不充分，条件(2)充分.

【答案】(B)

实战训练

1. (2003 年真题)不等式 $|x-2|+|4-x|<s$ 无解.

(1) $s\leqslant 2$.

(2) $s>2$.

2. $\dfrac{|a+b|}{|a|+|b|}<1$.

(1) $ab>0$.

(2) $ab<0$.

3. 已知 x，y 是实数. 则 $|x+y|<|x-y|$.

(1) $xy>0$.

(2) $xy<0$.

4. (2008 年真题)公路 AB 上各站之间共有 90 种不同的车票.

(1)公路 AB 上有 10 个车站，每两站之间都有往返车票.

(2)公路 AB 上有 9 个车站，每两站之间都有往返车票.

5. 一列客车与一列货车同时从甲、乙两个城市相对开出，3 小时后相遇，相遇时客车比货车多行 60 千米．则甲、乙两地相距 240 千米．

(1)货车与客车的速度比是 2∶3.　　　　(2)货车与客车的速度比是 3∶5.

• 答案详解 •

1. (A)

【条件关系】两个条件均为 s 与 2 的大小关系，且没有交集，显然无法联合，属于矛盾关系．

【解题技巧】条件(2)：举反例，令 $s=100$，满足条件，但是不等式显然有解 $x=0$，结论不成立，故条件(2)不充分．那条件(1)大概率是充分的．

【解析】令 $f(x)=|x-2|+|4-x|$．$f(x)<s$ 无解等价于 $f(x)\geqslant s$ 恒成立，即 $f(x)_{\min}\geqslant s$. 由绝对值两个线性和的结论可知，$f(x)_{\min}=4-2=2$，则 $s\leqslant 2$. 故条件(1)充分，条件(2)不充分．

2. (B)

【条件关系】两个条件均为 ab 与 0 的大小关系，且没有交集，显然无法联合，属于矛盾关系．

【解题技巧】条件(1)：举反例，令 $a=1$，$b=1$，则 $\frac{|a+b|}{|a|+|b|}=1$，结论不成立，故条件(1)不充分．那条件(2)大概率是充分的．

【解析】条件(1)：由三角不等式等号成立的条件可知，当 $ab>0$ 时，$|a+b|=|a|+|b|$，故 $\frac{|a+b|}{|a|+|b|}=1$，不充分．

条件(2)：由三角不等式小于号成立的条件可知，当 $ab<0$ 时，$|a+b|<|a|+|b|$，故 $\frac{|a+b|}{|a|+|b|}<1$，充分．

3. (B)

【条件关系】两个条件均为 xy 与 0 的大小关系，且没有交集，显然无法联合，属于矛盾关系．

【解题技巧】条件(1)：举反例，令 $x=y=1$，符合条件，但 $|x+y|=2>|x-y|=0$，结论不成立，故条件(1)不充分．那条件(2)大概率是充分的．

【解析】从结论出发，$|x+y|<|x-y|$ 两边平方，得 $x^2+2xy+y^2<x^2-2xy+y^2$，解得 $xy<0$，故条件(1)不充分，条件(2)充分．

4. (A)

【条件关系】结论的 90 种车票是唯一且确定的结果，而两个条件给出的站点数量不同，故属于矛盾关系，最多只有一个条件是充分的．

【解析】条件(1)：共有 10 个车站，则有顺序地任选两个车站作为始末站即为一种车票，共有 $A_{10}^2=90$(种)车票，条件(1)充分．(此时即可得出条件(2)不充分)

条件(2)：同理可得，共有 $A_9^2=72$(种)车票，条件(2)不充分．

5. (B)

【条件关系】两个条件给出的均为货车和客车的速度比，且结论 240 是唯一的结果，故属于矛盾关系，最多只有一个条件是充分的．

【解析】条件(1)：时间相同时，路程之比等于速度之比，故相遇时货车与客车的路程之比是 2∶3，则 1 份代表 60 千米，故甲、乙两地相距 $60\times(2+3)=300$(千米)，条件(1)不充分．

条件(2)：同理可得，相遇时货车与客车的路程之比是 3∶5，则 2 份代表 60 千米，1 份代表 30 千米，故甲、乙两地相距 $30\times(3+5)=240$(千米)，条件(2)充分．

类型 2　包含关系

【条件特点】

从集合的角度来看，一个条件是另一个条件的子集.

从事件的角度来看，一个条件充分，另一个条件必然充分.

【真题特征】

2016—2025 年题量：2，占比：2%；近五年题量：1，占比：2%.

选项分布	A	B	C	D	E
数量	2	—	—	—	—
年份	2016，2024	—	—	—	—

若大范围条件不充分，小范围条件充分，则选小范围条件，即选(A)项或(B)项.

若大范围条件充分，则小范围条件一定充分，选(D)项.

【解题技巧】

先判断大范围条件的充分性.

真题例析

例 4(2012 年在职 MBA 真题)某人用 10 万元购买了甲、乙两种股票，若甲种股票上涨 $a\%$，乙种股票下降 $b\%$时，此人购买的甲、乙两种股票总值不变．则此人购买甲种股票用了 6 万元．

(1)$a=2$，$b=3$.

(2)$3a-2b=0(a\neq0)$.

【条件关系】条件(2)是 a，b 之间的关系，而条件(1)是符合条件(2)的一组特例，即条件(2)的范围更大，如果条件(2)充分，那么条件(1)一定充分，两个条件属于包含关系.

【解题技巧】先判断条件(2)的充分性.

【解析】设购买甲、乙两种股票分别花费 x，y 万元，根据题意可得

$$a\%x=b\%y\Rightarrow\frac{x}{y}=\frac{b}{a}.$$

条件(2)：$3a-2b=0\Rightarrow\frac{b}{a}=\frac{3}{2}$，则$\frac{x}{y}=\frac{3}{2}$. 又 $x+y=10$，解得 $x=6$，所以条件(2)充分，那么条件(1)也充分.

【答案】(D)

例 5 (2024 年真题)兔窝位于兔子正北 60 米，狼在兔子正西 100 米，兔子和狼同时奔向兔窝．则兔子率先到达兔窝．

(1)兔子的速度是狼的速度的$\frac{2}{3}$.

(2)兔子的速度是狼的速度的$\frac{1}{2}$.

【条件关系】兔子的速度越快，肯定越能率先到达兔窝，因此本题如果条件(2)较慢的速度都能让兔子率先到达兔窝，那么条件(1)必然也能，即若条件(2)充分，则条件(1)必然充分，两个条件属于包含关系．

【解题技巧】先判断条件(2)的充分性．

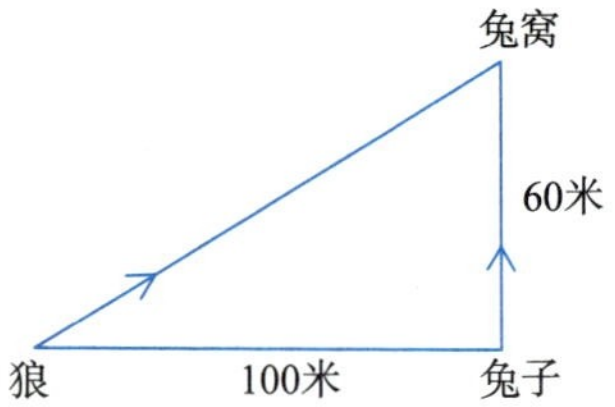

【解析】如图所示，兔窝在兔子正北 60 米，狼在兔子正西 100 米，根据勾股定理，可得狼距离兔窝的路程为 $\sqrt{60^2+100^2}=20\sqrt{34}$(米).

设狼的速度是 v，则狼到达兔窝用时 $t_1=\frac{20\sqrt{34}}{v}$.

条件(2)：兔子的速度是$\frac{1}{2}v$，则兔子到达兔窝用时 $t_2=\frac{60}{\frac{1}{2}v}=\frac{120}{v}$.

因为 $\sqrt{34}<6$，故 $20\sqrt{34}<120$，即 $t_1<t_2$，因此狼先到达兔窝，条件(2)不充分．

条件(1)：兔子的速度是$\frac{2}{3}v$，则兔子到达兔窝用时 $t_2=\frac{60}{\frac{2}{3}v}=\frac{90}{v}$.

因为 $\sqrt{34}>5$，故 $20\sqrt{34}>100>90$，即 $t_1>t_2$，因此兔子先到达兔窝，条件(1)充分．

【答案】(A)

例 6 (2015 年真题)信封中装有 10 张奖券，只有 1 张有奖，从信封中同时抽取 2 张，中奖概率为 P；从信封中每次抽取 1 张奖券后放回，如此重复抽取 n 次，中奖概率为 Q. 则 $P<Q$.

(1)$n=2$.

(2)$n=3$.

【条件关系】有放回地抽取奖券，抽取的次数越多，中奖概率 Q 越大，显然条件(1)的 Q 小于条件(2)的 Q，若较小的 Q 都满足 $Q>P$，则较大的 Q 一定满足 $Q>P$，即若条件(1)充分，则条件(2)一定充分，两个条件属于包含关系．

【解题技巧】先判断条件(1)的充分性．

【解析】同时抽 2 张，中奖的概率 $P=\frac{C_1^1C_9^1}{C_{10}^2}=0.2$.

有放回地重复抽取，每次中奖的概率均为 0.1，不中奖的概率为 0.9.

重复抽取 n 次，中奖情况为“n 次中至少有 1 次中奖”，其反面为“每一次都不中奖”.

条件(1)：中奖的概率 $Q=1-0.9^2=0.19<P$，不充分．

条件(2)：中奖的概率 $Q=1-0.9^3=0.271>P$，充分．

【答案】(B)

实战训练

1. (2012 年真题)某产品由两道独立工序加工完成．则该产品是合格品的概率大于 0.8.
 (1)每道工序的合格率为 0.81.
 (2)每道工序的合格率为 0.9.
2. 若 x，y 是质数．则能确定 x，y 的值．
 (1)$3x+4y$ 是偶数．
 (2)$3x+4y$ 是 6 的倍数．
3. 小明买了 10 斤水果，含水量为 90%. 则晒了一段时间后，含水量不到 88%.
 (1)水分的蒸发速度为 0.8 斤/小时，晒了 1.25 小时．
 (2)水分的蒸发速度为 0.4 斤/小时，晒了 5 小时．
4. (2013 年真题)三个科室的人数分别为 6，3 和 2，因工作需要，每晚需要排 3 人值班．则在两个月中，可使每晚的值班人员不完全相同．
 (1)值班人员不能来自同一科室．
 (2)值班人员来自三个不同科室．
5. 为确保马拉松赛事在某市顺利举行，组委会在沿途一共设置了 7 个饮水点，每两个饮水点中间再设置一个服务站，由含甲、乙两队在内的 13 支志愿者服务队负责这 13 个站点的服务工作，每一个站点有且仅有一支服务队负责服务．则 $p\geqslant\frac{5}{13}$.
 (1)p 为甲队和乙队在不同类型且不相邻的站点的概率．
 (2)p 为甲队和乙队在不同类型站点的概率．

• 答案详解 •

1. (B)

【条件关系】每道工序的合格率越高，该产品是合格品的概率越大，故如果合格率较低的条件(1)都能满足概率大于 0.8，那么条件(2)必然也能满足，即若条件(1)充分，则条件(2)一定充分，两个条件属于包含关系．

【解题技巧】先判断条件(1)的充分性．

【解析】条件(1)：该产品是合格品的概率为 $0.81\times0.81=0.656\ 1<0.8$，不充分．

条件(2)：该产品是合格品的概率为 $0.9\times0.9=0.81>0.8$，充分．

2. (B)

【条件关系】偶数包含 6 的倍数，如果所有偶数的情况都成立，那 6 的倍数也一定成立，即若条件(1)充分，则条件(2)一定充分，两个条件属于包含关系．

【解题技巧】先判断条件(1)的充分性．

【解析】条件(1)：$3x+4y$ 是偶数，则 $3x$ 是偶数，故 $x=2$. 但是 y 的值无法确定，条件(1)不充分．

条件(2)：$3x+4y$ 是 6 的倍数，6 的倍数都是偶数，则 $3x+4y$ 一定是偶数，故 $x=2$. 因此 $3x=6$，那么 $4y$ 也是 6 的倍数，故 y 是 3 的倍数，即 $y=3$. 条件(2)充分．

3. (B)

【条件关系】条件(1)一共蒸发了1斤水，条件(2)蒸发了2斤水，故如果条件(1)的含水量都能满足小于88%，那么条件(2)更能满足小于88%，即若条件(1)充分，则条件(2)一定充分，所以两个条件属于包含关系．

【解题技巧】先判断条件(1)的充分性．

【解析】10斤水果，含水量为90%，则水的重量为9斤，果肉的重量为1斤．

条件(1)：一共蒸发了1斤水，则现在的含水量为$\frac{8}{9}\times 100\%\approx 88.9\%$，不充分．

条件(2)：一共蒸发了2斤水，则现在的含水量为$\frac{7}{8}\times 100\%=87.5\%$，充分．

4. (A)

【条件关系】本题结论等价于"值班方案≥62种"，而"值班人员不能来自同一科室=3人来自三个科室+3人来自两个科室"，显然条件(1)的方案数多于条件(2)，即若条件(2)充分，则条件(1)一定充分，两个条件属于包含关系．

【解题技巧】先判断条件(2)的充分性．

【解析】条件(2)：值班人员来自三个不同科室，即每个科室各有1个人，总的方案有$C_6^1C_3^1C_2^1=36<62$，故条件(2)不充分．

条件(1)：从反面思考，不能来自同一科室的方案数=总方案数-3人来自同一科室的方案数，即$C_{11}^3-C_6^3-C_3^3=144>62$，故条件(1)充分．

5. (D)

【条件关系】显然条件(2)的情况包含条件(1)的情况，则条件(1)的概率更小，即若条件(1)充分，则条件(2)一定充分，两个条件属于包含关系．

【解题技巧】先判断条件(1)的充分性．

【解析】两个条件都是只和甲、乙两队有关，故可只考虑这两队的位置关系，可简化运算．

条件(1)：先从6个服务站中选1个，即C_6^1；再从与其不相邻的5个饮水点中选1个，即C_5^1；两队排序，即A_2^2. 故$p=\frac{C_6^1C_5^1A_2^2}{A_{13}^2}=\frac{5}{13}$，条件(1)充分．故条件(2)也充分．

【注意】条件(1)如果先选饮水点，则需要按饮水点是不是位于两端进行讨论．

①位于两端：先从两端饮水点选1个，即C_2^1；再从与其不相邻的5个服务站中选1个，即C_5^1.

②不位于两端：先从除了两端饮水点以外的5个中选1个，即C_5^1；再从与其不相邻的4个服务站中选1个，即C_4^1.

两队排序，即A_2^2.

故$p=\frac{(C_2^1C_5^1+C_5^1C_4^1)A_2^2}{A_{13}^2}=\frac{5}{13}$.

类型 3　等价关系

【条件特点】

经分析和计算后，两个条件完全等价．

【真题特征】

2016—2025 年题量：5，占比 5%；近五年题量：1，占比：2%．

选项分布	A	B	C	D	E
数量				5	
年份				2017，2018(2)，2019，2022	

若其中一个条件充分，则另外一个条件也充分．此时选(D)项．

若其中一个条件不充分，则另外一个条件也不充分．此时选(E)项．

【解题技巧】

验证一个条件的充分性即可．

真题例析

例 7 (2022 年真题)某直角三角形的三边长 a，b，c 成等比数列．则能确定公比的值．

(1)a 是直角边长．

(2)c 是斜边长．

【条件关系】因为 a，b，c 成等比数列，故 a，b，c 的大小关系为 $a<b<c$ 或 $a>b>c$．直角三角形中最长边一定是斜边，故 a 是直角边长$\Leftrightarrow a<b<c\Leftrightarrow c$ 是斜边长，两个条件为等价关系．

【解析】设公比为 $q(q>0)$，则 $b=aq$，$c=aq^2$．

条件(1)：a 是直角边长，则 c 是斜边长，由勾股定理得，$a^2+(aq)^2=(aq^2)^2\Rightarrow 1+q^2=q^4$，解得 $q^2=\dfrac{1+\sqrt{5}}{2}$，因为公比为正，故 q 有唯一正数解，因此能确定公比的值，条件(1)充分，因为两个条件为等价关系，故条件(2)也充分．

【易错警示】本题易误选(C)项，误认为联合才能确定勾股定理的方程．但实际上，根据 a，b，c 成等比数列，a，b，c 的大小关系就只有两种情况了，因此单独的条件(1)和条件(2)都可以得出三边大小关系，即 $a<b<c$．

【答案】(D)

例 8 (2019 年真题)关于 x 的方程 $x^2+ax+b-1=0$ 有实根．

(1)$a+b=0$.

(2)$a-b=0$.

【条件关系】方程有实根，应满足 $\Delta=a^2-4(b-1)\geqslant 0$.

条件(1)可以化为 $a=-b$，条件(2)可以化为 $a=b$，对于 Δ 中的 a^2 而言，都是等于 b^2，因此两个条件为等价关系，验证一个条件的充分性即可.

【解析】条件(1)：$a=-b\Rightarrow a^2=b^2$，则 $\Delta=b^2-4b+4=(b-2)^2\geqslant 0$，有实根，条件(1)充分.因为两个条件为等价关系，故条件(2)也充分.

【答案】(D)

例 9 (2018 年真题)如果甲公司的年终奖总额增加 25%，乙公司的年终奖总额减少 10%，两者相等.则能确定两公司的员工人数之比.

(1)甲公司的人均年终奖与乙公司的相同.

(2)两公司的员工人数之比与两公司的年终奖总额之比相等.

【条件关系】年终奖总额=总人数×人均年终奖，由比例关系可知，人均年终奖相同⇔员工人数之比与年终奖总额之比相等，显然两个条件是等价关系.

【解析】设甲、乙两公司的年终奖总额分别为 x，y，员工人数分别为 a，b. 由题干可得 $1.25x=0.9y\Rightarrow \dfrac{x}{y}=\dfrac{18}{25}$.

条件(1)：两个公司人均年终奖相同，则 $\dfrac{a}{b}=\dfrac{x}{y}=\dfrac{18}{25}$，条件(1)充分，因为两个条件为等价关系，故条件(2)也充分.

【答案】(D)

实战训练

1. 已知数列 $\{a_n\}$ 为等差数列.则能确定 S_9 的值.

(1)已知 $3a_9-2a_{11}$ 的值.

(2)已知 a_5 的值.

2. (2017 年真题)某人需要处理若干份文件，第一小时处理了全部文件的 $\dfrac{1}{5}$，第二小时处理了剩余文件的 $\dfrac{1}{4}$. 则此人需要处理的文件共 25 份.

(1)前两个小时处理了 10 份文件.

(2)第二小时处理了 5 份文件.

3. (2012 年真题)在某次考试中，3 道题中答对 2 道题即为合格，假设某人答对各题的概率相同.则此人合格的概率是 $\dfrac{20}{27}$.

(1)答对各题的概率均为 $\dfrac{2}{3}$.

(2)3 道题全答错的概率为 $\dfrac{1}{27}$.

4. 已知 a，b 为实数.则能确定 a^2+b^2 的最小值.

(1)$a^2+2ab=1$.

(2)$b^2+2ab=1$.

5. 在Rt△ABC中，$\angle C=90°$，$BC=5$. 则该三角形的周长为30.

(1)三角形的外接圆的半径为6.5.

(2)三角形的内切圆的半径为2.

• 答案详解 •

1. (D)

【条件关系】由等差数列下标和定理，可得$3a_9=2a_{11}+a_5$，即$3a_9-2a_{11}=a_5$，故两个条件为等价关系.

【解析】由等差数列求和公式，可知$S_9=9a_5$，因此知道a_5的值，就能确定S_9的值，故两个条件单独都充分.

2. (D)

【条件关系】根据题意，第一小时处理了全部文件的$\frac{1}{5}$，第二小时处理了剩余文件的$\frac{1}{4}$，即处理了全部文件的$\frac{4}{5}\times\frac{1}{4}=\frac{1}{5}$，说明第一小时与第二小时处理的文件份数相同．故前两个小时处理了10份文件等价于第二小时处理了5份文件，即两个条件是等价关系．

【解析】设文件总数为x，第一小时处理$\frac{1}{5}x$，第二小时处理$\frac{1}{4}\times\frac{4}{5}x=\frac{1}{5}x$.

条件(1)：$\frac{1}{5}x+\frac{1}{5}x=10$，解得$x=25$，条件(1)充分．因为两个条件是等价关系，故条件(2)也充分．

3. (D)

【条件关系】条件(2)中3道题全答错的概率为$\frac{1}{27}$，则每道题答错的概率为$\frac{1}{3}$，故每道题答对的概率为$\frac{2}{3}$，即两个条件是等价关系．

【解析】条件(1)：此人合格的情况为答对2道题或3道题，根据伯努利概型，此人合格的概率为

$$C_3^2\times\left(\frac{2}{3}\right)^2\times\frac{1}{3}+\left(\frac{2}{3}\right)^3=\frac{20}{27},$$

故条件(1)充分，因为两个条件是等价关系，所以条件(2)也充分．

4. (D)

【条件关系】观察两个条件和结论，发现a，b的值互换也不影响，故两个条件为等价关系．

【解析】条件(1)：由$a^2+2ab=1$可得$b=\frac{1-a^2}{2a}$，所以$a^2+b^2=a^2+\left(\frac{1-a^2}{2a}\right)^2$，化简得

$$a^2+b^2=a^2+\frac{1}{4a^2}-\frac{1}{2}+\frac{a^2}{4}=\frac{5a^2}{4}+\frac{1}{4a^2}-\frac{1}{2}\geqslant2\sqrt{\frac{5a^2}{4}\cdot\frac{1}{4a^2}}-\frac{1}{2}=2\sqrt{\frac{5}{16}}-\frac{1}{2}=\frac{\sqrt{5}-1}{2},$$

当且仅当$\frac{5a^2}{4}=\frac{1}{4a^2}$，即$a=\pm\sqrt[4]{\frac{1}{5}}$时等号成立，则能确定$a^2+b^2$的最小值，条件(1)充分．因为两个条件是等价关系，故条件(2)也充分．

5. (D)

【条件关系】本题的等价关系并不能很容易判断出来，是在计算的过程中发现的．通过这道题，我们发现，不必强行在做题前就判断条件关系，如果在做题的过程中发现两个条件是等价关系，也能省略后面的做题步骤．

【解析】设 AB，BC，AC 的长分别为 c，a，b，由题可得 $a=5$.

条件(1)：直角三角形外接圆半径为 $\frac{c}{2}=6.5$，即 $c=13$，又因为 $a=5$，故 $b=12$，三角形的周长是 $5+12+13=30$，条件(1)充分．

条件(2)：直角三角形内切圆半径为 $\frac{5+b-c}{2}=2$，联立 $a^2+b^2=c^2$，解得 $b=12$，$c=13$，两个条件是等价关系，故条件(2)也充分．

类型 4　互补关系之变量缺失

【条件特点】

题干结论中的变量较多，而每个条件中的变量较少，导致单独的一个条件推不出结论，必须联合才能做．

【真题特征】

2016—2025 年题量：10，占比：10%；近五年题量：6，占比：12%.

选项分布	A	B	C	D	E
数量	—	—	8	—	2
年份	—	—	2017，2019(2)，2020，2021，2022，2023，2024	—	2021，2023

大部分选(C)项，少数选(E)项．

真题例析

例 10 (2021 年真题)清理一块场地．则甲、乙、丙三人能在 2 天内完成．

(1)甲、乙两人需要 3 天完成．

(2)甲、丙两人需要 4 天完成．

【条件关系】结论所求的是甲、乙、丙三人的合作时间，条件(1)缺少与丙相关的信息，条件(2)缺少与乙相关的信息，两个条件为变量缺失型互补关系，单独都无法判断三人合作的情况，因此需要联合．

【解析】两个条件单独显然不充分，考虑联合．

设工作总量为12，甲、乙、丙的工作效率分别为x，y，z，则结论等价于$x+y+z\geqslant 6$.

联合可得$\begin{cases}x+y=4,\\x+z=3,\end{cases}$举反例，令$x=2$，则$y=2$，$z=1$，$x+y+z=5<6$，故联合也不充分．

【答案】(E)

例 11 (2019年真题)某校理学院五个系每年的录取人数见下表：

系别	数学系	物理系	化学系	生物系	地学系
录取人数	60	120	90	60	30

今年与去年相比，物理系的录取平均分没变．则理学院录取平均分升高了．

(1)数学系的录取平均分升高了3分，生物系的录取平均分降低了2分．

(2)化学系的录取平均分升高了1分，地学系的录取平均分降低了4分．

【条件关系】理学院总平均分与五个系各自的平均分都有关，已知物理系的平均分不变，剩余四个系的平均分皆对总平均分有影响，故两个条件属于变量缺失型互补关系，缺一不可，需要联合.

【解析】两个条件单独显然不充分，联合．

数学系总分变化量：$60\times3=180$(分)；生物系总分变化量：$60\times(-2)=-120$(分)；化学系总分变化量：$90\times1=90$(分)；地学系总分变化量：$30\times(-4)=-120$(分).

故理学院总分变化量：$180-120+90-120=30$(分)，录取人数不变，总分增加，所以平均分升高了，故两个条件联合充分．

【答案】(C)

例 12 (2017年真题)某人参加资格考试，有A类和B类选择，A类的合格标准是抽3道题至少会做2道，B类的合格标准是抽2道题需都会做．则此人参加A类考试合格的机会大．

(1)此人A类题中有60%会做．

(2)此人B类题中有80%会做．

【条件关系】条件(1)只给出A类题中会做题目的占比，条件(2)只给出B类题中会做题目的占比，单独一个条件无法比较参加哪类考试合格的机会大，显然属于变量缺失型互补关系，因此需要联合．

【解析】两个条件单独显然不充分，联合．

方法一：取球模型．

不妨设A，B两类题各10道．

A类题6道会做，合格概率为$P_A=\frac{C_6^3+C_6^2C_4^1}{C_{10}^3}=\frac{2}{3}$；

B类题8道会做，合格概率为$P_B=\frac{C_8^2}{C_{10}^2}=\frac{28}{45}$.

$\frac{2}{3}=\frac{30}{45}>\frac{28}{45}$，即 $P_A>P_B$，故此人参加 A 类考试合格的机会大，两个条件联合充分．

方法二：伯努利概型．

A 类考试，3 道题会 2 道或 3 道题都会做，合格的概率为 $P_A=0.6^3+C_3^2\times0.6^2\times0.4=0.648$；

B 类考试，2 道题必须都会，合格的概率为 $P_B=0.8^2=0.64$．

$P_A>P_B$，故此人参加 A 类考试合格的机会大，两个条件联合充分．

【注意】方法一和方法二对于题目的理解不同，因此结果存在一定差别．取球模型认为题目数量是有限个，因此可以赋值进行计算比较；伯努利概型认为题目数量趋于无穷．在取球模型下，若"球"无限多，则概率与伯努利概型结果趋于相同．

【答案】(C)

实战训练

1. (2013 年真题)设 x，y，z 为非零实数．则 $\frac{2x+3y-4z}{-x+y-2z}=1$.

(1) $3x-2y=0$.

(2) $2y-z=0$.

2. (2009 年真题)A 企业的职工人数今年比前年增加了 30%.

(1)A 企业的职工人数去年比前年减少了 20%.

(2)A 企业的职工人数今年比去年增加了 50%.

3. 现有一杯盐水，由浓度分别为 A 和 B 的两杯盐水混合而成，后将浓度为 C 的盐水倒入这杯混合盐水．则盐水浓度上升了．

(1) $C\geqslant A$.

(2) $A>B$.

4. 几名老师带着男、女同学去搬 100 本教科书，已知老师和学生共 14 人，每个老师能搬 12 本，恰好一次搬完．则能确定男、女生的人数．

(1)每个男生能搬 8 本．

(2)每个女生能搬 5 本．

5. 已知一只袋子中装有 7 个红球、3 个绿球，从中有放回地任意取两次，每次只取一个．则 $P_1<P_2$.

(1)取到的两个球颜色相同的概率为 P_1.

(2)至少取到一个红球的概率为 P_2.

• 答案详解 •

1. (C)

【条件关系】结论是关于 x，y，z 的等式，条件(1)是 x，y 的关系，条件(2)是 y，z 的关系，两个条件是明显的变量缺失型互补关系，单独无法计算结果，故需要联合．

【解析】两个条件单独显然不充分，联合．

方法一：消元法．

易知 $x=\frac{2y}{3}$，$z=2y$，则 $\frac{2x+3y-4z}{-x+y-2z}=\frac{\frac{4y}{3}+3y-8y}{-\frac{2y}{3}+y-4y}=1$，两个条件联合充分．

方法二：赋值法．

令 $x=2$，$y=3$，$z=6$，则 $\frac{2x+3y-4z}{-x+y-2z}=\frac{2\times2+3\times3-4\times6}{-2+3-2\times6}=1$，两个条件联合充分．

2.（E）

【条件关系】结论是今年对比前年，条件(1)是去年对比前年，条件(2)是今年对比去年，两个条件为变量缺失型互补关系，显然需要联合．

【解析】两个条件单独显然不充分，联合．

赋值法．设前年的职工有 100 人，则去年有 80 人，今年有 120 人，今年比前年增加了 20%．故联合也不充分．

3.（C）

【条件关系】最终盐水的浓度和 A，B，C 的大小均有关系，因此两个条件为变量缺失型互补关系，显然需要联合．

【解析】两个条件单独显然不充分，联合．

联合两个条件，可得 $C\geqslant A>B$，因为 C 最大，故加入浓度为 C 的盐水后，盐水浓度上升，联合充分．

4.（C）

【条件关系】男生、女生的工作效率缺一不可，故两个条件为变量缺失型互补关系，需要联合．

【解析】两个条件单独显然不充分，考虑联合．

设老师、男生、女生的人数分别为 x，y，z，根据题意可得 $\begin{cases}12x+8y+5z=100①,\\x+y+z=14②,\end{cases}$ 式①$-5\times$式②得 $7x+3y=30$，显然 x 是 3 的倍数且 $x>0$，穷举可知 $x=3$，$y=3$，则 $z=8$，因此，男生 3 人，女生 8 人，两个条件联合充分．

5.（C）

【条件关系】结论比较 P_1 和 P_2 的大小关系，条件(1)是 P_1，条件(2)是 P_2，两个条件为变量缺失型互补关系，故需要联合．

【解析】两个条件单独显然不充分，考虑联合．

取到的两个球颜色相同，有两种情况：两个球都是红球、两个球都是绿球，则

$$P_1=\left(\frac{7}{10}\right)^2+\left(\frac{3}{10}\right)^2=\frac{58}{100}.$$

“至少取到一个红球”的反面是“两个都是绿球”，故 $P_2=1-\left(\frac{3}{10}\right)^2=\frac{91}{100}$.

因此 $P_1<P_2$，两个条件联合充分．

类型5 互补关系之定性定量

【条件特点】

其中一个条件是定性的，即描述所求变量的性质或不等关系，或者有一些限定关系词，例如“相等”“不相等”等，一般在考研真题中很容易判断其单独不充分，其用处一般是给定量条件做补充.

另外一个条件是定量的，即给出明确的数量关系.

【真题特征】

2016—2025年题量：9，占比：9%；近五年题量：5，占比：10%.

选项分布	A	B	C	D	E
数量	—	—	7	—	2
年份	—	—	2017(2)，2020，2021(2)，2023(2)	—	2020，2022

若定性条件能为定量条件做补充，则选(C)项；若不能，则选(E)项.

【解题技巧】

通过找定性条件的反例来验证定性条件是否能对定量条件做补充.

真题例析

例 13 (2020年真题)圆 $x^2+y^2=2x+2y$ 上的点到 $ax+by+\sqrt{2}=0$ 距离的最小值大于1.

(1)$a^2+b^2=1$.

(2)$a>0$，$b>0$.

【条件关系】条件(1)是关于 a，b 的等式，是定量条件．条件(2)只能说明 a，b 是正数，是定性条件，显然求不出距离的最值.

【解题技巧】可以通过举反例验证条件(1)在 $a\leqslant 0$ 或 $b\leqslant 0$ 时是否充分，从而确定条件(2)能否对条件(1)起到补充作用.

【解析】圆上的点到直线距离的最小值为圆心到直线的距离减去半径.

圆的方程整理得 $(x-1)^2+(y-1)^2=2$，圆心(1，1)到直线的距离为 $d=\dfrac{|a+b+\sqrt{2}|}{\sqrt{a^2+b^2}}$，因此结论转化为 $d-r=\dfrac{|a+b+\sqrt{2}|}{\sqrt{a^2+b^2}}-\sqrt{2}>1$.

条件(1)：已知 $a^2+b^2=1$，此时 $d-r=|a+b+\sqrt{2}|-\sqrt{2}$．举反例，令 $a=0$，$b=1$，此时 $|a+b+\sqrt{2}|-\sqrt{2}=1$，并不是大于1的，故条件(1)不充分.

条件(2)：显然不充分．

联合两个条件，得 $d-r=\frac{|a+b+\sqrt{2}|}{\sqrt{a^2+b^2}}-\sqrt{2}=|a+b+\sqrt{2}|-\sqrt{2}=a+b+\sqrt{2}-\sqrt{2}=a+b$.

而 $(a+b)^2=a^2+b^2+2ab=1+2ab>1$，两边同时开方，得 $a+b>1$. 故 $d-r=a+b>1$，两个条件联合充分．

【答案】(C)

例 14 (2022年真题)已知 a，b 为实数．则能确定 $\frac{a}{b}$ 的值．

(1)a，b，$a+b$ 成等比数列．

(2)$a(a+b)>0$.

【条件关系】条件(1)可列等式，是定量条件．条件(2)只能表示 a 和 $a+b$ 同号，但是无法计算具体数值，是定性条件．

【解析】条件(1)：由等比数列中项公式得 $a(a+b)=b^2\Rightarrow a^2+ab=b^2$，等比数列中 a，b 均不为0，故式子两边同时除以 b^2，可得 $\left(\frac{a}{b}\right)^2+\frac{a}{b}=1$，解一元二次方程，有 $\frac{a}{b}=\frac{-1\pm\sqrt{5}}{2}$，无法唯一确定 $\frac{a}{b}$ 的值．条件(1)不充分．

条件(2)：显然不充分．

联合两个条件，则有 $\begin{cases}a(a+b)=b^2,\\a(a+b)>0,\end{cases}$ 因为等比数列中 $b\neq0$，所以 $a(a+b)=b^2>0$ 显然成立，联合后的结果和条件(1)等价，故联合也不充分．

【答案】(E)

例 15 (2021年真题)已知数列 $\{a_n\}$．则数列 $\{a_n\}$ 为等比数列．

(1)$a_na_{n+1}>0$.

(2)$a_{n+1}^2-2a_n^2-a_na_{n+1}=0$.

【条件关系】条件(1)只能确定 a_n，a_{n+1} 同号，是定性条件，显然无法判定数列是不是等比数列．条件(2)是关于 a_n 和 a_{n+1} 的等式，是定量条件．

【解析】条件(1)：显然不充分．

条件(2)：举反例，a_{n+1}，a_n 都可以为0，显然不是等比数列，故条件(2)不充分．

联合两个条件，由条件(2)可得 $(a_{n+1}-2a_n)(a_{n+1}+a_n)=0$，解得 $a_{n+1}=2a_n$ 或 $a_{n+1}=-a_n$. 由条件(1)可知，a_n 与 a_{n+1} 同号且不能为0，故 $a_{n+1}=2a_n$，即 $\frac{a_{n+1}}{a_n}=2$，则数列 $\{a_n\}$ 为等比数列，两个条件联合充分．

【答案】(C)

实战训练

1. (2017年真题)某人从A地出发，先乘时速为220千米的动车，后转乘时速为100千米的汽车到达B地．则A，B两地的距离为960千米．

(1)乘动车时间与乘汽车的时间相等．

(2)乘动车时间与乘汽车的时间之和为6小时．

2. (2009年真题)$\{a_n\}$的前n项和S_n与$\{b_n\}$的前n项和T_n满足$S_{19}:T_{19}=3:2$.

(1)$\{a_n\}$和$\{b_n\}$是等差数列.

(2)$a_{10}:b_{10}=3:2$.

3. 一元二次方程$ax^2+bx+c=0$有两个不同的实根.

(1)$a>b>c$.

(2)方程$ax^2+bx+c=0$的一个根为1.

4. 若a,b,c为不同的自然数.则能确定$\max\{a, b, c\}$的值.

(1)$abc=70$.

(2)a,b,c都是质数.

5. (2012年真题)已知$\{a_n\}$,$\{b_n\}$分别为等比数列与等差数列,$a_1=b_1=1$. 则$b_2\geqslant a_2$.

(1)$a_2>0$.

(2)$a_{10}=b_{10}$.

• 答案详解 •

1. (C)

【条件关系】条件(1)只知时间相等,但是不知道具体的时间,属于定性条件,显然无法求出A,B两地的距离.条件(2)给出具体时间的数量关系,属于定量条件.

【解析】条件(1):显然不充分.

条件(2):总距离$s=v_{动}\cdot t_{动}+v_{汽}\cdot t_{汽}=220t_{动}+100t_{汽}$,只知道时间和,不知道乘动车和汽车各自的时间,求不出A,B两地的距离,故条件(2)也不充分.

联合两个条件,可得$t_{动}=t_{汽}=3$小时,则A,B两地的距离$s=220\times3+100\times3=960$(千米),所以联合充分.

2. (C)

【条件关系】条件(1)只说明两个数列为等差数列,没有任何数量关系,属于定性条件,显然求不出$S_{19}:T_{19}$的值.条件(2)给出两个数列第10项的比例关系,属于定量条件.

【解析】两个条件显然单独皆不充分,考虑联合.

根据等差数列的求和公式,可得$\frac{S_{2n-1}}{T_{2n-1}}=\frac{(2n-1)a_n}{(2n-1)b_n}=\frac{a_n}{b_n}$,故$\frac{S_{19}}{T_{19}}=\frac{a_{10}}{b_{10}}=\frac{3}{2}$,两个条件联合充分.

3. (C)

【条件关系】条件(1)给出a,b,c的大小关系,属于定性条件.条件(2)将根代入可得a,b,c的等量关系,属于定量条件.

【解析】条件(1):显然不充分.

条件(2):将$x=1$代入原方程可得$a+b+c=0$,即$b=-a-c$.又$\Delta=b^2-4ac$,将$b=-a-c$代入得,$\Delta=(a+c)^2-4ac=(a-c)^2$.当$a=c$时,方程有两个相等的实根,条件(2)不充分.

联合两个条件,可知$a\neq c$,则$\Delta=(a-c)^2>0$恒成立,方程一定有两个不同实根,故联合充分.

4. (C)

【条件关系】条件(1)给出a,b,c乘积的值,属于定量条件.条件(2)给出a,b,c三个数的性质,属于定性条件.

【解析】条件(1)：将 70 分解因数可得 $abc=70=1\times2\times35=2\times5\times7=\cdots$，显然有多种情况，故 $\max\{a, b, c\}$ 的值无法唯一确定，条件(1)不充分.

条件(2)：显然不充分.

联合两个条件，因为 a，b，c 都是质数，所以只能是 2，5，7，$\max\{a, b, c\}=7$，可以确定，故两个条件联合充分.

5. (C)

【条件关系】条件(1)只说明 a_2 为正，属于定性条件，显然无法判断 a_2 和 b_2 的大小关系. 条件(2)给出两个数列第 10 项的等量关系，属于定量条件.

【解析】条件(1)：显然不充分.

条件(2)：$a_{10}=b_{10}$，即 $q^9=1+9d\Rightarrow d=\frac{q^9-1}{9}$，则 $b_2=1+d=1+\left(\frac{q^9-1}{9}\right)=\frac{q^9+8}{9}$. 举反例，令 $q=-2$，此时 $a_2=-2$，$b_2=\frac{-2^9+8}{9}<-2$，不充分.

联合两个条件，由条件(1)可得 $q>0$. 由均值不等式，可得

$$b_2=\frac{q^9+8}{9}=\frac{q^9+1+1+\cdots+1}{9}\geqslant\sqrt[9]{q^9}=q=a_2,$$

当且仅当 $q^9=1$，即 $q=1$ 时等号成立，故 $b_2\geqslant a_2$，两个条件联合充分.

类型 6　其他互补关系

【条件特点】

条件(1)和条件(2)分别给出一部分已知信息，但是每一个条件单独都无法得出结论，必须要联合.

【真题特征】

2016—2025 年题量：24，占比：24%；近五年题量：13，占比：26%.

选项分布	A	B	C	D	E
数量	—	—	13	—	11
年份	—	—	2016(3)，2018，2019，2021，2022(2)，2023，2024(3)，2025	—	2016，2017，2018，2019，2020(2)，2021，2023，2024，2025(2)

最近五年的答案(E)基本集中在其他互补关系.

真题例析

例 16 (2024 年真题)已知$\{a_n\}$是等比数列，S_n 是$\{a_n\}$的前 n 项和．则能确定$\{a_n\}$的公比．

(1)$S_3=2$.

(2)$S_9=26$.

【条件关系】条件(1)仅知道 S_3 的值，符合 $S_3=2$ 的等比数列太多，显然无法判断公比的值，同理条件(2)也是，因此两个条件属于互补关系，需相互补充．

【解析】两个条件单独皆不充分，考虑联合．

方法一：等比数列前 n 项和之比．

因为 $S_9\neq 3S_3$，故 $q\neq 1$. 根据等比数列前 n 项和之比，有

$$\frac{S_9}{S_3}=\frac{1-q^9}{1-q^3}=\frac{(1-q^3)(1+q^3+q^6)}{1-q^3}=1+q^3+q^6=13,$$

解得 $q^3=3$ 或-4，公比不唯一，故联合也不充分．

方法二：连续等长片段和．

等比数列 S_3，S_6-S_3，S_9-S_6 也成等比数列，公比为 q^3. 故有

$$S_3=2,\ S_6-S_3=2q^3,\ S_9-S_6=2q^6,$$

相加可得 $S_9=2+2q^3+2q^6=26$，解得 $q^3=3$ 或-4，公比不唯一，故联合也不充分．

【答案】(E)

例 17 (2020 年真题)某单位计划租 n 辆车出游．则能确定出游人数．

(1)若租用 20 座的车辆，只有 1 辆车没坐满．

(2)若租用 12 座的车辆，还缺 10 个座位．

【条件关系】两个条件的车辆数都可以是任意值，故总人数是不确定的，显然单独都不充分，因此两个条件属于互补关系，需相互补充．

【解析】显然两个条件单独均不充分，考虑联合．

联合两个条件．设有 x 人出游，则

$$\begin{cases}20(n-1)<x<20n,\\12n+10=x,\end{cases}$$

解得$\frac{5}{4}<n<\frac{15}{4}$，因为 n 为正整数，故可取 2 或 3，人数为 34 或 46，因此联合也不充分．

【答案】(E)

例 18 (2025 年真题)设 m，n 为正整数．则能确定 m，n 的乘积．

(1)已知 m，n 的最大公约数．

(2)已知 m，n 的最小公倍数．

【条件关系】最大公约数相同的两个数有很多种情况，最小公倍数相同的两个数也有很多种情况，故单独两个条件皆无法确定 m，n 的乘积，因此两个条件属于互补关系，需相互补充.

【解析】条件(1)：设两个数的最大公约数是 2，则这两个数可以是 2，4 或 2，8 等，m，n 的乘积不能唯一确定，不充分．

条件(2)：设两个数的最小公倍数是 8，则这两个数可以是 2，8 或 4，8 等，m，n 的乘积不能唯一确定，不充分．

联合两个条件，则 m，n 的乘积等于 m，n 的最大公约数和最小公倍数的乘积，充分．

【答案】(C)

实战训练

1. (2015 年真题)设 $\{a_n\}$ 是等差数列．则能确定数列 $\{a_n\}$．

   (1)$a_1+a_6=0$.

   (2)$a_1a_6=-1$.

2. 设 x，y 是实数．则 $x\geqslant 8$，$y\geqslant 11$.

   (1)$3x\geqslant 2y+2$.

   (2)$2y\geqslant 2x+6$.

3. 某人去购买若干支签字笔和铅笔．则可以确定签字笔的单价高于铅笔．

   (1)6 支签字笔和 3 支铅笔的价格之和大于 24 元．

   (2)4 支签字笔和 5 支铅笔的价格之和小于 22 元．

4. 火车甲与火车乙相向而行，已知火车甲的车长为 400 米，速度为 20 米/秒．则可以确定两车从车头相遇到车尾离开的时间．

   (1)已知火车乙过 1 600 米桥长的时间．

   (2)已知火车乙经过一根电线杆的时间．

5. (2015 年真题)几个朋友外出游玩，购买了一些瓶装水．则能确定购买的瓶装水数量．

   (1)若每人分 3 瓶，则剩余 30 瓶．

   (2)若每人分 10 瓶，则只有 1 人不够．

• 答案详解 •

1. (E)

【条件关系】确定数列需确定首项和公差，显然需要两个等量关系，两个条件各给出一个，因此两个条件属于互补关系，需相互补充．

【解析】显然两个条件单独均不充分，考虑联合．

联合两个条件，可得 $\begin{cases}a_1+a_6=0,\\a_1a_6=-1\end{cases}\Rightarrow\begin{cases}a_1=1,\\a_6=-1\end{cases}$ 或 $\begin{cases}a_1=-1,\\a_6=1,\end{cases}$ 有两组解，显然数列不唯一，所以联合也不充分．

2. (C)

【条件关系】两个条件的不等式都含有 x，y 两个变量，x，y 都可以趋于无限小，显然单独无法确定变量的最小值，因此两个条件属于互补关系，需相互补充．

【解析】显然两个条件单独均不充分，考虑联合．

联合两个条件，可得 $\begin{cases}3x\geqslant 2y+2①,\\2y\geqslant 2x+6②,\end{cases}$ 式①＋式②可得 $x\geqslant 8$. 代入式②可得 $2y\geqslant 2x+6\geqslant 2\times 8+6$，即 $y\geqslant 11$. 联合充分．

3.(C)

【条件关系】两个条件都是购买一定数量的两种笔的价格之和与某个钱数的大小关系，每个条件单独显然无法得出两种笔单价的大小关系，因此两个条件属于互补关系，需相互补充.

【解析】方法一：联合两个条件，设一支签字笔的价格为 x 元，一支铅笔的价格为 y 元.

根据题意可得 $\begin{cases}6x+3y>24①,\\4x+5y<22②,\end{cases}$ 式①+(−1)×式②可得 $x-y>1$，故签字笔的单价高于铅笔，联合充分.

方法二：逻辑推理.

联合两个条件可知，当将2支签字笔换成2支铅笔后，价格之和变小，故签字笔的单价高于铅笔，联合充分.

4.(C)

【条件关系】若想求出结论，需要知道火车乙的车长和速度，而单独的一个条件只能列出一个方程，求不出两个量，因此两个条件属于互补关系，需相互补充.

【解析】设火车乙的车长为 l 米，速度为 v 米/秒，则所求时间为 $\frac{400+l}{20+v}$ 秒.

条件(1)：已知 $\frac{1600+l}{v}=t_1$，求不出 l，v 的值，不充分.

条件(2)：已知 $\frac{l}{v}=t_2$，求不出 l，v 的值，不充分.

联合两个条件，可解得 $\begin{cases}v=\dfrac{1\,600}{t_1-t_2},\\l=\dfrac{1\,600t_2}{t_1-t_2},\end{cases}$ 能求出 l，v 的值，故能确定两车从车头相遇到车尾离开的时间．联合充分.

5.(C)

【条件关系】两个条件给出的都是瓶装水数量与人数的关系，单独看每个条件，人数都是不确定的，因此瓶装水的数量也不确定，故两个条件属于互补关系，需相互补充.

【解析】显然两个条件单独均不充分，考虑联合.

方法一：设人数为 x，购买瓶装水的数量为 y，则有

$$\begin{cases}y=3x+30,\\10(x-1)<y<10x,\end{cases}$$

整理得 $10(x-1)<3x+30<10x$，解得 $\frac{30}{7}<x<\frac{40}{7}$. 由于 x 为整数，故有 $\begin{cases}x=5,\\y=45.\end{cases}$ 因此两个条件联合充分.

方法二：每人分10瓶，相当于将每人分3瓶时剩的30瓶再次分配，每人分7瓶．$30\div7=4\cdots\cdots2$，则一共有5人，瓶装水有 $5\times3+30=45$(瓶)，两个条件联合充分.

类型 7　相互独立关系

【条件特点】

两个条件相互独立，每个条件都需要验证单独是否充分．一般地，两个条件不能联合．

情况 1：对于同一个量，两个条件分别给出了不同的数值或代数式等，两个条件计算思路相同．

情况 2：条件(1)和条件(2)是两个角度的已知条件，相当于两个条件各自都是一道单独的题目．

【真题特征】

2016—2025 年题量：37，占比：37%；近五年题量：18，占比：36%．

选项分布	A	B	C	D	E
数量	16	9	—	12	—
年份	2016(2)，2017(2)，2019(3)，2020(2)，2021(2)，2022，2023(2)，2024，2025	2016，2017(2)，2019，2022(3)，2023，2024	—	2016，2018(3)，2019，2020，2021(2)，2023，2024(2)，2025	—

真题例析

例 19（2018 年真题）设 m，n 是正整数．则能确定 $m+n$ 的值．

(1)$\frac{1}{m}+\frac{3}{n}=1$．

(2)$\frac{1}{m}+\frac{2}{n}=1$．

【条件关系】两个条件关于 m，n 的等式形式相同，只有一个数值不同，计算思路相同，属于相互独立关系．

【解析】条件(1)：

$$\frac{1}{m}+\frac{3}{n}=1\Rightarrow 3m+n=mn\Rightarrow mn-3m-n=0$$

$$\Rightarrow m(n-3)-(n-3)=3\Rightarrow (m-1)(n-3)=3.$$

因为 m，n 是正整数，故 $\begin{cases}m-1=1,\\n-3=3\end{cases}$ 或 $\begin{cases}m-1=3,\\n-3=1,\end{cases}$ 故 $m+n=8$，条件(1)充分．

条件(2)：$\frac{1}{m}+\frac{2}{n}=1\Rightarrow 2m+n=mn\Rightarrow(m-1)(n-2)=2\Rightarrow\begin{cases}m-1=1,\\n-2=2\end{cases}$或$\begin{cases}m-1=2,\\n-2=1,\end{cases}$故 $m+n=6$，条件(2)也充分.

【答案】(D)

例 20 (2023年真题)已知 m，n，p 为3个不同的质数．则能确定 m，n，p 的乘积．

(1)$m+n+p=16$.

(2)$m+n+p=20$.

【条件关系】两个条件分别给出了 $m+n+p$ 的不同的值，计算思路相同，属于相互独立关系．

【解析】因为 m，n，p 这三个数的大小情况并不影响乘积的结果，故不妨令 $m<n<p$. 因为 m，n，p 为3个不同的质数，和为偶数，所以其中必有一个是2，即 $m=2$.

条件(1)：$n+p=14$，穷举可得$\begin{cases}n=3,\\p=11,\end{cases}$故 $mnp=2\times3\times11=66$，条件(1)充分．

条件(2)：$n+p=18$，穷举可得$\begin{cases}n=5,\\p=13\end{cases}$或$\begin{cases}n=7,\\p=11,\end{cases}$有两组解，但这两组解的乘积不相等，故条件(2)不充分．

【答案】(A)

例 21 (2014年真题)已知 x，y 为实数．则 $x^2+y^2\geqslant1$.

(1)$4y-3x\geqslant5$.

(2)$(x-1)^2+(y-1)^2\geqslant5$.

【条件关系】两个条件给出的方程完全不一样，条件(1)是一条直线，条件(2)是一个圆，因此这两个条件相当于各自都是一道单独的题目，属于相互独立关系．

【解析】$x^2+y^2\geqslant1$ 属于"两点间距离型最值"问题，$x^2+y^2=(x-0)^2+(y-0)^2=d^2\geqslant1$，因此结论可以转化成证明动点$(x，y)$到原点的距离最小值大于等于1.

条件(1)：表示点$(x，y)$在直线 $-3x+4y-5=0$ 上或其上方，如图阴影部分所示．d 的最小值为原点到直线的距离，即

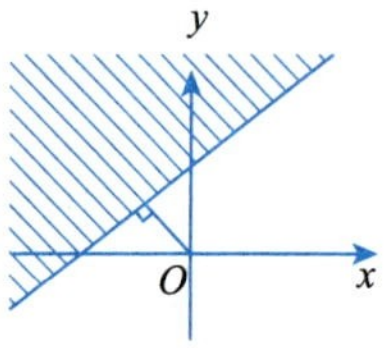

$$d_{\min}=\frac{|-3\times0+4\times0-5|}{\sqrt{(-3)^2+4^2}}=1,$$

故条件(1)充分．

条件(2)：表示点$(x，y)$在圆$(x-1)^2+(y-1)^2=5$上或圆外，如图阴影部分所示．易知原点在圆内，故 d 的最小值为圆的半径减去原点到圆心的距离，即

$$d_{\min}=\sqrt{5}-\sqrt{(1-0)^2+(1-0)^2}=\sqrt{5}-\sqrt{2}\approx0.82<1,$$

故条件(2)不充分．

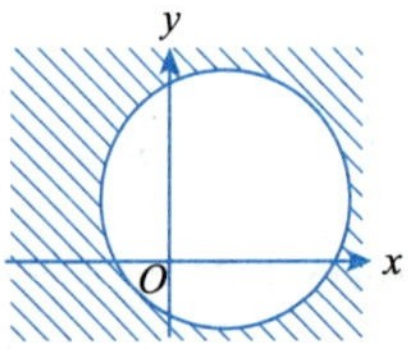

【答案】(A)

实战训练

1. 某人在股市投入 10 万元购买了某只股票．则现在该股票升值了．
   (1)第一天涨 8%，第二天跌 4%，第三天跌 5%.
   (2)第一天涨 10%，第二天跌 5%，第三天跌 4%.
2. (2015 年真题)圆盘 $x^2+y^2\leqslant 2(x+y)$ 被直线 L 分成面积相等的两部分．
   (1)L：$x+y=2$.
   (2)L：$2x-y=1$.
3. 设 k 是实数．则直线 $kx-y+2k=0$ 与圆 $x^2+y^2=2x$ 有两个交点．
   (1)$k\in\left(-\dfrac{\sqrt{2}}{4},\ 0\right)$.
   (2)$k\in\left(0,\ \dfrac{\sqrt{2}}{4}\right)$.
4. 10 支球队打单循环比赛，规定胜一场积 3 分，平一场积 1 分，负一场不积分．则能确定甲队的胜负情况．
   (1)甲队最终积分 22 分．
   (2)甲队最终积分 18 分．
5. 容器中盛有纯酒精 40 升．则现在的酒精浓度大于 50%.
   (1)先倒出 10 升，加满水；再倒出 10 升，再加满水．
   (2)先倒出 30 升，再用浓度为 50%的酒精溶液填满．

• 答案详解 •

1. (B)

【条件关系】两个条件分别给出股票三天不同的变化，计算思路相同，属于相互独立关系．

【解析】条件(1)：三天后股票的价值是 $10\times(1+8\%)\times(1-4\%)\times(1-5\%)=9.8496<10$，股票贬值，不充分．

条件(2)：三天后股票的价值是 $10\times(1+10\%)\times(1-5\%)\times(1-4\%)=10.032>10$，股票升值，充分．

2. (D)

【条件关系】两个条件分别给出直线 L 不同的解析式，计算思路相同，属于相互独立关系．

【解析】直线将圆分成面积相等的两部分，说明直线过圆心．

将圆的方程化为标准方程得 $(x-1)^2+(y-1)^2=2$，圆心为(1，1).

条件(1)：将圆心(1，1)代入直线 L：$x+y=2$，等式成立，则直线 L 过圆心(1，1)，充分．

条件(2)：将圆心(1，1)代入直线 L：$2x-y=1$，等式成立，则直线 L 过圆心(1，1)，充分．

3. (D)

【条件关系】两个条件分别给出 k 的不同的范围，且范围没有交集，显然无法联合，故这两个条件属于相互独立关系．

【解析】从结论出发，圆的圆心为(1，0)，半径为 1，若结论成立，需满足圆心到直线的距离小

于半径，即$\frac{|k+2k|}{\sqrt{k^2+1}}<1$，解得$-\frac{\sqrt{2}}{4}<k<\frac{\sqrt{2}}{4}$，故两个条件单独都充分.

4.(A)

【条件关系】两个条件分别给出甲队最终不同的积分，计算思路相同，故这两个条件属于相互独立关系.

【解析】共有10支球队进行单循环赛，则甲队一共赛了9场.设甲队胜x场、平y场、负z场.

条件(1)：$\begin{cases}x+y+z=9①,\\3x+y=22②,\end{cases}$穷举可得$x=7$，$y=1$，$z=1$，只有这一组解，故能确定甲队的胜负情况，条件(1)充分.

条件(2)：$\begin{cases}x+y+z=9①,\\3x+y=18②,\end{cases}$则$y$是3的倍数，穷举可得$y=0$，$x=6$，$z=3$或$y=3$，$x=5$，$z=1$，有两组解，故不能确定甲队的胜负情况，条件(2)不充分.

5.(D)

【条件关系】两个条件分别给出不同的操作，因此这两个条件相当于各自都是一道单独的题目，属于相互独立关系.

【解析】方法一：条件(1)：根据“倒出溶液再加水”的公式，可得现在酒精的浓度为$100\%\times\frac{40-10}{40}\times\frac{40-10}{40}=56.25\%$，充分.

条件(2)：现在酒精的浓度为$\frac{10\times100\%+30\times50\%}{40}=62.5\%$，充分.

方法二：条件(1)：容器中加入20升水，但是倒出的不是20升纯酒精，因此容器中酒精的量多于水，故现在的酒精浓度大于50%，条件(1)充分.

条件(2)：现在的酒精溶液由两部分组成：浓度为100%的纯酒精10升和浓度为50%的酒精溶液30升，故混合后的浓度一定大于50%，条件(2)充分.

第 4 部分

7大专项冲刺

专项冲刺1 算术

1. 已知 a 为质数．则能确定 a 的值．
(1)126 除以 a 的余数是 7.
(2)194 除以 a 的余数是 7.

2. 有两桶水，甲桶中装有 8 升水，乙桶中装有 12 升水，往两个桶中各加入一定量的水．则可以确定加入水之后甲、乙两桶中水的体积之比．
(1)往甲、乙两桶中加入的水量之比为 5∶7.
(2)往甲、乙两桶中加入的水量之比为 2∶3.

3. 盒子中装有一定数量的蟋蟀和蜘蛛两种昆虫，已知一只蟋蟀有 6 条腿，一只蜘蛛有 8 条腿．则可以确定蟋蟀和蜘蛛各自的数量．
(1)盒子中一共有 46 条腿．
(2)盒子中一共有 48 条腿．

4. 将若干块糖果分给甲、乙两组小朋友．则可以确定小朋友的人数．
(1)若分给所有人，每人可得 6 块．
(2)若只分给甲组小朋友，每人可得 10 块．

5. $|x+3|-|2x-1|<\frac{x}{2}+1$.
(1)$x<-1$.　　(2)$x>2$.

6. 已知 A，B，C 为小于 30 的质数．则可以确定 $A+B+C$ 的值．
(1)$A-B=B-C=4$.　　(2)$A-B=B-C=6$.

7. 已知 a 是 b 和 c 的最小公倍数，且 b，c 都是质数．则可以确定 a 的值．
(1)$bc+ac=ab$.　　(2)$\frac{1}{a}=\frac{1}{c}-\frac{1}{b}$.

8. 甲、乙、丙三个互相咬合的齿轮，甲齿轮有 a 个卡齿，乙齿轮有 b 个卡齿，丙齿轮有 c 个卡齿．则 $a+b+c\geqslant 59$.
(1)甲转 3 圈时，乙转 5 圈，丙转 4 圈．
(2)甲转 5 圈时，乙转 7 圈，丙转 2 圈．

9. 用$[a]$表示不超过 a 的最大整数．则可以确定$[a]+[-a]$的值．
(1)$1\leqslant a<2$.　　(2)$-2<a<-1$.

10. 已知 a，b 为实数．则不等式$|x-a|+|x-b|<1$ 的解集为空集．
(1)$|a-b|\leqslant 1$.　　(2)$|a-b|\geqslant 1$.

11. 已知 a，b，c 为 3 个不同的质数．则能确定 abc.
(1)$a+b+c=18$.　　(2)$a(b+c)=20$.

12. $x^6+y^6=400$.

(1) $x=\sqrt{5+\sqrt{5}}$，$y=\sqrt{5-\sqrt{5}}$.

(2) x，y 是有理数，且 $(1-\sqrt{3})x+(1+2\sqrt{3})y-2+5\sqrt{3}=0$.

13. 甲、乙两个班的同学在植树节去植树．甲班有一人植树 4 棵，其余每人都植树 11 棵；乙班有一人植树 5 棵，其余每人都植树 10 棵．则可以确定两班的总人数．

(1)已知两班植树棵数相等．

(2)已知每班植树的棵数大于 100.

14. 已知 x，y 为实数．则 $|2x-1|<1$.

(1) $|x-y-1|\leqslant\dfrac{1}{3}$.　　(2) $|2y+1|\leqslant\dfrac{1}{6}$.

15. 计划使用不超过 500 元的资金购买 A，B 两种电源，单价分别为 60 元、70 元．则不同的选购方式有 7 种．

(1)一共买 7 块电源．

(2)A 电源至少买 3 块，B 电源至少买 2 块．

16. 已知 a，b，c 是非零实数．则可以确定 $\dfrac{b+c}{|a|}-\dfrac{a+c}{|b|}-\dfrac{a+b}{|c|}$ 的值．

(1) $a+b+c=0$.　　(2) $abc<0$.

17. 已知 x，y 为正整数．则能确定 $\dfrac{x}{y}$ 的值．

(1) $\dfrac{1}{x}+\dfrac{3}{2y}=\dfrac{1}{2}$.　　(2) $\dfrac{1}{x}-\dfrac{3}{y}=\dfrac{6}{xy}-1$.

18. 已知 a，b，c 是实数．则能确定 a，b，c 的值．

(1) $a^2+2b=7$，$b^2-2c=-1$，$c^2-6a=-17$.

(2) $\dfrac{1}{2}|a-b|+\sqrt{2b+c}+c^2-c+\dfrac{1}{4}=0$.

19. 已知 a，b 是实数．则 $|a|+|b|\leqslant 1$.

(1) $|a+b|\leqslant 1$.

(2) $|a-b|\leqslant 1$.

20. 已知 x，y，a 是整数．则 a 的所有可能值有 5 个．

(1) $x-y+a=0$.

(2) $ax-y-a=0$.

21. 已知 a，b，c 为实数．则 $|a|<|b|+|c|$.

(1) $|a+c|<b$.

(2) $|a|+|c|<|b|$.

22. 已知 a，b，c 为正整数．则可以确定 a，b，c 的值．

(1)$ab+bc=36$.

(2)$ac+bc=11$.

23. 已知 a，b，c，d 为正整数．则 $a+b+c+d$ 是合数．

(1)$a^3+b^3=c^3+d^3$.

(2)$a-c=d-b$.

24. 存在实数 a 使得关于 x 的不等式 $|x-1|-|x-a|>-5$ 恒成立．

(1)$-4<a<6$.

(2)$5<a<7$.

25. 学校要求学生排队做操，每列人数需相等，已知某年级学生可排成 3 列，且人数不少于 90，不多于 110. 则能确定该年级的学生人数．

(1)排成 5 列则少 2 人．

(2)排成 7 列则少 4 人．

26. 已知 m 为实数．则方程 $|1-x|=mx$ 仅有一个根．

(1)$-1\leqslant m<0$.

(2)$m<-1$.

27. 某人订了甲、乙、丙三种盒饭，共花费 116 元．则能确定三种盒饭各自的份数．

(1)甲、乙、丙三种盒饭的单价分别为 10 元、15 元、13 元．

(2)三种盒饭购买的份数各不相同．

28. 已知$[x]$表示 x 的整数部分．则 $N=1$.

(1)$\left[\frac{1}{3}+\frac{1}{6}+\frac{1}{10}+\frac{1}{15}+\frac{1}{21}+\frac{1}{28}+\frac{1}{36}+\frac{1}{45}+\frac{1}{55}+\frac{1}{66}+\frac{1}{78}+\frac{1}{91}+\frac{1}{105}+\frac{1}{120}\right]=N$.

(2)$\left[\left(1+\frac{1}{1\times 3}\right)\times\left(1+\frac{1}{2\times 4}\right)\times\left(1+\frac{1}{3\times 5}\right)\times\cdots\times\left(1+\frac{1}{98\times 100}\right)\times\left(1+\frac{1}{99\times 101}\right)\right]=N$.

29. 已知 $f(x)=ax^2+bx+c$. 则 $|b|\leqslant 1$.

(1)$|x|\leqslant 1$，且 $|f(x)|\leqslant 1$.

(2)$|x|\leqslant 1$，且 $|f(x)|\geqslant 1$.

30. 已知三个正整数 x，y，z 的最大公约数为 3. 则可以确定 $x+y+z$ 的值．

(1)$x+3y-2z=0$.

(2)$2x^2-3y^2+z^2=0$.

专项冲刺 1　答案详解

答案速查

1～5　(A)(B)(B)(E)(D)	6～10　(A)(D)(B)(B)(B)	11～15　(B)(A)(E)(C)(B)
16～20　(E)(B)(D)(C)(E)	21～25　(D)(C)(D)(D)(B)	26～30　(B)(C)(B)(A)(C)

1. (A)

【解析】"能确定 xxx 的值"型的题目，求 a 的值必须用到与 a 有关的信息，故从条件出发．

条件(1)：由题意可得 $126=ak_1+7\Rightarrow 119=ak_1=7\times 17$，又因为除数大于余数，即 $a>7$，所以 $a=17$，故条件(1)充分．

条件(2)：同理可得 $194=ak_2+7\Rightarrow 187=ak_2=11\times 17$，因为除数大于余数，所以 $a=11$ 或 17，值不能唯一确定，故条件(2)不充分．

2. (B)

【解析】结论的计算需要用到条件所给的信息，故从条件出发．

条件(1)：设加入两个桶的水量分别为 $5k$，$7k(k>0)$，加入水之后，甲、乙两个桶中水量的比值为 $\frac{8+5k}{12+7k}$，k 的值不确定，体积之比无法确定，不充分．

条件(2)：设加入两个桶的水量分别为 $2k$，$3k(k>0)$，加入水之后，甲、乙两个桶中水量的比值为 $\frac{8+2k}{12+3k}=\frac{2(4+k)}{3(4+k)}=\frac{2}{3}$，体积之比可以确定，充分．

3. (B)

【解析】"能确定 xxx 的值"型的题目，且结论需要用到条件给出的数量关系，故从条件出发．

设蟋蟀的数量为 x，蜘蛛的数量为 y.

条件(1)：根据题意，有 $6x+8y=46$，化简得 $3x+4y=23$，根据奇偶性分析可得 x 必为奇数，穷举得 $x=1$，$y=5$ 或 $x=5$，$y=2$，无法唯一确定蟋蟀和蜘蛛各自的数量，不充分．

条件(2)：根据题意，有 $6x+8y=48$，化简得 $3x+4y=24$，因为 $3x$，24 都是 3 的倍数，故 y 也是 3 的倍数，穷举得 $y=3$，$x=4$，充分．

4. (E)

【解析】"能确定 xxx 的值"型的题目，结论需要用到条件所给的信息，故从条件出发．

两个条件单独显然不充分，考虑联合．

设甲组有 m 个小朋友，乙组有 n 个小朋友．由条件(1)可知，糖果的总数是 $6(m+n)$．由条件(2)可知，$6(m+n)=10m\Rightarrow 2m=3n$，求不出 $m+n$ 的值，不能确定小朋友的人数．故联合也不充分．

5.（D）

【解析】本题的结论是绝对值不等式，是可以直接解的，故可以从结论出发，求出 x 的取值范围，再判断条件是否充分．

分类讨论法去绝对值符号，可得

①当 $x<-3$ 时，原不等式化为 $-(x+3)-(1-2x)<\frac{x}{2}+1$，解得 $x<10$，故 $x<-3$；

②当 $-3\leqslant x<\frac{1}{2}$ 时，原不等式化为 $x+3-(1-2x)<\frac{x}{2}+1$，解得 $x<-\frac{2}{5}$，故 $-3\leqslant x<-\frac{2}{5}$；

③当 $x\geqslant\frac{1}{2}$ 时，原不等式化为 $x+3-(2x-1)<\frac{x}{2}+1$，解得 $x>2$，故 $x>2$.

综上所述，结论不等式的解集为 $x<-\frac{2}{5}$ 或 $x>2$.

对比条件(1)和条件(2)，显然都在结论的解集内，因此两个条件单独都充分．

6.（A）

【解析】“能确定 xxx 的值”型的题目，且结论需要用到 A，B，C 的关系式，故从条件出发．

小于 30 的质数为 2，3，5，7，11，13，17，19，23，29.

条件(1)：C，B，A 成等差数列，公差为 4，显然只有(3，7，11)这一组，故 $A+B+C=11+7+3=21$，充分．

条件(2)：C，B，A 成等差数列，公差为 6，有(5，11，17)，(7，13，19)等，无法唯一确定 $A+B+C$ 的值，不充分．

7.（D）

【解析】“能确定 xxx 的值”型的题目，且结论需要用到条件所给的与 a 有关的关系式，故从条件出发．

a 是 b 和 c 的最小公倍数，且 b，c 都是质数，则 $a=bc$.

条件(1)：$bc+ac=ab\Rightarrow a+ac=ab\Rightarrow a(1+c-b)=0$，故 $1+c=b$，则 $b=3$，$c=2$，$a=bc=6$，条件(1)充分．

条件(2)：$\frac{1}{a}=\frac{1}{c}-\frac{1}{b}\Rightarrow bc+ac=ab$，则两个条件为等价关系，故条件(2)也充分．

8.（B）

【解析】要想求 $a+b+c$ 的范围，需要知道 a，b，c 之间的数量关系，而条件直接给出了所需的数量关系，所以本题从条件出发．

条件(1)：由题可得 $3a=5b=4c\Rightarrow a:b:c=\frac{1}{3}:\frac{1}{5}:\frac{1}{4}=20:12:15$. 当 $a=20$，$b=12$，$c=15$ 时，$a+b+c=47<59$，条件(1)不充分．

条件(2)：由题可得 $5a=7b=2c\Rightarrow a:b:c=\frac{1}{5}:\frac{1}{7}:\frac{1}{2}=14:10:35$. 当 $a=14$，$b=10$，$c=35$ 时，$a+b+c$ 有最小值 59，故 $a+b+c\geqslant 59$，条件(2)充分．

9.（B）

【解析】“能确定 xxx 的值”型的题目，结论的计算需要知道 a 的取值范围，故从条件出发．

条件(1)：令 $a=1$，则 $[a]+[-a]=1+(-1)=0$；令 $a=1.5$，则 $[a]+[-a]=1+(-2)=-1$. 所求值不唯一，不充分．

条件(2)：$-2<a<-1$，则 $[a]=-2$；$1<-a<2$，则 $[-a]=1$. 所求值可以唯一确定，充分．

10.(B)

【解析】结论是一个绝对值不等式，"空集"表示无解，无解问题一般需要转化成恒成立问题来求解，因此结论本身可以进行化简．而且通过条件给的绝对值不等式很难直接找到它们与结论之间的联系，因此本题从结论出发更合理．

从结论出发，结论等价于 $|x-a|+|x-b|\geqslant 1$ 恒成立，即 $(|x-a|+|x-b|)_{\min}\geqslant 1$，由两个线性和的结论可知，$|x-a|+|x-b|$ 的最小值是 $|a-b|$，则结论等价于 $|a-b|\geqslant 1$. 故条件(1)不充分，条件(2)充分．

11.(B)

【解析】"能确定 xxx 的值"型的题目，结论的计算需要用到条件所给等量关系，故从条件出发．

条件(1)：因为 a，b，c 这三个数的大小情况并不影响乘积，故不妨令 $a<b<c$. 因为 a，b，c 为 3 个不同的质数，和为偶数，所以其中必有一个是 2，即 $a=2$，则 $b+c=16=3+13=5+11$，故 $abc=78$ 或 110，乘积的值不能唯一确定，条件(1)不充分．

条件(2)：$a(b+c)=20=2\times 10=5\times 4$. 若 $a=2$，则 $b+c=10=3+7$；若 $a=5$，则 $b+c=4$，b，c 为不同的质数，显然无解．故 $abc=42$，条件(2)充分．

12.(A)

【解析】结论的计算需要用到条件所给的 x，y 的等量关系，故从条件出发．

条件(1)：令 $m=x^2=5+\sqrt{5}$，$n=y^2=5-\sqrt{5}$，则有 $m+n=10$，$mn=(5+\sqrt{5})\times(5-\sqrt{5})=20$，又 $x^6+y^6=m^3+n^3=(m+n)(m^2-mn+n^2)=(m+n)[(m+n)^2-3mn]$，代入数值，可得 $x^6+y^6=10\times(100-60)=400$，故条件(1)充分．

条件(2)：原式整理可得 $\sqrt{3}(-x+2y+5)+(x+y-2)=0$，故有 $\begin{cases}-x+2y+5=0,\\x+y-2=0,\end{cases}$ 解得 $\begin{cases}x=3,\\y=-1,\end{cases}$ 则 $x^6+y^6=730$，故条件(2)不充分．

13.(E)

【解析】"能确定 xxx 的值"型的题目，结论的计算需要用到条件所给的信息，故从条件出发．

设甲班人数为 $x+1$，乙班人数为 $y+1$，则甲班种树 $11x+4$ 棵，乙班种树 $10y+5$ 棵．

条件(1)：$11x+4=10y+5$，整理得 $11x-10y=1$，利用尾数分析，$11x$ 的尾数必为 1，则 x 的尾数也必为 1，此时有多组解，如 $x=1$，$y=1$；$x=11$，$y=12$. 故不充分．

条件(2)：没有两个班种树的数量关系，无法求得两班的总人数，故不充分．

联合两个条件，方程仍有多组解，除了 $x=1$，$y=1$ 这一组以外的所有解均满足"每班植树的棵数大于 100"，故联合也不充分．

14.(C)

【解析】条件给出可以推导的不等式，并且和结论的未知数 x 直接相关，故从条件出发．且不等式可以用反例直接验证条件的不充分性，所以推导之前可以先举反例．

条件(1)：举反例，令 $x=2$，$y=1$，结论不成立，不充分.

条件(2)：显然不充分.

联合两个条件，因为 $2x-1=2(x-y-1)+2y+1$，由三角不等式得

$$|2x-1|=|2(x-y-1)+2y+1|\leqslant 2|x-y-1|+|2y+1|\leqslant 2\times\frac{1}{3}+\frac{1}{6}=\frac{5}{6}<1,$$

故联合充分.

15. (B)

【解析】题干给出了每种电源的单价，条件给出了电源的数量关系，结论的计算需要用到条件所给的限定条件，故本题从条件出发.

设 A，B 两种电源分别买 x，y 块.

条件(1)：由题可得$\begin{cases}60x+70y\leqslant 500,\\x+y=7.\end{cases}$穷举可得，$\begin{cases}x=1,\\y=6\end{cases}$或$\begin{cases}x=2,\\y=5\end{cases}$或…或$\begin{cases}x=6,\\y=1,\end{cases}$共 6 种选购方式，故条件(1)不充分.

条件(2)：由题可得$\begin{cases}60x+70y\leqslant 500,\\x\geqslant 3,\\y\geqslant 2.\end{cases}$穷举可得，当 $x=3$ 时，$y=2$，3，4；当 $x=4$ 时，$y=2$，3；当 $x=5$ 时，$y=2$；当 $x=6$ 时，$y=2$. 共有 7 种选购方式，条件(2)充分.

16. (E)

【解析】"能确定 xxx 的值"型的题目，结论需要用到条件所给的 a，b，c 的关系式，故从条件出发.

条件(1)：由条件得 $b+c=-a$，$a+c=-b$，$a+b=-c$，故所求式$=\frac{-a}{|a|}+\frac{b}{|b|}+\frac{c}{|c|}$. 由 $a+b+c=0$ 可以得出 a，b，c 两正一负或两负一正，但是 a，b，c 各自的正负性并不清楚，故无法确定$\frac{-a}{|a|}+\frac{b}{|b|}+\frac{c}{|c|}$的值，不充分.

条件(2)：只能得出 a，b，c 三负或两正一负，显然不充分.

联合两个条件，可得 a，b，c 两正一负. 若 a 为负，则$\frac{-a}{|a|}+\frac{b}{|b|}+\frac{c}{|c|}=3$；若 b 或 c 为负，则$\frac{-a}{|a|}+\frac{b}{|b|}+\frac{c}{|c|}=-1$. 值不唯一，故联合也不充分.

17. (B)

【解析】"能确定 xxx 的值"型的题目，结论需要用到条件所给的 x，y 的关系式，故从条件出发.

条件(1)：等式两边同乘 $2xy$，得 $2y+3x=xy$，整理得 $xy-3x-2y=0$，因式分解，得

$$x(y-3)-2(y-3)=6\Rightarrow(x-2)(y-3)=6=1\times6=6\times1=2\times3=3\times2,$$

故有$\begin{cases}x-2=1,\\y-3=6\end{cases}$或$\begin{cases}x-2=6,\\y-3=1\end{cases}$或$\begin{cases}x-2=2,\\y-3=3\end{cases}$或$\begin{cases}x-2=3,\\y-3=2,\end{cases}$解得$\begin{cases}x=3,\\y=9\end{cases}$或$\begin{cases}x=8,\\y=4\end{cases}$或$\begin{cases}x=4,\\y=6\end{cases}$或$\begin{cases}x=5,\\y=5,\end{cases}$则$\frac{x}{y}=\frac{1}{3}$或 2 或$\frac{2}{3}$或 1，值不能唯一确定，故条件(1)不充分.

条件(2)：等式两边同乘 xy，得 $y-3x=6-xy$，整理得 $xy+y-3x=6$，因式分解，得

$$y(x+1)-3(x+1)=3\Rightarrow(y-3)(x+1)=3,$$

因为 x，y 为正整数，故只能是 $\begin{cases}x+1=3,\\y-3=1,\end{cases}$ 解得 $\begin{cases}x=2,\\y=4,\end{cases}$ 则 $\frac{x}{y}=\frac{1}{2}$，故条件(2)充分．

18.(D)

【解析】"能确定 xxx 的值"型的题目，条件给出了关于 a，b，c 的等量关系，故从条件出发．

条件(1)：三式相加，得

$$\begin{aligned}&a^2+2b+b^2-2c+c^2-6a=-11\\\Rightarrow&a^2-6a+9+b^2+2b+1+c^2-2c+1=0\\\Rightarrow&(a-3)^2+(b+1)^2+(c-1)^2=0,\end{aligned}$$

由非负性可得 $a=3$，$b=-1$，$c=1$，故条件(1)充分．

条件(2)：方程整理得 $\frac{1}{2}|a-b|+\sqrt{2b+c}+\left(c-\frac{1}{2}\right)^2=0$，由非负性可得

$$\begin{cases}a-b=0,\\2b+c=0,\\c-\frac{1}{2}=0\end{cases}\Rightarrow\begin{cases}a=-\frac{1}{4},\\b=-\frac{1}{4},\\c=\frac{1}{2},\end{cases}$$

故条件(2)充分．

19.(C)

【解析】结论的计算需要用到条件所给的范围，故从条件出发．且不等式可以用反例直接验证条件的不充分性，所以推导前可以先举反例．

条件(1)：举反例，令 $a=1$，$b=-1$，则 $|a|+|b|=2>1$，不充分．

条件(2)：举反例，令 $a=b=1$，则 $|a|+|b|=2>1$，不充分．

联合两个条件，当 $ab\geqslant0$ 时，$|a|+|b|=|a+b|\leqslant1$；当 $ab<0$ 时，$|a|+|b|=|a-b|\leqslant1$. 故两个条件联合充分．

20.(E)

【解析】结论的计算需要用到条件所给的与 a 相关的关系式，故本题从条件出发．

两个条件显然单独皆不充分，联合．

联立两个方程，得 $ax-a=x+a$，整理可得，$x=\frac{2a}{a-1}=\frac{2a-2+2}{a-1}=2+\frac{2}{a-1}$. 根据整除特性，当 $a=-1$，0，2，3 时，x 为整数，因此 a 的所有可能值有 4 个，故联合也不充分．

21.(D)

【解析】若想证明结论不等式成立，需要用到条件给的不等关系，故从条件出发．

条件(1)：由三角不等式得 $|a|-|c|\leqslant|a+c|<b$，即 $|a|-|c|<b$，故 $|a|<b+|c|$，又 $b\leqslant|b|$，则 $|a|<|b|+|c|$，条件(1)充分．

条件(2)：因为 $|a|+|c|<|b|$，故必有 $|a|<|b|$，则 $|a|<|b|+|c|$，条件(2)充分．

22.（C）

【解析】“能确定 xxx 的值”型的题目，结论的计算需要用到条件所给的 a，b，c 的等量关系，故从条件出发．

条件(1)：$ab+bc=(a+c)b=36$，显然有多组解，比如 $a=1$，$b=6$，$c=5$；$a=30$，$b=1$，$c=6$. 值不唯一，故不充分．

条件(2)：$ac+bc=(a+b)c=11$，显然有多组解，比如 $a=1$，$b=10$，$c=1$；$a=2$，$b=9$，$c=1$. 值不唯一，故不充分．

联合两个条件，因为 $ac+bc=(a+b)c=11=11\times1$，因此只能是 $c=1$，$a+b=11$. 代入条件(1)可化为 $(11-b)b+b=36$，整理得 $(b-6)^2=0$，解得 $b=6$，$a=5$，$c=1$，故联合充分．

23.（D）

【解析】仅由“a，b，c，d 为正整数”来判断 $a+b+c+d$ 是不是合数，情况很多，比较困难，而条件给出了四个量之间的等量关系，所以从条件出发．

条件(1)：a^3 与 a 的奇偶性相同，故 a^3+b^3 和 $a+b$ 的奇偶性相同，由条件得，a^3+b^3 和 c^3+d^3 的奇偶性相同，所以 $a+b$ 和 $c+d$ 的奇偶性相同，两个奇偶性相同的数的和一定是偶数，即 $a+b+c+d$ 是一个大于 2 的偶数，必是合数，充分．

条件(2)：正负号不影响奇偶性，故同理可得 $a+b+c+d$ 是一个大于 2 的偶数，必是合数，充分．

24.（D）

【解析】条件给出 a 的取值范围，代入不等式中不好计算，但结论的不等式是可以直接解的，故从结论出发，求出 a 的取值范围，再判断条件是否充分．

令 $f(x)=|x-1|-|x-a|$，若不等式恒成立，需满足 $f(x)_{\min}>-5$. 根据两个线性差的结论，可知 $f(x)$ 的最小值为 $-|a-1|$，故有 $-|a-1|>-5$，解得 $-4<a<6$.

因为结论为“存在”实数 a，故两个条件与 $-4<a<6$ 的交集不为空即为充分．

条件(1)：显然充分．

条件(2)：$5<a<7$ 与 $-4<a<6$ 的交集不为空，充分．

【易错警示】有些同学在计算出结论的范围之后，发现条件(2)中有一部分取值不在结论求出的范围内，因而误选(A)项．需注意，本题只是考查存在与否，并不要求条件范围内的所有 a 都满足结论的不等式，只要有一个取值在结论的范围内即可．

25.（B）

【解析】“能确定 xxx 的值”型的题目，仅由题干的信息，只能得出人数在 90 到 110 之间，且是 3 的倍数，确定不了人数，还需要条件给出的人数的等量关系，故本题从条件出发．

设该年级有 x 名学生．根据题意，可知 $90\leqslant x\leqslant110$ 且 x 是 3 的倍数．

条件(1)：根据题意，可知 $x+2$ 是 5 的倍数，即 $x+2=5k_1(k_1\in\mathbf{N}_+)$，故

$$90\leqslant5k_1-2\leqslant110\Rightarrow92\leqslant5k_1\leqslant112,$$

因为 $5k_1$ 的末位一定是 0 或 5，故 $5k_1=95$ 或 100 或 105 或 110，其中减去 2 之后是 3 的倍数的有 95 和 110，即 $x=93$ 或 108，故条件(1)不充分．

条件(2)：根据题意，可知 $x+4$ 是 7 的倍数，即 $x+4=7k_2(k_2\in\mathbf{N}_+)$，故

$$90\leqslant7k_2-4\leqslant110\Rightarrow94\leqslant7k_2\leqslant114\Rightarrow7k_2=98\text{ 或 }105\text{ 或 }112,$$

其中减去 4 之后是 3 的倍数的只有 112，即 $x=108$，故该年级有学生 108 人，条件(2)充分.

【秒杀方法】穷举法．$90\leqslant x\leqslant 110$ 且 x 是 3 的倍数，穷举得 $x=90$，93，96，99，102，105，108. 其中满足 $x+2$ 是 5 的倍数的有 93 和 108，故条件(1)不充分．满足 $x+4$ 是 7 的倍数的只有 108，故条件(2)充分．

26.（B）

【解析】结论是绝对值方程的根的个数，可以从结论出发直接解绝对值方程，根据解的个数确定 m 的取值范围，然后再判断条件是否充分．

方法一：观察两个条件发现，$m<0$. 因为 $mx=|1-x|\geqslant 0$，且当 $x=0$ 时方程无解，故有 $x<0$，去绝对值得 $1-x=mx$，解得 $x=\dfrac{1}{m+1}$，故 $x=\dfrac{1}{m+1}<0\Rightarrow m<-1$，条件(1)不充分，条件(2)充分．

方法二：作图法．

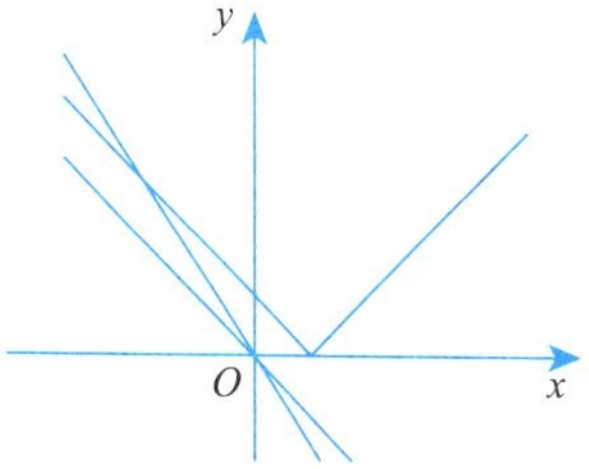

结论可看作函数 $y=|1-x|$ 与 $y=mx$ 的图像只有一个交点．如图所示，当直线 $y=mx$ 与 $y=|1-x|$ 图像左侧平行，即 $m=-1$ 时，两个函数图像无交点；当继续顺时针旋转至平行于 $y=|1-x|$ 图像右侧，即 $m<-1$ 或 $m\geqslant 1$ 时，两个图像有一个交点；当 $m=0$ 时，两个函数图像有一个交点．

综上，$m<-1$ 或 $m=0$ 或 $m\geqslant 1$，故条件(1)不充分，条件(2)充分．

27.（C）

【解析】“能确定 xxx 的值”型的题目，结论的计算需要用到条件给出的三种盒饭单价和份数的关系，故本题从条件出发．

条件(1)：设甲、乙、丙各买了 x，y，z 份，则有 $10x+15y+13z=116$，其中 $10x+15y$ 的尾数只有两种情况：

①当 $10x+15y$ 尾数为 5 时，$13z$ 的尾数为 1，则 $z=7$，$10x+15y=25$，解得 $x=y=1$.

②当 $10x+15y$ 尾数为 0 时，$13z$ 的尾数为 6，则 $z=2$，$10x+15y=90\Rightarrow 2x+3y=18$. 因为 $3y$ 和 18 都是 3 的倍数，故 $2x$ 也是 3 的倍数，即 x 是 3 的倍数，穷举可得 $x=3$，$y=4$ 或 $x=6$，$y=2$.

故条件(1)不充分．

条件(2)：显然不充分．

联合两个条件，可得 $z=2$，$x=3$，$y=4$，联合充分．

28.（B）

【解析】结论的计算需要用到条件所给的 N 的关系式，故从条件出发．

条件(1)：

$$\frac{1}{3}+\frac{1}{6}+\cdots+\frac{1}{120}=2\times\left(\frac{1}{6}+\frac{1}{12}+\cdots+\frac{1}{240}\right)=2\times\left(\frac{1}{2\times 3}+\frac{1}{3\times 4}+\cdots+\frac{1}{15\times 16}\right)$$

$$=2\times\left(\frac{1}{2}-\frac{1}{3}+\frac{1}{3}-\frac{1}{4}+\cdots+\frac{1}{15}-\frac{1}{16}\right)=2\times\left(\frac{1}{2}-\frac{1}{16}\right)=\frac{7}{8},$$

则 $N=\left[\dfrac{7}{8}\right]=0$，条件(1)不充分．

条件(2)：

$$\left(1+\frac{1}{1\times3}\right)\times\left(1+\frac{1}{2\times4}\right)\times\left(1+\frac{1}{3\times5}\right)\times\cdots\times\left(1+\frac{1}{98\times100}\right)\times\left(1+\frac{1}{99\times101}\right)$$

$$=\frac{2\times2}{1\times3}\times\frac{3\times3}{2\times4}\times\frac{4\times4}{3\times5}\times\cdots\times\frac{99\times99}{98\times100}\times\frac{100\times100}{99\times101}$$

$$=\frac{2\times100}{1\times101}=\frac{200}{101},$$

则 $N=\left[\frac{200}{101}\right]=1$，条件(2)充分.

29. (A)

【解析】题干仅给出 $f(x)$表达式，显然求不出$|b|$的取值范围，而条件有明显的关系式，与结论直接相关，故本题从条件出发.

条件(1)：由条件可得$\begin{cases}|f(1)|\leqslant1,\\|f(-1)|\leqslant1,\end{cases}$即$\begin{cases}|a+b+c|\leqslant1,\\|a-b+c|\leqslant1,\end{cases}$根据三角不等式可得

$$|2b|=|(a+b+c)-(a-b+c)|\leqslant|a+b+c|+|a-b+c|\leqslant1+1=2,$$

故 $|b|\leqslant1$，条件(1)充分.

条件(2)：举反例，令 $a=0$，$b=2$，$c=100$，当 $|x|\leqslant1$ 时，$|f(x)|\geqslant1$ 恒成立，但是不满足 $|b|\leqslant1$，故条件(2)不充分.

30. (C)

【解析】“能确定 xxx 的值”型的题目，结论的计算需要用到条件所给的 x，y，z 的等量关系，故从条件出发.

令这三个正整数分别为 $x=3k_1$，$y=3k_2$，$z=3k_3$，且 k_1，k_2，k_3 的最大公约数是 1.

条件(1)：$3k_1+9k_2-6k_3=0$，即 $k_1+3k_2-2k_3=0$，一个方程三个未知数，有多组解，比如 $k_1=1$，$k_2=1$，$k_3=2$；$k_1=1$，$k_2=3$，$k_3=5$. $x+y+z$ 的值不唯一，不充分.

条件(2)：$2\times(3k_1)^2-3\times(3k_2)^2+(3k_3)^2=0$，即 $2k_1^2-3k_2^2+k_3^2=0$，同理，比如 $k_1=1$，$k_2=1$，$k_3=1$；$k_1=1$，$k_2=3$，$k_3=5$. $x+y+z$ 的值不唯一，不充分.

联合两个条件，由条件(1)得 $x=2z-3y$，代入条件(2)，整理得 $3z^2-8yz+5y^2=0$，十字交叉得$(z-y)(3z-5y)=0$，解得 $y=z$，$x=-z$(x，y，z 为正整数，舍去)或 $y=\frac{3}{5}z$，$x=\frac{1}{5}z$，故 $x:y:z=1:3:5$，因为 x，y，z 的最大公约数为 3，故 $x=3$，$y=9$，$z=15$，则 $x+y+z=27$，联合充分.

专项冲刺 2　整式与分式

1. 多项式 $(x^2+ax+1)(x^2-3x+b)$ 的乘积中不含 x 的奇次项．

(1)$a=3$，$b=1$.

(2)$ab-3=0$.

2. 已知 a，b，c 是 $\triangle ABC$ 的三边长．则 $\triangle ABC$ 是等边三角形．

(1)$2a^2+3b^2+5c^2-4ac-6bc=0$.

(2)$(a+b+c)^2=3(a^2+b^2+c^2)$.

3. 若 $abc\neq0$. 则可以确定 $\frac{1}{a^2+b^2-c^2}+\frac{1}{a^2+c^2-b^2}+\frac{1}{c^2+b^2-a^2}$ 的值．

(1)$a^3+b^3+c^3-3abc=0$.

(2)$a+b+c=0$.

4. 已知 $x>1$. 则能确定 $x-\frac{1}{x}$ 的值．

(1)已知 $x^2+\frac{1}{x^2}$ 的值．

(2)已知 $x+\frac{1}{x}$ 的值．

5. 已知 a 为实数．则可以确定代数式 $a^4+2a^3-3a^2-4a+3$ 的值．

(1)已知 a 是方程 $x^2+x-1=0$ 的一个根．

(2)已知 a 是方程 $x^2-x-1=0$ 的一个根．

6. 已知 $a\neq b$. 则 $\frac{a^2+ab-2b^2}{a^2-3ab+2b^2}=5$.

(1)$\frac{a}{b}=\frac{3b}{4b-a}$.

(2)$\frac{1}{a}:\frac{1}{b}=1:3$.

7. 设 a，b，c 成等差数列．则可以确定 $a^2+b^2+c^2$ 的值．

(1)已知该数列的公差．

(2)已知 $ab+bc+ac$ 的值．

8. 已知 x 为实数．则可以确定 $x^2-\frac{1}{x^2}$ 的值．

(1)$\left(x+\frac{1}{x}\right)^2-4\left(x-\frac{1}{x}\right)=0$.

(2)$x^2+\frac{1}{x^2}+x+\frac{1}{x}=0$.

9. 已知 a，b，c 均为实数．则可以确定代数式 $(a-b)^2+(b-c)^2+(c-a)^2$ 的最大值．

(1)已知 $a^2+b^2+c^2$ 的值．

(2)已知 $ab+bc+ac$ 的值．

10. 已知 a，b 为实数．则 $\frac{b-1}{a-1}$ 的值可以确定．

(1) $\frac{1}{a-1}-\frac{2}{b-1}=\frac{-1}{a-b}$.

(2) $(a-1)(b-1)>0$.

11. 已知 a，b，c 是实数，$M=a^2b+b^2c+c^2a$，$N=ab^2+bc^2+ca^2$. 则 $M>N$.

(1) $a<b<c$.

(2) $a>b>c$.

12. 已知多项式 $f(x)$ 除以 $(x-1)(x^2+x+1)$ 所得余式是 ax^2+bx+c. 则 $a+b+c=6$.

(1)多项式 $f(x)$ 除以 $x-1$ 所得余数为 6.

(2)多项式 $f(x)$ 除以 x^2+x+1 所得余式为 $x+2$.

13. 实数 a，b，c 成等差数列．

(1) $(c-a)^2-4(a-b)(b-c)=0$.

(2) a，b，c 是 $\triangle ABC$ 的三边长，且满足 $a^2-16b^2-c^2+6ab+10bc=0$.

专项冲刺 2 答案详解

答案速查

1～5 (A)(D)(B)(D)(D)	6～10 (D)(C)(B)(A)(E)	11～13 (B)(A)(D)

1.(A)

【解析】结论的文字描述很容易进行等价转化，而如果从条件出发，需要计算两次，故从结论出发.

由双十字相乘法可得，奇次项分别为$(a-3)x^3$，$(ab-3)x$. 若结论成立，则$\begin{cases}a-3=0,\\ab-3=0,\end{cases}$解得$\begin{cases}a=3,\\b=1,\end{cases}$故条件(1)充分. 条件(2)只能得出一次项不存在，不能确定三次项是否存在，故条件(2)不充分.

2.(D)

【解析】判断三角形的形状，需要知道三边长a，b，c之间的关系，而条件给出a，b，c的关系式，故从条件出发.

条件(1)：配方得

$$2(a^2-2ac+c^2)+3(b^2-2bc+c^2)=0\Rightarrow 2(a-c)^2+3(b-c)^2=0,$$

由非负性，得$a=c$且$b=c$，即$a=b=c$，故条件(1)充分.

条件(2)：原式整理可得

$$\begin{aligned}&a^2+b^2+c^2+2(ab+bc+ac)=3(a^2+b^2+c^2)\\&\Rightarrow ab+bc+ac=a^2+b^2+c^2\\&\Rightarrow \frac{1}{2}[(a-b)^2+(b-c)^2+(a-c)^2]=0\\&\Rightarrow a=b=c,\end{aligned}$$

故条件(2)充分.

3.(B)

【解析】“能确定 xxx 的值”型的题目，结论的计算需要用到条件所给的a，b，c的关系式，故从条件出发.

条件(1)：由公式可得

$$a^3+b^3+c^3-3abc=(a+b+c)(a^2+b^2+c^2-ab-bc-ac)=0,$$

故$a+b+c=0$或$a=b=c$. 当$a=b=c$时，$\frac{1}{a^2+b^2-c^2}+\frac{1}{a^2+c^2-b^2}+\frac{1}{c^2+b^2-a^2}=\frac{3}{a^2}$，$a$的值无法确定，故无法确定所求代数式的值，条件(1)不充分.

条件(2)：由 $abc\neq 0$，$a+b+c=0$，可得

$$\frac{1}{a^2+b^2-c^2}+\frac{1}{a^2+c^2-b^2}+\frac{1}{c^2+b^2-a^2}$$
$$=\frac{1}{a^2+b^2-(-a-b)^2}+\frac{1}{a^2+c^2-(-a-c)^2}+\frac{1}{c^2+b^2-(-b-c)^2}$$
$$=-\frac{1}{2ab}-\frac{1}{2ac}-\frac{1}{2bc}=-\frac{1}{2}\left(\frac{a+b+c}{abc}\right)=0.$$

故条件(2)充分．

4.(D)

【解析】“能确定 xxx 的值”型的题目，故从条件出发．

条件(1)：令 $x^2+\frac{1}{x^2}=a$，则 $\left(x-\frac{1}{x}\right)^2=x^2+\frac{1}{x^2}-2=a-2$，又 $x>1$，则 $x-\frac{1}{x}>0$，故 $x-\frac{1}{x}=\sqrt{a-2}$，条件(1)充分．

条件(2)：令 $x+\frac{1}{x}=b\,(b>2)$，则有 $x^2+\frac{1}{x^2}=\left(x+\frac{1}{x}\right)^2-2=b^2-2$，同理可得 $x-\frac{1}{x}=\sqrt{b^2-4}$，故条件(2)充分．

5.(D)

【解析】“能确定 xxx 的值”型的题目，故从条件出发．

条件(1)：实数 a 满足 $a^2+a-1=0$，则 $a^2+a=1$，故

$$\begin{aligned}原式&=a^4+a^3+a^3+a^2-4a^2-4a+3\\&=a^2(a^2+a)+a(a^2+a)-4(a^2+a)+3\\&=a^2+a-4+3\\&=a^2+a-1\\&=0,\end{aligned}$$

条件(1)充分．

条件(2)：实数 a 满足 $a^2-a-1=0$，则 $a^2-a=1$，故

$$\begin{aligned}原式&=a^4-a^3+3a^3-3a^2-4a+3\\&=a^2(a^2-a)+3a(a^2-a)-4a+3\\&=a^2+3a-4a+3\\&=a^2-a+3\\&=4,\end{aligned}$$

条件(2)充分．

6.(D)

【解析】结论是关于 a，b 的齐次分式的求值，需要用到条件所给的 a，b 之间的等量关系，故从条件出发．

条件(1)：$\frac{a}{b}=\frac{3b}{4b-a}$，整理可得 $a^2-4ab+3b^2=0$，$(a-3b)(a-b)=0$，故 $a=3b$ 或 $a=b$(舍)．

$\frac{a^2+ab-2b^2}{a^2-3ab+2b^2}=\frac{(a+2b)(a-b)}{(a-2b)(a-b)}=\frac{a+2b}{a-2b}$，将 $a=3b$ 代入，得 $\frac{a+2b}{a-2b}=\frac{5b}{b}=5$．条件(1)充分．

条件(2)：$\frac{1}{a}:\frac{1}{b}=1:3$，即 $a:b=3:1\Rightarrow a=3b$，两个条件是等价关系，故条件(2)也充分．

7. (C)

【解析】“能确定 xxx 的值”型的题目，故从条件出发．

条件(1)：显然不充分．

条件(2)：设该数列的公差为 d，则 $b-a=c-b=d$，$c-a=2d$. 由公式可得

$$a^2+b^2+c^2-ab-bc-ac=\frac{1}{2}\left[(a-b)^2+(a-c)^2+(b-c)^2\right]=3d^2,$$

故 $a^2+b^2+c^2=ab+bc+ac+3d^2$，$d$ 的值不确定，故条件(2)不充分．

联合两个条件，可以确定 $a^2+b^2+c^2$ 的值，故联合充分．

8. (B)

【解析】“能确定 xxx 的值”型的题目，故从条件出发．

条件(1)：因为 $\left(x+\frac{1}{x}\right)^2=\left(x-\frac{1}{x}\right)^2+4$，故原方程等价于 $\left(x-\frac{1}{x}\right)^2+4-4\left(x-\frac{1}{x}\right)=0$，令 $x-\frac{1}{x}=t$，则原方程可化为 $t^2+4-4t=0$，解得 $t=2$，即 $x-\frac{1}{x}=2$. 故

$$x+\frac{1}{x}=\pm\sqrt{\left(x-\frac{1}{x}\right)^2+4}=\pm2\sqrt{2},\ x^2-\frac{1}{x^2}=\left(x+\frac{1}{x}\right)\left(x-\frac{1}{x}\right)=\pm4\sqrt{2},$$

条件(1)不充分．

条件(2)：令 $x+\frac{1}{x}=t(t\geqslant2$ 或 $t\leqslant-2)$.

原方程可化为 $t^2+t-2=0$，即 $(t+2)(t-1)=0$，解得 $t=-2$ 或 $t=1$(舍)，即 $x+\frac{1}{x}=-2$. 故

$$x-\frac{1}{x}=\pm\sqrt{\left(x+\frac{1}{x}\right)^2-4}=0,\ x^2-\frac{1}{x^2}=\left(x+\frac{1}{x}\right)\left(x-\frac{1}{x}\right)=0,$$

条件(2)充分．

【秒杀方法】条件(2)中求得 $x+\frac{1}{x}=-2$ 后，由对勾函数的性质可知 $x=-1$，故可以确定 $x^2-\frac{1}{x^2}$ 的值．

9. (A)

【解析】结论要求代数式的最值，需要用到条件所给的有关 a，b，c 的信息，故从条件出发.

条件(1)：设 $a^2+b^2+c^2=m$，则

$$\begin{aligned}&(a-b)^2+(b-c)^2+(c-a)^2=2(a^2+b^2+c^2)-(2ab+2bc+2ac)\\&=2m-\left[(a+b+c)^2-(a^2+b^2+c^2)\right]\\&=3m-(a+b+c)^2.\end{aligned}$$

当 $a+b+c=0$ 时，$(a-b)^2+(b-c)^2+(c-a)^2$ 存在最大值 $3m$，故条件(1)充分．

条件(2)：设 $ab+bc+ac=n$，则

$$\begin{aligned}&(a-b)^2+(b-c)^2+(c-a)^2=2(a^2+b^2+c^2)-(2ab+2bc+2ac)\\&=2\left[(a+b+c)^2-(2ab+2bc+2ac)\right]-(2ab+2bc+2ac)\\&=2\left[(a+b+c)^2-2n\right]-2n\\&=2(a+b+c)^2-6n.\end{aligned}$$

$(a+b+c)^2$ 可以无穷大，故所求代数式没有最大值，条件(2)不充分．

10.（E）

【解析】“能确定 xxx 的值”型的题目，故从条件出发．

换元法，令 $a-1=m$，$b-1=n$，则 $a-b=m-n$.

条件(1)：等式两边同时乘 $m-n$，得 $(m-n)\left(\frac{1}{m}-\frac{2}{n}\right)=-1$，化简得 $\frac{2m}{n}+\frac{n}{m}=4$，令 $\frac{n}{m}=t$，

则原方程化为 $t+\frac{2}{t}=4$，解得 $t=2\pm\sqrt{2}$，故条件(1)不充分．

条件(2)：显然不充分．

联合两个条件，有 $\frac{n}{m}>0$，因为 $t=2\pm\sqrt{2}$ 的两个值均为正，故两个值皆符合题意，联合也不充分．

11.（B）

【解析】本题的 M，N 都是非常复杂的代数式，如果直接从条件出发，代入 M，N 中并不好算，所以本题从结论出发，先将结论不等式进行化简，再判断条件是否充分．

$$\begin{aligned}M-N&=a^2b+b^2c+c^2a-ab^2-bc^2-ca^2\\&=a^2(b-c)+bc(b-c)-a(b^2-c^2)\\&=a^2(b-c)+bc(b-c)-a(b+c)(b-c)\\&=(b-c)(a^2+bc-ab-ac)\\&=(b-c)(a-b)(a-c).\end{aligned}$$

条件(1)：$a<b<c$，则 $b-c<0$，$a-b<0$，$a-c<0$，故 $M-N<0$，$M<N$，条件(1)不充分．

条件(2)：$a>b>c$，则 $b-c>0$，$a-b>0$，$a-c>0$，故 $M-N>0$，$M>N$，条件(2)充分．

12.（A）

【解析】结论的计算需要用到条件所给的信息．故从条件出发．

设 $f(x)=(x^2+x+1)(x-1)g(x)+ax^2+bx+c$.

条件(1)：$f(x)$ 除以 $x-1$ 所得余数为 6，由余式定理可得 $f(1)=6$，即 $a+b+c=6$，故条件(1)充分．

条件(2)：$f(x)$ 除以 x^2+x+1 所得余式为 $x+2$，因为 $(x^2+x+1)(x-1)g(x)$ 能被 x^2+x+1 整除，故 ax^2+bx+c 除以 x^2+x+1 所得余式为 $x+2$，因此 $ax^2+bx+c=a(x^2+x+1)+x+2$.

令 $x=1$，可得 $a+b+c=3a+3$，不清楚 a 的值，故条件(2)不充分．

13.（D）

【解析】结论需要用到条件所给的关于 a，b，c 的等量关系才能推导，故本题从条件出发．

条件(1)：换元法，令 $x=a-b$，$y=b-c$，则 $a-c=x+y$，代入原式可得 $(x+y)^2-4xy=0\Rightarrow(x-y)^2=0$，即 $x=y\Rightarrow a-b=b-c$，故 a，b，c 成等差数列，条件(1)充分．

条件(2)：原式整理得

$$\begin{aligned}&a^2-16b^2-c^2+6ab+10bc\\=&(a^2+6ab+9b^2)-(25b^2-10bc+c^2)\\=&(a+3b)^2-(5b-c)^2\\=&[(a+3b)+(5b-c)][(a+3b)-(5b-c)]\\=&(a+8b-c)(a-2b+c)=0.\end{aligned}$$

因为 a，b，c 是三角形的三边长，所以 $a+b-c>0$，则 $a+8b-c=(a+b-c)+7b>0$，故 $a-2b+c=0$，即 $a+c=2b$，则 a，b，c 成等差数列，条件(2)充分．

专项冲刺 3 函数、方程、不等式

1. 若 $x>0$，$y>0$. 则 $x+y>2\sqrt{xy}$.
(1)$x>y$. (2)$x=y^2$.

2. 已知关于 x 的方程 $ax^2+bx+c=0$，a，b，c 为实数. 则该方程有两个异号的实数根.
(1)$a>0$ 且 $c<0$. (2)$a<0$ 且 $c\geqslant0$.

3. 设函数 $f(x)=\begin{cases}2^{-x}-1, & x\leqslant0,\\ \sqrt{x}, & x>0.\end{cases}$ 则 $f(x)>1$.
(1)$x<-1$. (2)$x>1$.

4. 若 a，b 为常数，且函数 $f(x)=x^2+ax+b$. 则可以确定 a，b 的值.
(1)$f(x)$过点 $A(2,5)$. (2)$f(x)$的顶点为 $B(1,2)$.

5. 已知 x 是实数. 则$\dfrac{x+8}{x^2+2x-3}\leqslant2$.
(1)$x>2$. (2)$-3\leqslant x\leqslant1$.

6. 已知 a 是实数. 则不等式 $x^2-ax+1>0$ 对于 $x\in(0,1)$恒成立.
(1)$a\leqslant2$. (2)$a>2$.

7. 设 a，b 为正实数. 则 $a-b<1$.
(1)$a^2-b^2=1$. (2)$\dfrac{1}{b}-\dfrac{1}{a}=1$.

8. 已知二次函数 $f(x)=x^2+ax+b$. 则 $f(1)>0$.
(1)$a>0$ 且 $f(-1)>0$. (2)$a^2+b^2\leqslant1$.

9. 已知 x，y 是实数. 则 $1\leqslant y\leqslant13$.
(1)$-4\leqslant x-y\leqslant-1$. (2)$-1\leqslant2x-y\leqslant5$.

10. 已知 x，y 均为实数. 则 $x^2+y^2\geqslant2x+2y$.
(1)$x+y\geqslant2$. (2)$xy\leqslant1$.

11. 已知 p，q 是实数，若一元二次方程 $x^2+px+q=0$ 有两个实数根. 则能确定两根一个大于 1，一个小于 1.
(1)$q<1$ 且 $p>-2$. (2)$q<-1$ 且 $1-p+q>0$.

12. 已知 x_1，x_2 是关于 x 的方程 $x^2+kx-4=0(k\in\mathbf{R})$的两实根. 则 $x_1^2-2x_2=8$.
(1)$k=2$. (2)$k=-3$.

13. 设 $A=\{x\mid x^2+ax+b=0\}$和 $B=\{x\mid x^2+cx+d=0\}$. 则可以确定 $A\cap B$ 的元素个数.
(1)$a=-c$. (2)$b=d$.

14. 已知实数 $c>0$. 则 $\frac{a}{b}<\frac{a+\lg c}{b+\lg c}$.

(1) $0<a<b$.　　(2) $c>1$.

15. 已知 x，y 为实数. 则 $|x|\geqslant 4$ 或 $|y|\geqslant 2$.

(1) $|x|+|y|\geqslant 6$.　　(2) $|xy|\geqslant 8$.

16. 已知 $a<0$，函数 $f(x)=ax^2+bx+c$. 则 $f(x)\leqslant f(1)$.

(1) $f(1)=0$.　　(2) $2a+b=0$.

17. 已知函数 $f(x)=\frac{ax+b}{x+c}(x>-c)$. 则 $f(x)$ 在其定义域内为单调递增函数.

(1) $a>c$.　　(2) $b<c$.

18. $\frac{1}{2}<a<1$.

(1) $\log_{2a}\frac{1+a^3}{1+a}>0$.　　(2) $\log_{2a}\frac{1+a^3}{1+a}<0$.

19. 已知 m 是实数. 则不等式 $\frac{1}{|x^2-2x+m|}\leqslant\frac{1}{2}$ 恒成立.

(1) $m\leqslant -1$.　　(2) $m\geqslant 3$.

20. 已知某社区组织 50 位居民参加活动，活动项目有手工制作、园艺种植、烹饪体验三种，每位居民至少参加一项，最多参加三项. 参加园艺种植活动的有 21 人，参加烹饪体验活动的有 16 人. 则可以确定只参加手工制作活动的人数.

(1) 只参加园艺种植和烹饪体验两项活动的有 5 人.

(2) 同时参加三项活动的有 5 人.

21. 设函数 $f(x)=-x^2+2ax-2$. 则 $f(x)$ 的最大值与 $f[f(x)]$ 的最大值相等.

(1) $a\leqslant -1$.　　(2) $a\geqslant 2$.

22. 已知关于 x 的方程 $x^2-2(k-1)x+k^2=0$ 有两个不相等的实数根 a，b. 则能确定 k 的值.

(1) $|a|-|b|=4$.　　(2) $b=-\frac{1}{2}$.

23. 已知 $m>n>0$. 则 $a^m+\frac{1}{a^m}>a^n+\frac{1}{a^n}$.

(1) $a>1$.　　(2) $0<a<1$.

24. 已知 m 是实数，且关于 x 的一元二次方程 $x^2-(2m+5)x-9m^2=0$ 有两个实数根 a，b. 则可以确定 m 的值.

(1) $2a+b=4$.　　(2) $a+2b=6$.

25. 已知 x 是正实数. 则 $x-\sqrt{x}<2$.

(1) $\sqrt{x-1}+2x<5$.　　(2) $x^2-5x+7<|2x-5|$.

26. 已知 a 为实数，函数 $f(x)=ax^2+2ax+1$. 则 $|a|\leqslant\frac{1}{2}$.

(1) $f(x)\geqslant a$ 恒成立.

(2) $f(x)\geqslant a$ 在 $x\in[0, 1]$ 上恒成立.

27. 已知 a，b 为正数. 则 $a+2b$ 的最小值为 4.

(1) $2ab=4$.

(2) $(a+5b)(2a+b)=36$.

28. 已知二次函数 $f(x)=ax^2+bx+c$. 则可以确定 $b+c$ 的最大值.

(1) $f(x)$ 过点 $(-1, 4)$ 和点 $(2, 1)$.

(2) $f(x)$ 与 x 轴有两个交点且 a 为正整数.

29. 已知抛物线 $f(x)=x^2+bx+c$ 过 $(1, m)$，$(-1, 3m)$ 两点，m 为实数，若 $f(x)$ 的最小值为 -6. 则能确定 m 的值.

(1) $-4\leqslant m\leqslant 2$，$x\in\mathbf{R}$.

(2) $-2\leqslant x\leqslant 1$.

30. 已知 a，b 为实数. 则可以确定 $a+b$ 的最大值.

(1) $a^3+b^3=2$.

(2) $a^2+b^2=2$.

31. 已知 x，y，z 为正实数. 则 $(x+y)(y+z)$ 的最小值为 2.

(1) $xyz(x+y+z)=1$.

(2) $xyz(x+y+z)=4$.

32. 某单位周一、周二、周三开车上班的职工人数分别是 14，10，8. 则这三天都开车上班的职工最多有 6 人.

(1)这三天中至少有一天开车上班的职工有 20 人.

(2)这三天中只有一天开车上班的职工有 14 人.

33. 关于 x 的方程 $\frac{1}{x+2}=a|x|$ 有三个不同的实数解.

(1) $a\in(1, +\infty)$.

(2) $a\in(0, 1)$.

34. 已知非零实数 a，b，c. 则 $\frac{a}{b+c}+\frac{b}{a+c}+\frac{c}{a+b}\geqslant\frac{3}{2}$.

(1) a，b，c 均为正数.

(2) a，b，c 均为负数.

35. 已知两个函数 $f(x)=2x-1$ 与 $g(x)=x^2-a|x|+2$，其中 a 是实数. 则可以确定 a 的值.

(1)两函数图像有三个交点.

(2)两函数图像有四个交点.

专项冲刺3 答案详解

答案速查

1～5　(A)(A)(D)(B)(A)	6～10　(A)(A)(A)(C)(E)	11～15　(B)(A)(E)(C)(D)
16～20　(B)(E)(B)(B)(C)	21～25　(D)(D)(D)(B)(D)	26～30　(A)(D)(C)(D)(D)
31～35　(A)(D)(A)(D)(A)		

1.(A)

【解析】结论类似均值不等式，只是没有取等号，故从结论出发，求出 x，y 满足的范围，再判断条件是否充分．

因为 $x>0$，$y>0$，由均值不等式可得 $x+y\geqslant 2\sqrt{xy}$，当且仅当 $x=y$ 时等号成立．若结论成立，说明均值不等式取不到等号，即 $x\neq y$．

条件(1)：显然充分．

条件(2)：举反例，令 $x=y=1$，不充分．

2.(A)

【解析】结论给出根的分布的情况，本身可以转化为数学表达式直接计算，故从结论出发．

若结论成立，说明方程有一正根和一负根，则 $ac<0$．

条件(1)：显然充分．

条件(2)：若 $c=0$，则不符合 $ac<0$，故不充分．

3.(D)

【解析】题干给出的 $f(x)$是一个具体的函数，$f(x)>1$ 这个不等式可以直接解出来，故可以从结论出发．另外两个条件给出了 x 的取值范围，根据 x 的取值范围也能确定 $f(x)$的取值范围，故也可以从条件出发．

方法一：从结论出发．

解不等式$\begin{cases}2^{-x}-1>1,\\x\leqslant 0\end{cases}\Rightarrow x<-1$ 或$\begin{cases}\sqrt{x}>1,\\x>0\end{cases}\Rightarrow x>1$，故 $x<-1$ 或 $x>1$，两个条件单独都充分．

方法二：从条件出发．

条件(1)：当 $x<-1$ 时，$f(x)=2^{-x}-1$，根据指数函数的性质可知，函数 $f(x)$单调递减，故 $f(x)>f(-1)=1$，充分．

条件(2)：当 $x>1$ 时，$f(x)=\sqrt{x}$，为增函数，故 $f(x)>f(1)=1$，充分．

4.(B)

【解析】"能确定 xxx 的值"型的题目，且结论要想确定 a，b 的值，需要用到条件所给的 $f(x)$的相关信息，故从条件出发．

条件(1)：将点 $A(2,5)$代入函数表达式，得 $5=4+2a+b$，化简得 $2a+b=1$，一个方程，两个未知数，无法确定 a，b 的值，故条件(1)不充分．

条件(2)：顶点为 $B(1,2)$，则有$\begin{cases}-\dfrac{a}{2}=1,\\1+a+b=2,\end{cases}$ 解得$\begin{cases}a=-2,\\b=3,\end{cases}$故条件(2)充分．

5.(A)

【解析】结论是一个分式不等式，是可以直接解的，故可以从结论出发，求出 x 的取值范围，再判断条件是否充分．

若结论成立，整理可得

$$\frac{x+8}{x^2+2x-3}\leqslant 2\Rightarrow\frac{x+8}{x^2+2x-3}-2\leqslant 0\Rightarrow\frac{(2x+7)(x-2)}{(x+3)(x-1)}\geqslant 0,$$

即 $(2x+7)(x-2)(x+3)(x-1)\geqslant 0$，用穿线法求解，如图所示．故该不等式的解集为 $\left(-\infty,-\dfrac{7}{2}\right]\cup(-3,1)\cup[2,+\infty)$，条件(1)充分，条件(2)不充分．

【易错警示】注意分母不能为 0，因此分母所在的零点 -3 和 1 是取不到的．

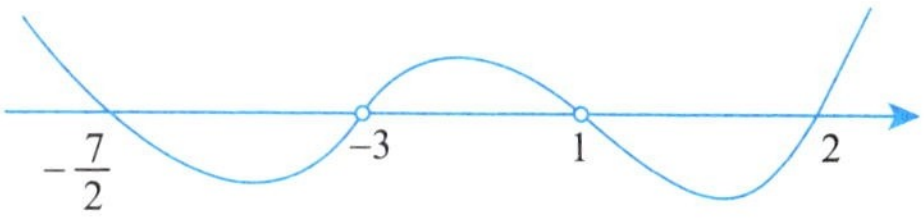

6.(A)

【解析】条件给出 a 的取值范围，代入结论不好计算，而结论给出了具体不等式和 x 的取值范围，可以直接计算，故从结论出发，求出 a 的取值范围，再判断条件是否充分．

若结论成立，则 $x^2-ax+1>0$ 分离参数可得 $a<x+\dfrac{1}{x}$，若不等式在 $x\in(0,1)$ 时恒成立，则 a 小于 $x+\dfrac{1}{x}$ 在 $(0,1)$ 内的最小值．由对勾函数的图像可知，当 $x\in(0,1)$ 时，$x+\dfrac{1}{x}>2$，因此 $a\leqslant 2$，条件(1)充分，条件(2)不充分．

7.(A)

【解析】结论的计算需要用到条件所给的 a，b 的关系式，故从条件出发．且条件和结论都是含有字母的等式或不等式，可以通过举反例验证条件的不充分性．

条件(1)：$(a+b)(a-b)=1$，因为 a，b 为正实数，则 $a+b>a-b$，即 $a+b>1>a-b$，故条件(1)充分．

条件(2)：举反例，令 $a=2$，$b=\dfrac{2}{3}$，则 $a-b>1$，故条件(2)不充分．

8.(A)

【解析】结论需要用到条件所给的信息才能推导，故从条件出发，且不等式可以用反例直接验证条件的不充分性，所以推导前可以先举反例．

条件(1)：$f(-1)=1-a+b>0$，$a>0$，则 $f(1)=1+a+b=1-a+b+2a>0$，故条件(1)充分．

条件(2)：举反例，令 $a=0$，$b=-1$，此时 $f(1)=1+a+b=0$，故条件(2)不充分．

9.(C)

【解析】结论要确定 y 的取值范围，需要用到条件所给的关于 x，y 的不等式，故从条件出发．两个条件都有 x，只有确定 x 的范围，才能确定 y 的范围，故两个条件单独都不充分，需要联合．

联合两个条件，有$\begin{cases}-4\leqslant x-y\leqslant -1 ①,\\-1\leqslant 2x-y\leqslant 5 ②,\end{cases}$则式①×(−2)+式②得 $1\leqslant y\leqslant 13$，故联合充分．

10.（E）

【解析】结论的计算需要用到条件所给的关系式，故从条件出发．且不等式可以用反例直接验证条件的不充分性，所以推导前可以先举反例．

条件(1)：举反例，令 $x=1$，$y=1$，满足条件，但是 $x^2+y^2<2x+2y$，条件(1)不充分．

条件(2)：上述反例依然适用，条件(2)不充分．

联合两个条件，上述反例依然适用，故联合也不充分．

11.（B）

【解析】结论给出根的分布的情况，可以转化为数学表达式直接计算，故从结论出发，先求出等价结论，再判断条件是否充分，另外条件是不等式，可以直接举反例验证条件的不充分性．

令 $f(x)=x^2+px+q$，已知一元二次函数的图像开口向上，若结论成立，可以得出 $f(1)<0$，即 $1+p+q<0$.

条件(1)：举反例，当 $p=1$，$q=0$ 时，满足条件，但 $1+p+q>0$，条件(1)不充分．

条件(2)：由 $q<-1$，得 $1+q<0$；由 $1-p+q>0$，得 $p<1+q$. 根据不等号的传递性可得 $p<0$，故 $1+p+q<0$，条件(2)充分．

12.（A）

【解析】方程中含有未知数 k，而条件恰好给出 k 的值，可直接代入计算，故本题从条件出发．

条件(1)：x_1 为方程 $x^2+2x-4=0$ 的根，则 $x_1^2+2x_1-4=0$. 故 $x_1^2=4-2x_1$.

由韦达定理，得 $x_1+x_2=-2$. 故 $x_1^2-2x_2=4-2x_1-2x_2=4-2(x_1+x_2)=8$，条件(1)充分．

条件(2)：$x^2-3x-4=0$，解得 $x_1=-1$，$x_2=4$ 或 $x_1=4$，$x_2=-1$，代入可知，$x_1^2-2x_2\neq 8$，故条件(2)不充分．

13.（E）

【解析】题干所给的 A，B 两个集合各有两个未知数，求不出集合元素个数，显然需要用到条件所给的信息才能推导或计算，故从条件出发．

两个条件单独显然不充分，属于变量缺失型互补关系，故需要联合．

联合得 $A=\{x\mid x^2+ax+b=0\}$ 和 $B=\{x\mid x^2-ax+b=0\}$．令 $a=0$，$b=0$，则 $A\cap B$ 为 $\{0\}$，元素有 1 个；令 $a=0$，$b=-1$，则 $A\cap B$ 为 $\{1,-1\}$，元素有 2 个．故联合也不充分．

14.（C）

【解析】结论中的不等式显然无法判断，要想证明该不等式就需要 a，b，c 的大小关系，故从条件出发，且不等式可以用反例直接验证条件的不充分性，所以推导前可以先举反例．

条件(1)：举反例，令 $c=1$，则 $\frac{a+\lg c}{b+\lg c}=\frac{a}{b}$，不充分．

条件(2)：举反例，令 $a=2$，$b=1$，$c=10$，则 $\frac{a}{b}=2$，$\frac{a+\lg c}{b+\lg c}=\frac{3}{2}$，不充分．

联合两个条件，由 $c>1$ 得 $\lg c>0$，且 $0<a<b$，由糖水不等式得 $\frac{a}{b}<\frac{a+\lg c}{b+\lg c}$，故联合充分．

15.（D）

【解析】由条件推结论比较困难，由结论的逆命题推条件的逆命题比较容易，故用逆否验证法．

结论 B 为 $|x|\geqslant 4$ 或 $|y|\geqslant 2$，逆命题 $\neg B$ 为 $|x|<4$ 且 $|y|<2$.

条件(1)：条件 A 为 $|x|+|y|\geqslant 6$，逆命题 $\neg A$ 为 $|x|+|y|<6$，由 $|x|<4$ 且 $|y|<2$ 可以推出 $|x|+|y|<6$，即 $\neg B\Rightarrow\neg A$ 成立，条件(1)充分．

条件(2)：条件 A 为 $|xy|\geqslant 8$，逆命题 $\neg A$ 为 $|xy|<8$，由 $|x|<4$ 且 $|y|<2$ 可以推出 $|xy|<8$，即 $\neg B\Rightarrow\neg A$ 成立，条件(2)充分．

16.（B）

【解析】结论给出可以推导的不等式，通过化简可以得出 a，b，c 的数量关系，故从结论出发，先求出等价结论，再判断条件是否充分．

结论 $f(x)\leqslant f(1)$ 说明 $f(x)$ 在 $x=1$ 处有最大值，且开口向下，故二次函数的对称轴为 $x=1$．

即 $-\dfrac{b}{2a}=1$，$b=-2a$．

条件(1)：只能说明当 $x=1$ 时函数值为 0，无法确定对称轴，条件(1)不充分．

条件(2)：$2a+b=0\Rightarrow b=-2a$，条件(2)充分．

17.（E）

【解析】本题的结论是确定性的，可以转化为数学表达式，通过化简得出 a，b，c 的数量关系，故从结论出发，先求出等价结论，再判断条件是否充分．另外条件是不等式，可以直接举反例验证条件的不充分性．

$f(x)=\dfrac{ax+b}{x+c}=\dfrac{a(x+c)+b-ac}{x+c}=a+\dfrac{b-ac}{x+c}$是一个类反比例函数，若结论成立，则 $b-ac<0$．

条件(1)和条件(2)单独显然均不充分，故联合两个条件．举反例，令 $b=-2$，$c=-1$，$a=3$，则 $b-ac=-2-(-3)=1>0$，故联合也不充分．

18.（B）

【解析】条件是有关 a 的不等式，结论是 a 的取值范围，显然从条件出发．

两个条件都是和 0 的大小关系，且没有交集，属于矛盾关系，可通过举反例快速验证其中一个条件的不充分性．

条件(1)：举反例，令 $a=2$，则$\log_{2a}\dfrac{1+a^3}{1+a}=\log_4 3>0$ 符合条件，但结论不成立，不充分．

条件(2)：由题可得$\begin{cases}2a>1,\\0<\dfrac{1+a^3}{1+a}<1\end{cases}$或$\begin{cases}0<2a<1,\\\dfrac{1+a^3}{1+a}>1,\end{cases}$解得$\dfrac{1}{2}<a<1$，充分．

19.（B）

【解析】条件是 m 的取值范围，代入结论不好计算，结论是具体的不等式，可以直接解，故从结论出发，求出 m 的取值范围，再判断条件是否充分．

从结论出发．$\dfrac{1}{|x^2-2x+m|}\leqslant\dfrac{1}{2}$，整理得 $|x^2-2x+m|\geqslant 2$，因为 $f(x)=x^2-2x+m$ 开口向上，故只能为 $x^2-2x+m\geqslant 2$，即 $x^2-2x+m-2\geqslant 0$ 恒成立，则 $\Delta=(-2)^2-4(m-2)\leqslant 0$，解得 $m\geqslant 3$，故条件(1)不充分，条件(2)充分．

20.（C）

【解析】“能确定 xxx 的值”型的题目，故从条件出发．

显然两个条件单独皆不充分，联合．

记只参加手工制作的有 x 人，只参加手工制作和园艺种植的有 y 人，只参加手工制作和烹饪体验的有 z 人，则只参加园艺种植的有 $11-y$ 人，只参加烹饪体验的有 $6-z$ 人，如图所示．

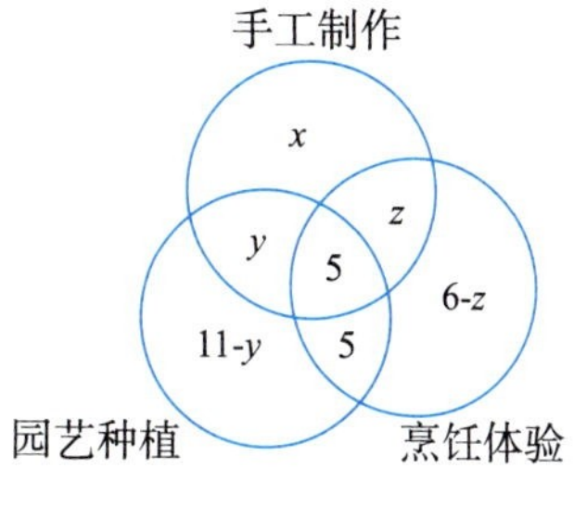

故 $x+y+z+5+5+(11-y)+(6-z)=50$，解得 $x=23$，即只参加手工制作活动的人数为 23，联合充分.

21. (D)

【解析】条件是 a 的取值范围，代入结论不好计算，结论是确定性的，可以转化为数学表达式，故从结论出发，求出 a 的取值范围，再判断条件是否充分.

$f(x)$的最大值在对称轴 $x=a$ 处取得，若结论成立，则 $f[f(x)]$的内层函数 $f(x)=a$ 有解，即 $-x^2+2ax-2=a$ 有解，则 $\Delta=(2a)^2-4\times(-1)\times(-2-a)\geqslant 0$，解得 $a\leqslant -1$ 或 $a\geqslant 2$，故条件(1)和条件(2)单独均充分.

22. (D)

【解析】"能确定 xxx 的值"型的题目，且要想确定 k 的值，需要用到条件所给的 a，b 的关系式，故从条件出发.

由题可得 $\Delta=4(k-1)^2-4k^2>0$，解得 $k<\frac{1}{2}$.

条件(1)：由韦达定理得 $\begin{cases}a+b=2(k-1)<0,\\ ab=k^2\geqslant 0.\end{cases}$ 由三角不等式可得 $|a|-|b|=|a-b|=4$，

平方得 $a^2+b^2-2ab=16$，整理得 $(a+b)^2-4ab=16$，即 $4(k-1)^2-4k^2=16$，解得 $k=-\frac{3}{2}$，条件(1)充分.

条件(2)：将 $b=-\frac{1}{2}$ 代入方程 $x^2-2(k-1)x+k^2=0$ 中，解得 $k=\frac{1}{2}$ 或 $k=-\frac{3}{2}$，因为 $k<\frac{1}{2}$，故 $k=-\frac{3}{2}$，条件(2)也充分.

23. (D)

【解析】条件是 a 的取值范围，代入结论不好计算，结论是具体的不等式，可以进行变形化简，故从结论出发，求出等价结论，再判断条件是否充分.

若结论成立，则

$$a^m+\frac{1}{a^m}-\left(a^n+\frac{1}{a^n}\right)=a^m-a^n+\frac{1}{a^m}-\frac{1}{a^n}=a^m-a^n+\frac{a^n-a^m}{a^m a^n}=\frac{(a^m-a^n)(a^{m+n}-1)}{a^{m+n}}>0.$$

结合指数函数的性质比较大小.

条件(1)：$a>1$，因此以 a 为底的指数函数为增函数. 因为 $m>n>0$，所以 $a^m>a^n$，$a^{m+n}>a^0=1$，则分子 $(a^m-a^n)(a^{m+n}-1)>0$，分母 $a^{m+n}>0$，因此 $a^m+\frac{1}{a^m}-\left(a^n+\frac{1}{a^n}\right)>0$，故 $a^m+\frac{1}{a^m}>a^n+\frac{1}{a^n}$，条件(1)充分.

条件(2)：令 $t=\frac{1}{a}$，则 $t>1$，结论不等式可转化为 $\frac{1}{t^m}+t^m>\frac{1}{t^n}+t^n$，两个条件是等价关系，故条件(2)也充分.

24.(B)

【解析】"能确定 xxx 的值"型的题目，故从条件出发.

方程有两个实数根，则 $\Delta=(2m+5)^2-4(-9m^2)\geqslant 0$，解得 $m\in\mathbf{R}$.

根据韦达定理得 $\begin{cases}a+b=2m+5①,\\ ab=-9m^2②.\end{cases}$

条件(1)：联立式①和 $2a+b=4$，得 $\begin{cases}a=-1-2m,\\ b=4m+6,\end{cases}$ 结合式②，得 $(-1-2m)(6+4m)=-9m^2$，化简得 $m^2-16m-6=0$，显然 $\Delta>0$，所以 m 有两个不同的解，无法唯一确定 m 的值，条件(1)不充分.

条件(2)：联立式①和 $a+2b=6$，得 $\begin{cases}a=4+4m,\\ b=1-2m,\end{cases}$ 结合式②，得 $(4+4m)(1-2m)=-9m^2$，化简得 $m^2-4m+4=0$，解得 $m=2$，条件(2)充分.

25.(D)

【解析】条件和结论都是有关 x 的不等式，都能直接解出 x 的取值范围，故本题的做法为将三个不等式分别解出来，再对比条件和结论的取值范围，看是否充分.

若结论成立，则 $x-\sqrt{x}-2<0$，整理得 $(\sqrt{x}+1)(\sqrt{x}-2)<0\Rightarrow 0<\sqrt{x}<2$，故 $x\in(0,4)$.

条件(1)：移项得 $\sqrt{x-1}<5-2x$，可得 $\begin{cases}5-2x\geqslant 0,\\ x-1\geqslant 0,\\ x-1<(5-2x)^2,\end{cases}$ 解得 $x\in[1,2)$，在 $x\in(0,4)$ 范围内，故条件(1)充分.

条件(2)：当 $0<x\leqslant\dfrac{5}{2}$ 时，不等式为 $x^2-5x+7<5-2x$，解得 $1<x<2$.

当 $x>\dfrac{5}{2}$ 时，不等式为 $x^2-5x+7<2x-5$，解得 $3<x<4$.

故 $x\in(1,2)\cup(3,4)$，在 $x\in(0,4)$ 范围内，条件(2)充分.

26.(A)

【解析】只看题干和结论，无法计算 a 的取值范围，需要用到条件所给的信息才能推导，故从条件出发.

条件(1)：当 $a=0$ 时，$f(x)=1>0$ 恒成立.

当 $a\neq 0$ 时，要使 $ax^2+2ax+1-a\geqslant 0$ 恒成立，则 $\begin{cases}a>0,\\ \Delta=4a^2-4a(1-a)\leqslant 0\end{cases}\Rightarrow 0<a\leqslant\dfrac{1}{2}$.

综上所述，$0\leqslant a\leqslant\dfrac{1}{2}$，则 $|a|\leqslant\dfrac{1}{2}$，故条件(1)充分.

条件(2)：当 $a=0$ 时，$f(x)=1>0$ 恒成立.

当 $a\neq 0$ 时，$f(x)\geqslant a$ 在 $x\in[0,1]$ 上恒成立，即 $ax^2+2ax+1-a\geqslant 0$ 在 $x\in[0,1]$ 上恒成立.

令 $g(x)=ax^2+2ax+1-a$，因为 $g(x)$ 的对称轴是 $x=-1$，则 $g(x)$ 在 $x\in[0,1]$ 上是单调的，故只需满足 $\begin{cases}g(0)\geqslant 0,\\ g(1)\geqslant 0,\end{cases}$ 解得 $-\dfrac{1}{2}\leqslant a<0$ 或 $0<a\leqslant 1$.

综上所述，$-\dfrac{1}{2}\leqslant a\leqslant 1$，则 $|a|\leqslant 1$，故条件(2)不充分.

27.(D)

【解析】结论要确定 $a+2b$ 的最小值，需要用到条件所给的 a，b 的关系式，故从条件出发．

条件(1)：$a+2b\geqslant 2\sqrt{2ab}=4$，当且仅当 $a=2b=2$ 时等号成立，则 $a+2b$ 的最小值为 4，条件(1)充分．

条件(2)：$a+2b=\frac{1}{3}[(a+5b)+(2a+b)]\geqslant\frac{1}{3}\times 2\sqrt{(a+5b)(2a+b)}=4$，当且仅当 $a+5b=2a+b=6$ 时等号成立，则 $a+2b$ 的最小值为 4，条件(2)充分．

28.(C)

【解析】“能确定 xxx 的值”型的题目，且结论要确定 $b+c$ 的最大值，需要用到条件所给的 $f(x)$ 的相关信息，故从条件出发．

条件(1)：将两点坐标代入函数表达式可得

$$\begin{cases}a-b+c=4,\\4a+2b+c=1\end{cases}\Rightarrow\begin{cases}b=-a-1,\\c=3-2a,\end{cases}$$

因此 $b+c=2-3a$. 不清楚 a 的范围，故无法确定 $b+c$ 的最大值，条件(1)不充分．

条件(2)：$\Delta=b^2-4ac>0$. 显然 b 可以无限大，无法确定 $b+c$ 的最大值，条件(2)也不充分．

联合两个条件，将条件(1)所得式子代入条件(2)的不等式，可得 $(-a-1)^2-4a(3-2a)>0$，解得 $a<\frac{1}{9}$ 或 $a>1$. 又 a 为正整数，故 a 的最小值为 2，$b+c$ 的最大值为 $2-3\times 2=-4$，两个条件联合充分．

29.(D)

【解析】“能确定 xxx 的值”型的题目，且条件(2)给出函数的定义域，求最值一定要考虑定义域，故从条件出发．

将点 $(1, m)$，$(-1, 3m)$ 代入得 $\begin{cases}1+b+c=m,\\1-b+c=3m\end{cases}\Rightarrow\begin{cases}b=-m,\\c=2m-1,\end{cases}$ 则 $f(x)=x^2-mx+2m-1$.

条件(1)：$f(x)_{\min}=\frac{4(2m-1)-m^2}{4}=-6$，解得 $m=-2$ 或 10(舍去)，故 $m=-2$，条件(1)充分．

条件(2)：函数对称轴为 $x=\frac{m}{2}$，不确定其在不在定义域 $-2\leqslant x\leqslant 1$ 内，故需要讨论．

当 $\frac{m}{2}<-2$，即 $m<-4$ 时，$f(x)_{\min}=f(-2)=4+2m+2m-1=-6$，解得 $m=-\frac{9}{4}$(舍去)；

当 $\frac{m}{2}>1$，即 $m>2$ 时，$f(x)_{\min}=f(1)=m=-6$(舍去)；

当 $-2\leqslant\frac{m}{2}\leqslant 1$，即 $-4\leqslant m\leqslant 2$ 时，在对称轴处取得最小值，由条件(1)可知，$m=-2$.

综上所述，$m=-2$，条件(2)也充分．

30.（D）

【解析】“能确定 xxx 的值”型的题目，故从条件出发 .

条件(1)：由 $a^3+b^3=2$，得 $(a+b)(a^2-ab+b^2)=2$，整理得

$$(a+b)[(a+b)^2-3ab]=(a+b)^3-3ab(a+b)=2,$$

设 $a+b=t$，原式化为 $t^3-3ab\cdot t=2$，显然 $t\neq0$，所以 $ab=\frac{1}{3}\left(t^2-\frac{2}{t}\right)$. 将 a，b 看作是关于 x 的一元二次方程 $x^2-tx+\frac{1}{3}\left(t^2-\frac{2}{t}\right)=0$ 的两根，则 $\Delta=t^2-\frac{4}{3}\left(t^2-\frac{2}{t}\right)\geqslant0$，解得 $0<t\leqslant2$，故 $a+b$ 的最大值为 2，条件(1)充分 .

条件(2)：由柯西不等式可得 $(a+b)^2\leqslant2(a^2+b^2)=4$，即 $a+b\leqslant2$，条件(2)充分 .

31.（A）

【解析】结论的计算需要用到条件所给的 x，y，z 的关系式，故从条件出发 .

$$(x+y)(y+z)=xy+xz+yz+y^2=y(x+y+z)+xz①.$$

条件(1)：$xyz(x+y+z)=1\Rightarrow y(x+y+z)=\frac{1}{xz}$，代入式①得

$$(x+y)(y+z)=xz+\frac{1}{xz}\geqslant2,$$

故 $(x+y)(y+z)=xz+y(x+y+z)\geqslant2$，条件(1)充分 .

条件(2)：同理可得 $(x+y)(y+z)$ 的最小值是 4，条件(2)不充分 .

32.（D）

【解析】结论的计算需要用到条件所给的信息，故从条件出发 .

如图所示，设周一、周二、周三开车上班的职工人数分别 A，B，C，即 $A=14$，$B=10$，$C=8$.

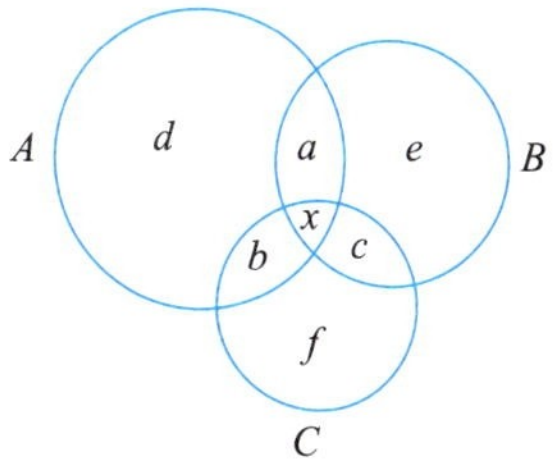

条件(1)：根据条件，有 $A\cup B\cup C=20$. 由非标准型公式，可得 $14+10+8-a-b-c-2x=20$，整理得 $2x=12-(a+b+c)$，当 $a+b+c=0$ 时，x 最大，最大值为 6，条件(1)充分 .

条件(2)：根据条件，有 $d+e+f=14$. 由分块公式，可得

$$14+10+8=14+2(a+b+c)+3x\Rightarrow3x=18-2(a+b+c),$$

当 $a+b+c=0$ 时，x 最大，最大值为 6，条件(2)也充分 .

33.（A）

【解析】结论是绝对值方程的根的个数，可以转化成两个函数图像的交点问题，可根据交点的个数确定 a 的取值范围 . 故从结论出发 .

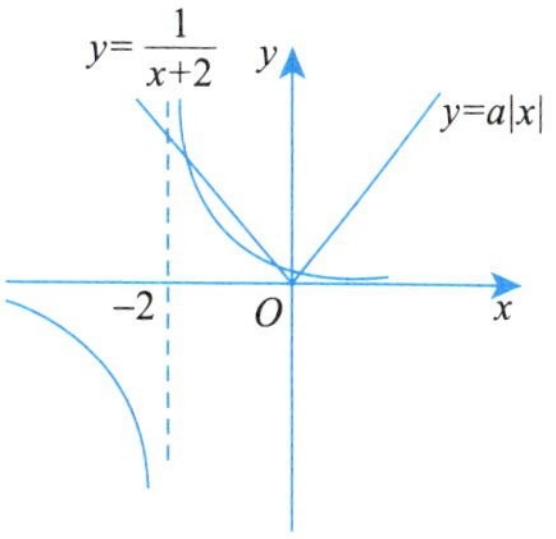

方程有三个不同的解等价于函数 $f(x)=\frac{1}{x+2}$ 与函数 $g(x)=a|x|$ 的图像有三个交点 . 函数 $f(x)=\frac{1}{x+2}$ 是一个关于 $(-2,0)$ 中心对称的类反比例函数；根据条件可得 $a>0$，则 $g(x)=a|x|$ 是一个过原点且关于 y 轴对称的 V 形函数，如图所示 .

观察图像，易知当 $a>0$ 时，两函数图像在第一象限有且仅有一个

交点，若结论成立，说明在第二象限有两个交点，即方程$\frac{1}{x+2}=-ax$ 在 $x<0$ 的区间内有两个不同的实数根，化简得 $ax^2+2ax+1=0$，由根的分布，得$\begin{cases}\Delta=4a^2-4a>0,\\x_1+x_2=-2<0,\\x_1x_2=\frac{1}{a}>0,\end{cases}$解得 $a>1$，所以条件(1)充分，条件(2)不充分．

34.（D）

【解析】两个条件均只给出了 a，b，c 正负的情况，无法代入结论直接计算，故可以从结论出发，先对结论的不等式进行变形化简．

观察结论左式，每一项的分子和分母之和相等，都是 $a+b+c$，根据合比定理，不等式两边同时加上 3，得$\left(\frac{a}{b+c}+1\right)+\left(\frac{b}{a+c}+1\right)+\left(\frac{c}{a+b}+1\right)\geqslant\frac{9}{2}$，整理得

$$(a+b+c)\left(\frac{1}{b+c}+\frac{1}{a+c}+\frac{1}{a+b}\right)\geqslant\frac{9}{2}\Rightarrow 2(a+b+c)\left(\frac{1}{b+c}+\frac{1}{a+c}+\frac{1}{a+b}\right)\geqslant 9.$$

换元，令 $a+b=x$，$b+c=y$，$a+c=z$，则结论等价于证明

$$(x+y+z)\left(\frac{1}{y}+\frac{1}{z}+\frac{1}{x}\right)=\frac{x}{y}+\frac{y}{x}+\frac{x}{z}+\frac{z}{x}+\frac{y}{z}+\frac{z}{y}+3\geqslant 9.$$

条件(1)：a，b，c 均为正数，则$\frac{x}{y}$，$\frac{y}{x}$，$\frac{x}{z}$，$\frac{z}{x}$，$\frac{y}{z}$，$\frac{z}{y}$均为正数，由均值不等式得$\frac{x}{y}+\frac{y}{x}+\frac{x}{z}+\frac{z}{x}+\frac{y}{z}+\frac{z}{y}+3\geqslant 2\sqrt{\frac{x}{y}\cdot\frac{y}{x}}+2\sqrt{\frac{x}{z}\cdot\frac{z}{x}}+2\sqrt{\frac{y}{z}\cdot\frac{z}{y}}+3=9$，条件(1)充分．

条件(2)：$\frac{x}{y}$，$\frac{y}{x}$，$\frac{x}{z}$，$\frac{z}{x}$，$\frac{y}{z}$，$\frac{z}{y}$也均为正数，两个条件是等价关系，故条件(2)也充分．

35.（A）

【解析】“能确定 xxx 的值”型的题目，且结论要确定 a 的值，需要用到条件所给的信息，故从条件出发．

$g(x)$的图像为函数 $g_1(x)=x^2-ax+2$ 在 y 轴右半部分的图像向左翻折得到，且过定点(0，2)．如图所示，当 $a\leqslant 0$ 时，函数 $g_1(x)$的对称轴在 y 轴上或 y 轴左侧，$g(x)$的图像为“V 形”，与函数 $f(x)=2x-1$ 不可能有三个及三个以上交点；当 $a>0$ 时，函数 $g_1(x)$的对称轴在 y 轴右侧，$g(x)$的图像为“W 形”，与函数 $f(x)=2x-1$ 可能有两个及以上交点．

条件(1)：两函数图像有三个交点，则函数 $f(x)$与函数 $g(x)$在 y 轴的右半部分有两个交点，且与函数 $g(x)$在 y 轴的左半部分相切．

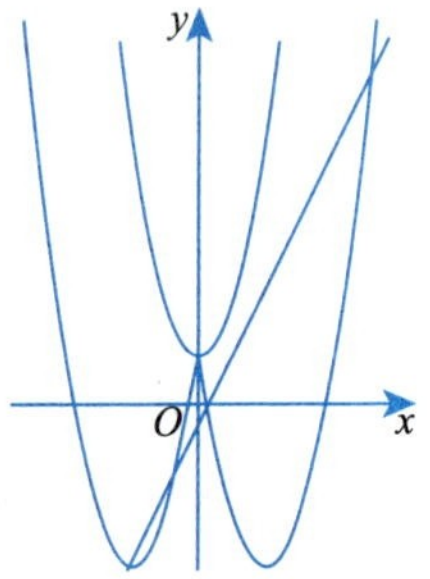

当 $x<0$ 时，联立两个函数表达式，得

$$x^2+ax+2=2x-1\Rightarrow x^2+(a-2)x+3=0$$

$$\Rightarrow\Delta=(a-2)^2-12=0\Rightarrow a=2\pm2\sqrt{3},$$

因为 $a>0$，所以 $a=2+2\sqrt{3}$，可以确定 a 的值，故条件(1)充分．

条件(2)：两函数图像有四个交点，即 y 轴两侧各有两个交点，确保左边有两个即可，画图知 $g(x)$的图像有很多种，a 的值不唯一，故条件(2)不充分．

专项冲刺 4　数列

1. 已知等差数列$\{a_n\}$的前 n 项和为 S_n. 则 $S_{13}=52$.
   (1)$a_4+a_{10}=8$.
   (2)$a_2+2a_8-a_4=8$.

2. 已知等差数列$\{a_n\}$的前 n 项和为 S_n. 则使 $a_n>0$ 的最小正整数 $n=10$.
   (1)$a_{11}-a_8=3$.
   (2)$S_{11}-S_8=3$.

3. 已知$\{a_n\}$是公差为 d 的等差数列，前 n 项和为 S_n. 则 $d>0$.
   (1)$S_9<S_8$.
   (2)$S_8<S_{10}$.

4. 已知$\{a_n\}$为等比数列. 则能确定 a_2+a_8 的值.
   (1)$a_1a_2a_3+a_7a_8a_9+3a_1a_9(a_2+a_8)=27$.
   (2)$a_3a_7=2$.

5. 已知等比数列$\{a_n\}$的前 n 项和为 S_n. 则$\{a_n\}$的公比为$\frac{1}{3}$.
   (1)S_2，S_4-S_2，S_6-S_4 是公比为$\frac{1}{3}$的等比数列.
   (2)S_1，$2S_2$，$3S_3$ 成等差数列.

6. 设三个不相等的自然数 a，b，c 成等比数列. 则能确定 abc 的值.
   (1)a，b，c 中最大的数为 12.
   (2)a，b，c 中最小的数为 3.

7. 已知公差不为 0 的等差数列$\{a_n\}$的前 n 项和为 S_n，且 $a_k+a_5=0$. 则能确定 k 的值.
   (1)$|a_1|=|a_8|$.
   (2)$S_9=S_4$.

8. 已知等差数列$\{a_n\}$的前 n 项和为 S_n. 则 S_n 存在最大值.
   (1)$a_1>0$.
   (2)$S_7=S_{10}$.

9. 已知等比数列$\{a_n\}$的前 n 项和为 S_n. 则 $S_{2n}=150$.
   (1)$S_n=30$.
   (2)$S_{3n}=630$.

10. 已知等比数列的前 n 项和为 S_n，公比为 q. 则 $S_2+S_4=2S_6$.
   (1)$q=-1$.
   (2)$q=1$.

11. 已知数列$\{a_n\}$的前n项和为S_n. 则$\{a_n\}$是等比数列.
(1)$S_n=3+2a_n$.
(2)$\frac{a_2}{a_1}=2$.

12. 已知x，y，$z\in\mathbf{R}$. 则x，y，z成等差数列.
(1)$2^x=3$，$2^y=6$，$2^z=12$.
(2)$x-z=2(x-y)$.

13. 已知数列6，x，y，16的前三项成等差数列. 则后三项成等比数列.
(1)$4x+y=0$.
(2)x，y是方程$t^2+3t-4=0$的两个根.

14. 已知实数a，b，c成等差数列. 则能确定a的值.
(1)$a+b+c=12$.
(2)a，b，$c+2$成等比数列.

15. 已知数列$\{a_n\}$的前n项和为S_n. 则$a_{100}=605$.
(1)$a_1=5$.
(2)数列$\left\{\frac{S_n}{n}\right\}$是公差为3的等差数列.

16. 已知等比数列$\{a_n\}$的n项和为S_n. 则能确定公比q.
(1)$S_3:S_2=3:2$.
(2)$2a_{n+2}=3a_{n+1}+2a_n$.

17. 已知$a_n=n^2+\lambda n$. 则$\{a_n\}$为递增数列.
(1)$\lambda>-3$.
(2)$\lambda>-2$.

18. 数列$\{a_n\}$的前n项和为$S_n=2^{n+1}-n-2$.
(1)$a_1=1$，$a_{n+1}=2a_n+1$.
(2)$a_n=2^n-1$.

19. 已知数列$\{a_n\}$的前n项和为S_n. 则数列$\{a_n\}$是等比数列.
(1)$a_1=1$，$\frac{a_{n+1}}{a_n}=\frac{n+1}{n}$.
(2)$S_n=b^n-1(b\neq0，b\neq1)$.

20. 已知数列$\{a_n\}$的各项均为正数，对于任意正整数p，q，总有$a_{p+q}=a_pa_q$. 则能确定a_9的值.
(1)已知a_8的值.
(2)已知a_1的值.

21. 已知数列$\{a_n\}$共有$2n(n\in\mathbf{N}_+)$项，$a_1=1$. 则$n=10$.
(1)$\{a_n\}$是等比数列，其奇数项和为85，偶数项和为170.
(2)$\{a_n\}$是等差数列，其奇数项和为190. 偶数项和为210.

22. 已知数列$\{a_n\}$是公差不为 0 的等差数列．则$\dfrac{a_2+a_6}{a_3+a_7}=\dfrac{3}{5}$.

(1)数列$\{a_n\}$第 3，4，7 项成等比数列．

(2)数列$\{a_n\}$第 2，3，6 项成等比数列．

23. 在等比数列$\{a_n\}$中，$a_1+a_6=33$，$a_3\cdot a_4=32$，且 $a_{n+1}<a_n$．则当 $n=m$ 时，$T_n=\lg a_1+\lg a_2+\cdots+\lg a_n$ 取到最大值．

(1)$m=5$.

(2)$m=6$.

24. 已知等比数列$\{a_n\}$的前 n 项和为 S_n．则能确定$\dfrac{a_6+a_8}{a_2+a_4}$的值．

(1)$S_6=9S_3$.

(2)$S_8=3S_4$.

25. 已知数列$\{a_n\}$的前 n 项和为 S_n．则$\{a_n\}$为等差数列．

(1)数列$\left\{\dfrac{S_n}{n}\right\}$为等差数列($n\in\mathbf{N}_+$).

(2)$2S_n+n^2=2na_n+n$($n\in\mathbf{N}_+$).

26. 已知数列$\{a_n\}$．则$\{a_n\}$是正项等差数列．

(1)$na_{n+1}=(n+1)a_n+1$，$n=1，2，\cdots$.

(2)$a_1>0$.

专项冲刺 4 答案详解

答案速查

1～5 (D)(C)(C)(A)(B)	6～10 (A)(D)(C)(E)(A)	11～15 (A)(D)(D)(E)(E)
16～20 (C)(D)(D)(B)(D)	21～25 (B)(A)(D)(A)(D)	26 (C)

1.(D)

【解析】结论需要用到条件给的信息才能计算，故从条件出发.

条件(1)：由下标和定理可得 $S_{13}=\frac{13(a_1+a_{13})}{2}=\frac{13(a_4+a_{10})}{2}=52$，故条件(1)充分.

条件(2)：$a_1+d+2(a_1+7d)-(a_1+3d)=8$，即 $a_1+6d=a_7=4$，则 $S_{13}=13a_7=52$，故条件(2)充分.

2.(C)

【解析】结论需要用到条件给的信息才能计算，故从条件出发.

条件(1)：$a_{11}-a_8=3d=3\Rightarrow d=1$，无法推出结论，故条件(1)不充分.

条件(2)：$S_{11}-S_8=a_9+a_{10}+a_{11}\Rightarrow a_{10}=1$，无法推出结论，故条件(2)不充分.

联合两个条件，可得 $d=1$，$a_{10}=1$，则 $a_9=0$，因此使 $a_n>0$ 的最小正整数为 $n=10$，所以联合充分.

3.(C)

【解析】结论需要用到条件所给的信息才能推导，故从条件出发.

条件(1)：$S_9<S_8$，则 $a_9<0$，不能确定公差的正负，不充分.

条件(2)：$S_8<S_{10}$，则 $a_9+a_{10}>0$，不能确定公差的正负，不充分.

联合两个条件，$a_9<0$，则 $a_{10}>0$，由此可得 $d>0$，故两个条件联合充分.

4.(A)

【解析】"能确定 xxx 的值"型的题目，题干和结论没有任何可用于计算的信息，故从条件出发.

条件(1)：由下标和定理可得 $a_2^3+a_8^3+3a_2^2a_8+3a_2a_8^2=27$，即 $(a_2+a_8)^3=27$，$a_2+a_8=3$，能确定 a_2+a_8 的值，条件(1)充分.

条件(2)：$a_2a_8=a_3a_7=2$，只能求出 a_2a_8 的值，求不出 a_2+a_8 的值，条件(2)不充分.

5.(B)

【解析】结论的计算需要用到条件所给的信息，故从条件出发.

条件(1)：S_2，S_4-S_2，S_6-S_4 是等比数列连续等长片段和，也成等比数列，新公比为 q^2，即 $q^2=\frac{1}{3}$，故 $\{a_n\}$ 的公比为 $q=\pm\frac{\sqrt{3}}{3}$，不充分.

条件(2)：由题可得 $S_1+3S_3=4S_2$，即 $a_1+3(a_1+a_2+a_3)=4(a_1+a_2)$，整理得 $3a_3=a_2$，则 $q=\frac{a_3}{a_2}=\frac{1}{3}$，充分．

6.（A）

【解析】"能确定 xxx 的值"型的题目，故从条件出发．

条件(1)：a，b，c 中最大的数为 12，故符合条件的三个数只能为 3，6，12. 所以 $abc=216$，条件(1)充分．

条件(2)：a，b，c 中最小的数为 3，符合条件的三个数可以为 3，6，12 或 3，9，27 等，故 abc 的值不能唯一确定，条件(2)不充分．

7.（D）

【解析】结论需要用到条件给的信息才能计算，故从条件出发．

条件(1)：化简得 $a_1=\pm a_8$. 因为公差不为 0，故 $a_1=-a_8\Rightarrow a_1+a_8=0\Rightarrow a_4+a_5=0$，故 $k=4$，条件(1)充分．

条件(2)：整理可得 $S_9=S_4\Rightarrow S_{13}=13a_7=0\Rightarrow a_7=0$. 又因为 $a_k+a_5=0$，可得 $a_k+a_5=2a_7$，根据等差中项可得 $k+5=2\times7\Rightarrow k=9$，故条件(2)充分．

8.（C）

【解析】结论需要用到条件给的信息才能计算，故从条件出发．

条件(1)：已知 $a_1>0$，若 $d>0$，则 a_n 是递增的，S_n 不存在最大值，故条件(1)不充分．

条件(2)：整理得 $S_7=S_{10}\Rightarrow S_{17}=17a_9=0\Rightarrow a_9=0$，但不知道 d 的正负，无法判断 S_n 是否存在最大值，故条件(2)不充分．

联合两个条件可得 $a_1>0$，$a_9=0$，故 $d<0$，S_n 存在最大值，两个条件联合充分．

9.（E）

【解析】结论需要用到条件给的信息才能计算，故从条件出发．

条件(1)：只知道 $S_n=30$，无法确定 S_{2n} 的值，故条件(1)不充分．

条件(2)：只知道 $S_{3n}=630$，无法确定 S_{2n} 的值，故条件(2)不充分．

联合两个条件，由等比数列连续等长片段和的结论，可知 S_n，$S_{2n}-S_n$，$S_{3n}-S_{2n}$ 成等比数列，则 $S_n(S_{3n}-S_{2n})=(S_{2n}-S_n)^2$，代入数值可解得 $S_{2n}=150$ 或 $S_{2n}=-120$，故联合也不充分．

10.（A）

【解析】结论需要用到条件给的信息才能计算，故从条件出发．

条件(1)：$q=-1$，则等比数列可设为 a，$-a$，a，$-a$，…，其中 $a\neq0$，所以 $S_2=S_4=S_6=0\Rightarrow S_2+S_4=2S_6$，条件(1)充分．

条件(2)：举反例，令数列为 1，1，1，1，…，则 $S_2=2$，$S_4=4$，$S_6=6$，$S_2+S_4\neq2S_6$，条件(2)不充分．

11.（A）

【解析】结论需要用到条件给的信息才能计算，故从条件出发．

条件(1)：根据题意可得 $\begin{cases}S_n=3+2a_n,\\S_{n+1}=3+2a_{n+1},\end{cases}$ 两式相减可得

$$a_{n+1}=2a_{n+1}-2a_n \Rightarrow a_{n+1}=2a_n \Rightarrow \frac{a_{n+1}}{a_n}=2,$$

则$\{a_n\}$是等比数列，故条件(1)充分．

条件(2)：仅知道前两项之间的关系，无法确定$\{a_n\}$，故条件(2)不充分．

12.（D）

【解析】结论需要用到条件给的信息才能计算，故从条件出发．

条件(1)：$x=\log_2 3$，$y=\log_2 6$，$z=\log_2 12$，则由

$$x+z=\log_2 3+\log_2 12=\log_2 36=2\log_2 6=2y,$$

故x，y，z成等差数列，条件(1)充分．

条件(2)：$x-z=2(x-y) \Rightarrow x-z=2x-2y \Rightarrow x+z=2y$，故$x$，$y$，$z$成等差数列，条件(2)充分．

13.（D）

【解析】结论需要用到条件给的信息才能计算，故从条件出发．

因为6，x，y成等差数列，所以$2x=6+y$①．

条件(1)：和式①联立，得$\begin{cases}x=1,\\ y=-4,\end{cases}$后三项1，$-4$，16成等比数列，故条件(1)充分．

条件(2)：由韦达定理得$x+y=-3$，联立式①，得$\begin{cases}x=1,\\ y=-4,\end{cases}$两个条件是等价关系，故条件(2)充分．

14.（E）

【解析】“能确定xxx的值”型的题目，故从条件出发．

条件(1)：由题可得$\begin{cases}a+c=2b,\\ a+b+c=12\end{cases} \Rightarrow b=4$，只能确定$b$的值，无法确定$a$的值，不充分．

条件(2)：由题可得$\begin{cases}a+c=2b,\\ b^2=a(c+2),\end{cases}$求不出$a$的值，不充分．

联合两个条件，可得$\begin{cases}a+c=8,\\ a(c+2)=16,\end{cases}$整理得$a^2-10a+16=0$，解得$a=2$或8，故联合也不充分．

15.（E）

【解析】结论需要用到条件给的信息才能计算，故从条件出发．

条件(1)：显然不充分．

条件(2)：没有给出首项的信息，所以不能得出数列的通项公式和求和公式，条件(2)不充分．

联合两个条件，$\frac{S_n}{n}=\frac{a_1}{1}+3(n-1)$，整理得$S_n=3n^2+2n$，符合等差数列前$n$项和的特征，故$\{a_n\}$是等差数列，且首项是5，公差是6，故$a_n=6n-1$，$a_{100}=599$，所以联合也不充分．

16.（C）

【解析】“能确定xxx的值”型的题目，故从条件出发．

条件(1)：依题意得$\frac{a_1+a_2+a_3}{a_1+a_2}=\frac{3}{2}$，即$\frac{a_1+a_1q+a_1q^2}{a_1+a_1q}=\frac{1+q+q^2}{1+q}=\frac{3}{2}$，整理得$2q^2-q-1=0$，解得$q=1$或$q=-\frac{1}{2}$，公比不唯一，条件(1)不充分．

条件(2)：依题意得 $2a_nq^2=3a_nq+2a_n$，即 $2q^2=3q+2$，解得 $q=2$ 或 $q=-\frac{1}{2}$，公比不唯一，条件(2)不充分．

联合两个条件，得 $q=-\frac{1}{2}$，故联合充分．

17.（D）

【解析】题干给出 $\{a_n\}$ 的通项公式，结论的表述可以转化为相应的不等式，直接解出 λ 的取值范围，进而判断条件是否充分，故本题从结论出发．

若结论成立，则需满足 $a_{n+1}-a_n>0$，即 $(n+1)^2+\lambda(n+1)-n^2-\lambda n>0\Rightarrow\lambda>-2n-1$，不等式对于 $n\in\mathbf{N}_+$ 恒成立，则 $\lambda>(-2n-1)_{\max}$，即 $\lambda>-3$. 故两个条件单独都充分．

18.（D）

【解析】结论需要用到条件给的信息才能推导，故从条件出发．

条件(1)：$a_{n+1}=2a_n+1\Rightarrow a_{n+1}+1=2(a_n+1)$，故 $\{a_n+1\}$ 是首项为 2、公比为 2 的等比数列，即 $a_n+1=2\cdot2^{n-1}=2^n\Rightarrow a_n=2^n-1$，把它拆成一个等比数列 2^n 和常数列 -1，分别求和，则 $S_n=\frac{2(1-2^n)}{1-2}-n=2^{n+1}-2-n$，所以条件(1)充分．

条件(2)：两个条件是等价关系，故条件(2)也充分．

19.（B）

【解析】结论需要用到条件给的信息才能推导，故从条件出发．

条件(1)：由 $\frac{a_{n+1}}{a_n}=\frac{n+1}{n}$ 可知，相邻两项的比是变量，不是定值，显然不是等比数列，故条件(1)不充分．

条件(2)：$S_n=b^n-1$ 符合等比数列 $S_n=kq^n-k$ 的形式，则 $\{a_n\}$ 是等比数列，故条件(2)充分．

20.（D）

【解析】"能确定 xxx 的值"型的题目，故从条件出发．

由 $a_{p+q}=a_pa_q$，可知 $a_n=a_1a_{n-1}=a_1^2a_{n-2}=\cdots=a_1^n$.

条件(1)：已知 a_8，则 $a_8=a_1^8$，因为数列 $\{a_n\}$ 的各项均为正数，故 a_1 的值可以唯一确定，则 $a_9=a_1^9$ 可以确定，充分．

条件(2)：已知 a_1，则 $a_9=a_1^9$，显然可以确定，充分．

21.（B）

【解析】求 n 的值需要用到条件给的 $\{a_n\}$ 的信息才能计算，故从条件出发．

条件(1)：等比数列有偶数项，则 $q=\frac{S_{偶}}{S_{奇}}=\frac{170}{85}=2$，故所有项之和为 $S_{2n}=\frac{a_1(1-q^{2n})}{1-q}=\frac{1-4^n}{1-2}=85+170$，解得 $n=4$，条件(1)不充分．

条件(2)：等差数列有偶数项，则 $S_{偶}-S_{奇}=nd=210-190=20$，故所有项之和为 $S_{2n}=2na_1+\frac{2n(2n-1)d}{2}=2n+nd(2n-1)=2n+20(2n-1)=190+210$，解得 $n=10$，条件(2)充分．

22.（A）

【解析】结论需要用到条件给的信息才能计算，故从条件出发．

条件(1)：$a_4^2=a_3a_7$，即 $(a_1+3d)^2=(a_1+2d)(a_1+6d)$，整理得 $2a_1=-3d$，则

$$\frac{a_2+a_6}{a_3+a_7}=\frac{2a_1+6d}{2a_1+8d}=\frac{3d}{5d}=\frac{3}{5},$$

故条件(1)充分.

条件(2)：$a_3^2=a_2a_6$，即$(a_1+2d)^2=(a_1+d)(a_1+5d)$，整理得$2a_1=-d$，则

$$\frac{a_2+a_6}{a_3+a_7}=\frac{2a_1+6d}{2a_1+8d}=\frac{5d}{7d}=\frac{5}{7}\neq\frac{3}{5},$$

故条件(2)不充分.

23.(D)

【解析】题干给出了有关$\{a_n\}$详细的信息，$\{a_n\}$是已知的，那么T_n的表达式就可以进行化简.求T_n的最大值，只能从T_n的表达式入手推导，所以本题从结论出发.

$\begin{cases}a_3\cdot a_4=a_1\cdot a_6=32,\\a_1+a_6=33\end{cases}\Rightarrow\begin{cases}a_1=32,\\a_6=1\end{cases}$或$\begin{cases}a_1=1,\\a_6=32\end{cases}$(舍).所以$\lg a_1=\lg32>0$，$\lg a_6=\lg1=0$.因为$\{a_n\}$是递减数列，$y=\lg x$是递增函数，由复合函数单调性可知，$\lg a_n$是一个递减的数列，$\lg a_6$前的各项都大于0，$\lg a_6$后的各项都小于0，所以$T_n=\lg a_1+\lg a_2+\cdots+\lg a_n$在当$n=5$或$n=6$时，取到最大值，故条件(1)和条件(2)单独都充分.

24.(A)

【解析】"能确定xxx的值"型的题目，故从条件出发.

条件(1)：易知S_6和S_3均不为0，由连续等长片段和的结论可知$\frac{S_6-S_3}{S_3}=\frac{9S_3-S_3}{S_3}=8=q^3$，故$q=2$，$\frac{a_6+a_8}{a_2+a_4}=q^4=16$，条件(1)充分.

条件(2)：当$S_4=S_8=0$时，$q=-1$，此时$\frac{a_6+a_8}{a_2+a_4}=q^4=1$；

当S_8和S_4均不为0时，$\frac{S_8-S_4}{S_4}=\frac{3S_4-S_4}{S_4}=2=q^4$，$\frac{a_6+a_8}{a_2+a_4}=q^4=2$.

综上所述，$\frac{a_6+a_8}{a_2+a_4}$的值不唯一，故条件(2)不充分.

【易错警示】等比数列使用连续等长片段和结论的前提是$S_m\neq0$，当"长度"为奇数时可以直接使用，当"长度"为偶数时需要分情况讨论.

25.(D)

【解析】结论需要用到条件给的信息才能推导，故从条件出发.

条件(1)：数列$\left\{\frac{S_n}{n}\right\}$为等差数列，则有$\frac{S_n}{n}=An+B$($A$，$B$为常数)，故$S_n=An^2+Bn$，形如无常数项的二次函数，满足等差数列前$n$项和公式的特征，故$\{a_n\}$为等差数列，条件(1)充分.

条件(2)：当$n=1$时，$2a_1+1=2a_1+1$，恒成立；

当$n\geqslant2$时，$\begin{cases}2S_n+n^2=2na_n+n,\\2S_{n-1}+(n-1)^2=2(n-1)a_{n-1}+n-1,\end{cases}$两式相减得$2(n-1)a_n-2(n-1)a_{n-1}-2(n-1)=0$，整理得$a_n-a_{n-1}=1$，故$\{a_n\}$是公差为1的等差数列，条件(2)充分.

26.(C)

【解析】结论需要用到条件给的信息才能推导，故从条件出发.

条件(1)：举反例，令$\{a_n\}$的各项均为-1，不充分．
条件(2)：显然不充分．
联合两个条件．

方法一：$na_{n+1}=(n+1)a_n+1$两边同除以$n(n+1)$，得$\frac{a_{n+1}}{n+1}=\frac{a_n}{n}+\frac{1}{n(n+1)}$．故有

$$\frac{a_n}{n}=\frac{a_{n-1}}{n-1}+\frac{1}{(n-1)n},$$

$$\cdots$$

$$\frac{a_3}{3}=\frac{a_2}{2}+\frac{1}{2\times3},$$

$$\frac{a_2}{2}=\frac{a_1}{1}+\frac{1}{1\times2},$$

将上述式子累加，得$\frac{a_n}{n}=a_1+\frac{1}{1\times2}+\frac{1}{2\times3}+\cdots+\frac{1}{(n-1)n}=a_1+1-\frac{1}{n}$，故$a_n=n(a_1+1)-1$，符合等差数列通项公式的特征．
又有$a_1>0$，显然$a_1+1>0$，数列$\{a_n\}$为单调递增数列，且首项$a_1>0$，故$\{a_n\}$是各项均为正数的等差数列，联合充分．

方法二：$na_{n+1}=(n+1)a_n+1$两边同除以$n(n+1)$，得$\frac{a_{n+1}}{n+1}=\frac{a_n}{n}+\frac{1}{n(n+1)}$，整理可得$\frac{a_{n+1}}{n+1}+\frac{1}{n+1}=\frac{a_n}{n}+\frac{1}{n}$，则$\left\{\frac{a_n}{n}+\frac{1}{n}\right\}$为常数列，即$\frac{a_n}{n}+\frac{1}{n}=a_1+1$，整理得$a_n=n(a_1+1)-1$，满足等差数列通项公式的特征．后续内容同方法一．

专项冲刺5 几何

1. 已知两圆柱体的侧面积相等．则两圆柱体的体积之比为4∶9.
(1)两圆柱底面半径之比为4∶9.
(2)两圆柱高之比为9∶4.

2. 已知直线l_1经过点$A(-2,m)$和点$B(m,4)$，直线l_2：$(m-2)x+y+1=0$，直线l_3：$(m+1)x+2y-2=0$．则能确定m的值．
(1)$l_1 /\!/ l_2$.　　(2)$l_2 \perp l_3$.

3. 能确定圆柱外接球的表面积．
(1)已知圆柱底面的直径．
(2)已知圆柱的轴截面为正方形．

4. 如图所示，在四边形$ABCD$中，$\angle A=90°$，已知BC的长度．则可以确定$\triangle BCD$的面积．
(1)对角线BD平分$\angle ABC$.
(2)已知AD的长度．

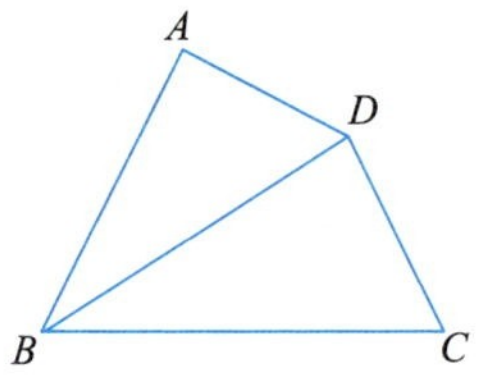

5. 如图所示，已知$EF /\!/ BC$．则能确定三角形AFE与梯形$BCEF$的面积比．
(1)$AF=\frac{1}{3}AB$.
(2)$EG=\frac{1}{3}CH$.

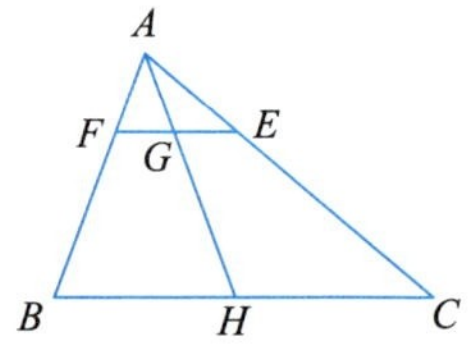

6. 如图所示，已知圆O是$\triangle ABC$的外接圆，且$BC=2\sqrt{3}$．则$\angle BAC=60°$.
(1)圆O的半径$r=2$.
(2)圆O的半径$r=\sqrt{6}$.

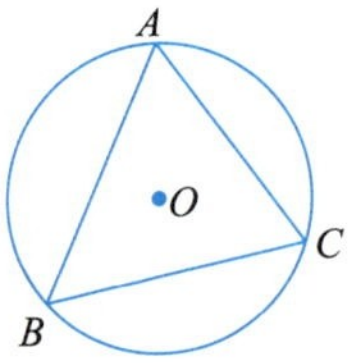

7. 过点A作圆$x^2+y^2=1$的切线为l．则直线l的方程为$x-\sqrt{3}y+2=0$.
(1)点A的坐标是$\left(-\frac{1}{2},\frac{\sqrt{3}}{2}\right)$.
(2)点A的坐标是$(1,\sqrt{3})$.

8. 已知点A，$B(4,1)$，点P是x轴上一点．则$|AP|+|BP|$的最小值为5.
(1)点A的坐标是$(0,2)$.
(2)点A的坐标是$(0,-2)$.

9. 如图所示，AB是圆O的直径．则$\angle CAB$的度数可以确定．
(1)已知$\angle ACD$的度数．
(2)已知$\angle ADC$的度数．

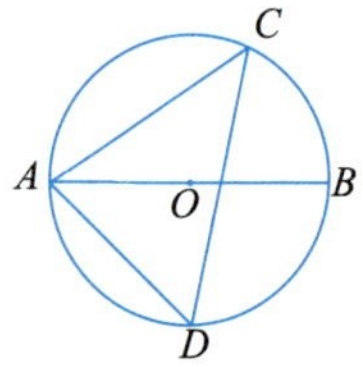

10. 正方体体积与球体体积之比大于 2.

(1)正方体的各面都与球相切.

(2)正方体表面积与球体表面积之比为 2∶1.

11. 如图所示，AB 是半圆的直径，C，D 为半圆的三等分点，E 为 AB 上一点.则可以确定阴影部分的面积.

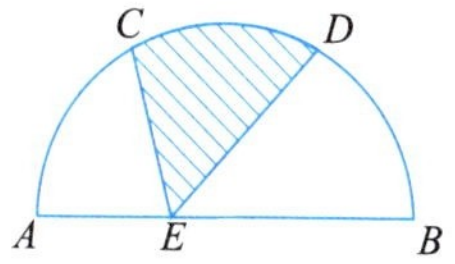

(1)已知 AE.

(2)已知 BE.

12. 如图所示，已知 $\mathrm{Rt}\triangle ABC$ 中 AC 和 BD 的长度，CD 是斜边 AB 上的高.则能确定圆 O 的面积.

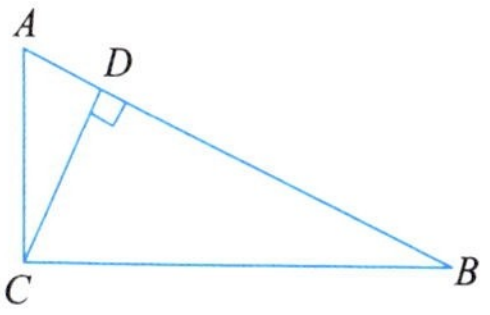

(1)圆 O 是 $\mathrm{Rt}\triangle ABC$ 的内切圆.

(2)圆 O 是 $\mathrm{Rt}\triangle ABC$ 的外接圆.

13. 如图所示，在 $\triangle ABC$ 中，D，E，F 分别是 AB，BC，AC 上的点，AE，BF，CD 交于点 O. 则 $\dfrac{AD}{AB}$ 的值可以确定.

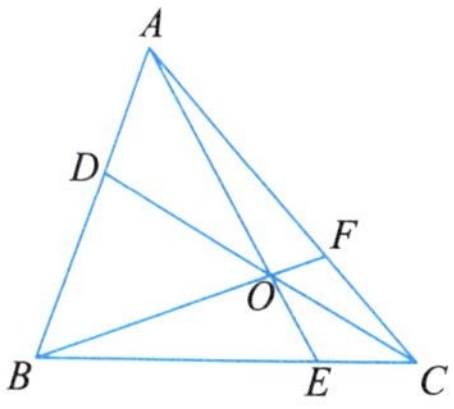

(1)$\dfrac{BE}{BC}=\dfrac{3}{4}$.

(2)$\dfrac{AF}{AC}=\dfrac{2}{3}$.

14. 已知圆 $(x-1)^2+(y-1)^2=4$ 和直线 $(1+\lambda)x+(2-\lambda)y+\lambda-5=0$. 则圆和直线有两个交点.

(1)$\lambda=\sqrt{2}$.

(2)$\lambda=\sqrt{3}$.

15. 已知 x，y 为实数. 则 $x^2+y^2\geqslant 1$.

(1)$4y-3x\geqslant 5$.

(2)$(x-1)^2+(y-1)^2\geqslant 5$.

16. 曲线所围成的封闭图形的面积为 16.

(1)曲线方程为 $|xy|+4=|x|+4|y|$.

(2)曲线围成一个正方形，且正方形有两条边分别在直线 $x+y-4\sqrt{2}=0$ 和 $x+y=0$ 上.

17. 两直线 $y=x+1$，$y=ax+7$ 与 x 轴所围成的面积是 $\dfrac{27}{4}$.

(1)$a=-3$.

(2)$a=-2$.

18. 已知实数 x，y. 则 x^2+y^2 的最小值为 $6-4\sqrt{2}$.

(1)$x^2+y^2-2x-4y+1=0$.

(2)$x^2+y^2-2x-2y-2=0$.

19. 设集合 $A=\{(x,\ y)\mid y-x\geqslant 0\}$，$B=\{(x,\ y)\mid (x-a)^2+(y-b)^2\leqslant 1\}$. 则 $A\cap B$ 所表示的平面图形的面积为$\frac{\pi}{2}$.

(1)$a+b=0$.

(2)$a-b=0$.

20. 如图所示，在菱形 $ABCD$ 中，点 E，F，G，H 分别是各边的中点. 则 $EH=\sqrt{3}EF$.

(1)$AB=2EF$.

(2)$\angle ABC=60°$.

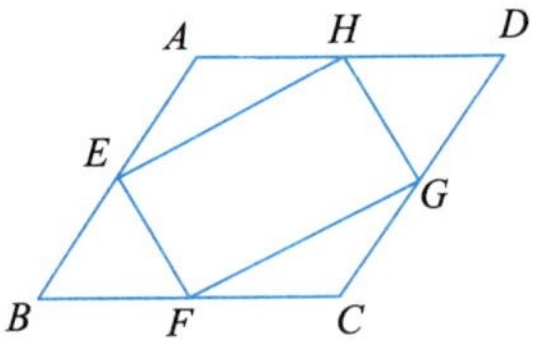

21. 可以确定扇形面积的最大值.

(1)已知扇形的周长.

(2)已知扇形的弧长和圆心角.

22. 如图所示，一个两头密封的圆柱形水桶水平横放. 则能确定水的深度.

(1)已知水桶的底面直径.

(2)已知水面的宽度和水面与水桶最高点的距离.

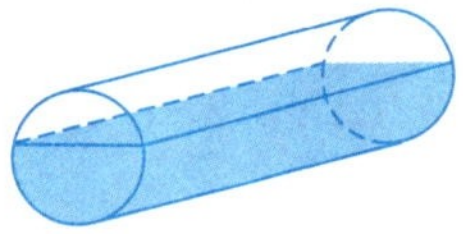

23. 已知圆 C：$x^2+y^2-4x-2y+3=0$，直线 l 经过点$(1,\ 0)$. 则 l 在 y 轴上的截距为 1.

(1)直线 l 被圆 C 截得的弦长为 $2\sqrt{2}$.

(2)直线 l 与圆 C 相切.

24. 已知 x，y 为实数. 则可以确定 $\sqrt{(x+2)^2+(y-3)^2}$ 的最大值和最小值.

(1)$(x-1)^2+(y-1)^2\leqslant 1$.

(2)$x^2+y^2\geqslant 2$.

25. 如图所示，在$\triangle ABC$ 中，D，E 分别是 AB，AC 的中点，F 是 BD 上的一点，连接 EF 并延长交 CB 的延长线于点 G，若$\triangle BFG$ 的面积为 6. 则$\triangle ABC$ 的面积可以确定.

(1)$DF=BF$.

(2)$EF=GF$.

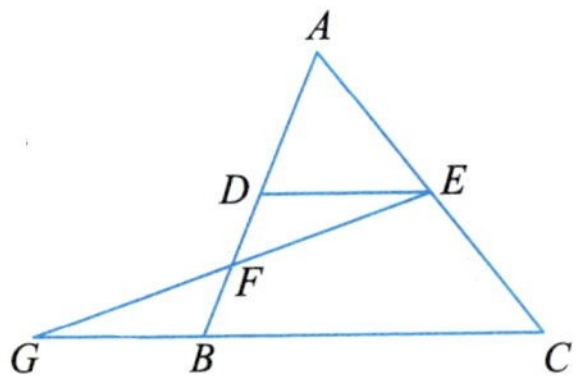

26. 用两个平行的平面去截一个球. 则能确定该球的半径.

(1)两个截面的面积分别为 π 和 4π，两个截面的距离为 1.

(2)两个截面位于球心同侧.

27. 如图所示，在$\triangle ABC$ 中，$DE\parallel AB$，BD 是$\angle ABC$ 的平分线，若 $EC=6$. 则 AB 的长度可以确定.

(1)$CD=6$.

(2)$BE=4$.

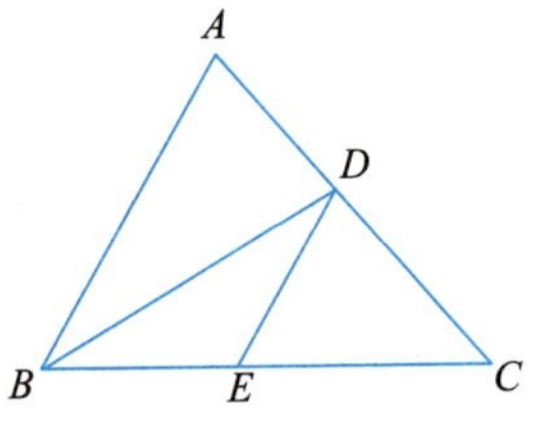

28. 三条直线 $2x-3y+1=0$，$2x+3y+5=0$，$mx-y-1=0$ 能构成三角形 .

(1)$m\neq\pm\frac{2}{3}$.

(2)$m<-\frac{2}{3}$.

29. 能确定过圆锥顶点的截面面积的最大值 .

(1)圆锥的母线长为 2.

(2)圆锥侧面展开图的圆心角为 $\sqrt{3}\pi$.

30. 已知 x，y 为实数 . 则 $x^2+(y-2)^2\geqslant1$.

(1)$x^2+y=1$.

(2)$|x|+|y-2|=1$.

31. 一束光线 l 射到 x 轴上，经 x 轴反射后，恰好与圆 $x^2+y^2-4x-4y+7=0$ 相切 .

(1)光线 l 所在直线方程为 $3x+4y-3=0$.

(2)光线 l 所在直线方程为 $4x+3y+3=0$.

32. 已知圆 C 上至少有三个点到直线 $y=kx$ 的距离为 1. 则 $k\geqslant0$.

(1)C：$x^2+y^2-2x-2y-2=0$.

(2)C：$x^2+y^2+2x+2y-2=0$.

33. 已知 x，y 为实数 . 则能确定 $x-2y$ 的最大值 .

(1)$x^2-y-2\leqslant0$.

(2)$x^2+y^2+1\leqslant2x+2y$.

34. 已知 $\angle POQ=30^\circ$，$\odot A$，$\odot B$ 的圆心 A，B 在射线 OQ 上，半径分别为 2 和 3，$\odot A$ 与射线 OP 相切 . 则 $\odot B$ 与 $\odot A$ 相交 .

(1)$5<OB<9$.

(2)$0<OB<9$.

35. 如图所示，AB 为圆 O 的直径，C 为圆 O 上一点，延长 CB 至 $CE=2CB$，连接 AE，交圆 O 于点 D. 则 AD 的长可以确定 .

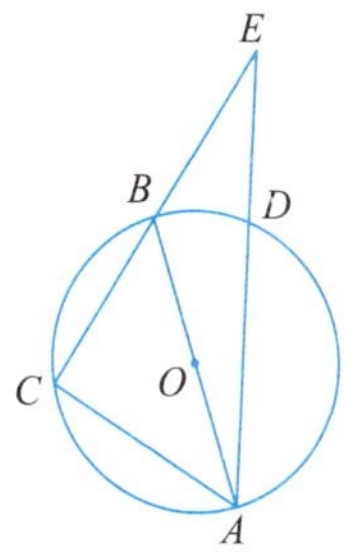

(1)$\angle E=30^\circ$.

(2)$AC=\sqrt{3}$.

36. 已知圆 O：$x^2+y^2=1$，动点 $P(x,y)$在圆 O 上运动 . 则可以确定 k 的最大值 .

(1)$y-1=k(x-2)$.

(2)$y-3=k(x-1)$.

37. 如图所示，在平行四边形 $ABCD$ 中，E 是 CD 延长线上的一点，连接 BE，交 AD 于点 F，若 $S_{\triangle DEF}=2$. 则能确定平行四边形 $ABCD$ 的面积.

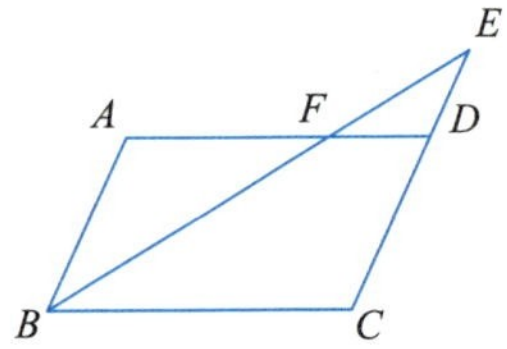

(1) $DE=\frac{1}{2}CD$.

(2) $AB=AF$.

38. 如图所示，平行四边形 $KLMN$ 是由一张长方形纸片和一张正方形纸片分别沿着对角线剪开后拼接而成，且中间空白部分四边形 $OPQR$ 恰好是正方形. 则能确定正方形纸片的面积.

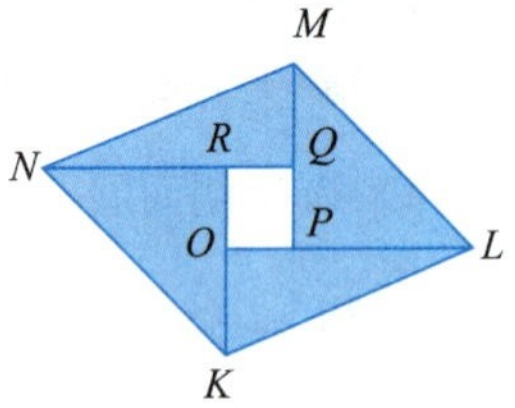

(1) 已知平行四边形 $KLMN$ 的面积.

(2) 已知长方形纸片的面积.

39. 如图所示，在圆 O 中，$AB\perp CD$ 于点 E，连接 AD，BC，若 $AD=CD=5$. 则弦 AB 的长可以确定.

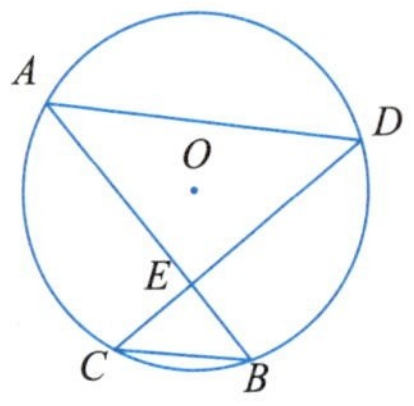

(1) $CE=\frac{1}{4}DE$.

(2) $AD/\!/BC$.

40. 如图所示，在$\triangle ABC$ 中，点 D，E 分别在边 BC，AC 上，AD 与 BE 相交于点 F. 则$\frac{BD}{CD}$的值可以确定.

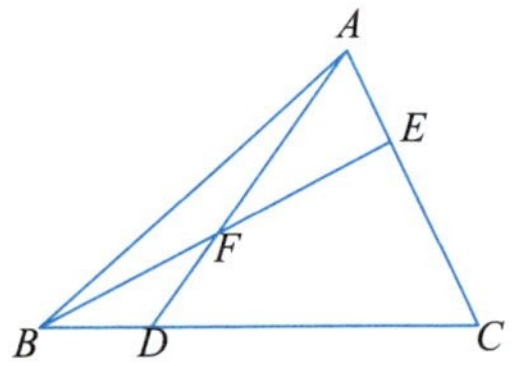

(1) $AE:CE=1:2$.

(2) F 是 BE 的中点.

41. 已知 x，y 是实数. 则$|x+y+1|$的最小值为 $5-\sqrt{2}$.

(1) $(x-2)^2+(y-2)^2\leqslant 1$.

(2) $(x+2)^2+y^2\leqslant 1$.

42. 如图所示，CD 是$\odot O$ 的直径，弦 $AB\perp CD$，垂足为点 M，分别以 DM，CM 为直径作两个圆$\odot O_1$ 和$\odot O_2$. 则可以确定阴影部分的面积.

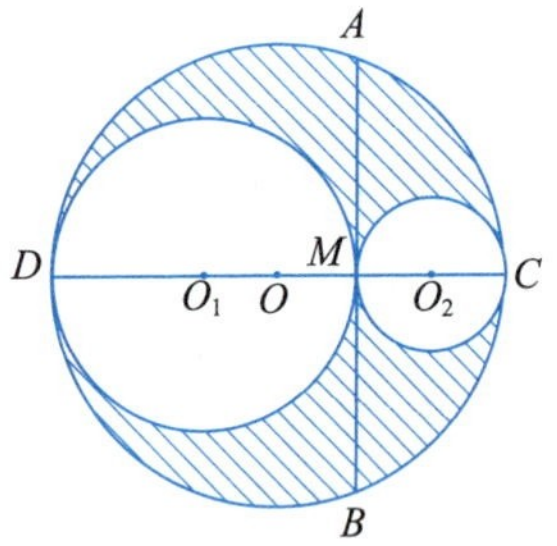

(1) 已知 CD 的值.

(2) 已知 AB 的值.

专项冲刺 5　答案详解

答案速查

1～5　(D)(E)(C)(C)(D)	6～10　(A)(A)(D)(B)(B)	11～15　(C)(D)(C)(D)(A)
16～20　(D)(B)(B)(B)(D)	21～25　(D)(B)(B)(A)(D)	26～30　(A)(B)(B)(C)(A)
31～35　(D)(D)(D)(A)(C)	36～40　(A)(A)(A)(D)(C)	41～42　(A)(B)

1. (D)

【解析】结论的计算需要用到条件所给的信息，故从条件出发．

条件(1)：两圆柱体的侧面积相等，则 $2\pi r_1h_1=2\pi r_2h_2$. 由底面半径之比为 4∶9，可得高之比为 9∶4，故体积之比为$\frac{V_1}{V_2}=\frac{\pi r_1^2h_1}{\pi r_2^2h_2}=\frac{4}{9}$，条件(1)充分．

条件(2)：显然两个条件是等价关系，故条件(2)也充分．

2. (E)

【解析】“能确定 xxx 的值”型的题目，且结论要确定 m 的值，需要用到条件所给的两条直线的位置关系，故从条件出发．

条件(1)：$l_1/\!/l_2$，则斜率相等，即$\frac{4-m}{m+2}=-(m-2)$，解得 $m=0$ 或 1. 经检验，两个解均符合题意，故不充分．

条件(2)：$l_2\perp l_3$，则$(m-2)(m+1)+2=0$，解得 $m=0$ 或 1，故不充分．

联合两个条件，$m=0$ 或 1，也不充分．

3. (C)

【解析】“能确定 xxx 的值”型的题目，故从条件出发．

圆柱外接球的直径=圆柱的体对角线，即 $2R=\sqrt{(2r)^2+h^2}$.

条件(1)：只知底面直径，不知圆柱的高，求不出圆柱的体对角线，不充分．

条件(2)：不知道正方形的边长，求不出圆柱的体对角线，不充分．

联合两个条件，由条件(2)可知 $h=2r$，则圆柱外接球半径为$\sqrt{2}r$，表面积为 $4\pi(\sqrt{2}r)^2=8\pi r^2$，联合充分．

4. (C)

【解析】“能确定 xxx 的值”型的题目，且题干仅给出$\angle A$ 的度数和 BC 的长度，其余信息未知，那么图形是不确定的，$\triangle BCD$ 的面积也就无法确定，故从条件出发．

条件(1)：BD 是角平分线，过点 D 作 $DE\perp BC$ 于点 E，因为$\angle A=90°$，由角平分线的性质知 $AD=DE$. 但是 DE 的长度未知，求不出$\triangle BCD$ 的面积，不充分．

条件(2)：只知 AD 的长度，求不出其他信息，显然不充分．

联合两个条件，$S_{\triangle BCD}=\frac{1}{2}BC\cdot DE=\frac{1}{2}BC\cdot AD$. 故联合充分．

5. (D)

【解析】"能确定 xxx 的值"型的题目，故从条件出发.

条件(1)：因为 $EF // BC$，由金字塔模型可知，$\triangle AFE \backsim \triangle ABC$，$\frac{S_{\triangle AFE}}{S_{\triangle ABC}}=\left(\frac{AF}{AB}\right)^2=\frac{1}{9}$，故三角形 AFE 与梯形 $BCEF$ 的面积比为 $1:8$，条件(1)充分.

条件(2)：因为 $EF // BC$，由金字塔模型可知，$\triangle AEG \backsim \triangle ACH$，$\triangle AFE \backsim \triangle ABC$，则 $\frac{EG}{CH}=\frac{AE}{AC}=\frac{AF}{AB}=\frac{1}{3}$，故两个条件是等价关系，条件(2)也充分.

6. (A)

【解析】结论想要确定$\angle BAC$ 的角度，需要用到条件所给的与圆 O 相关的数据，故从条件出发.

条件(1)：连接 OB，OC，过点 O 作 $OE \perp BC$ 于点 E，则 $BE=CE=\frac{1}{2}BC=\sqrt{3}$，又因为 $OB=r=2$，所以 $\sin\angle BOE=\frac{BE}{OB}=\frac{\sqrt{3}}{2}$，且$\angle BOE<90°$，所以$\angle BOE=60°$，$\angle BOC=2\angle BOE=120°$，由同弧所对的圆周角是圆心角的一半可知，$\angle BAC=\frac{1}{2}\angle BOC=\frac{1}{2}\times 120°=60°$. 条件(1)充分.

弦长确定，则圆的半径与圆周角只能唯一对应，所以两个条件是矛盾关系，最多有一个充分，已经求出条件(1)充分，则条件(2)一定不充分.(如果不能判断出矛盾关系，也可计算一遍条件(2)，见下方)

条件(2)：同理可得，$\sin\angle BOE=\frac{BE}{OB}=\frac{\sqrt{3}}{\sqrt{6}}=\frac{\sqrt{2}}{2}$，且$\angle BOE<90°$，所以$\angle BOE=45°$，$\angle BOC=90°$，$\angle BAC=\frac{1}{2}\angle BOC=\frac{1}{2}\times 90°=45°$. 故条件(2)不充分.

7. (A)

【解析】结论的计算需要用到点 A 的坐标，而条件给出了点 A 的坐标，故从条件出发.

条件(1)：易知$\left(-\frac{1}{2},\frac{\sqrt{3}}{2}\right)$在圆上，过圆 $x^2+y^2=1$ 上一点(x_0,y_0)的切线方程为 $x_0x+y_0y=1$，故可求得切线为 l：$-\frac{1}{2}x+\frac{\sqrt{3}}{2}y=1$，整理得 $x-\sqrt{3}y+2=0$，条件(1)充分.

条件(2)：易知$(1,\sqrt{3})$为圆外的点，过圆外一点可以作两条圆的切线，故切线方程不唯一，条件(2)不充分.

【注意】过圆$(x-a)^2+(y-b)^2=r^2$ 上的一点 $P(x_0,y_0)$作圆的切线，切线方程为

$$(x-a)(x_0-a)+(y-b)(y_0-b)=r^2.$$

8. (D)

【解析】结论的计算需要用到点 A 的坐标，而条件给出了点 A 的坐标，故从条件出发.

条件(1)：因为点 $A(0,2)$，$B(4,1)$在 x 轴的同侧，作点 A 关于 x 轴的对称点 $A'(0,-2)$，连接 $A'B$，$|AP|+|BP|$的最小值即为 $A'B$. $A'B=\sqrt{4^2+[1-(-2)]^2}=5$. 故条件(1)充分.

条件(2)：因为点 $A(0,-2)$，$B(4,1)$在 x 轴的异侧，直接连接 AB 即可，两个条件是等价关系，故条件(2)也充分.

9.（B）

【解析】"能确定 xxx 的值"型的题目，且点 C 的位置不确定，则图形是不确定的，故不能从结论出发，需要结合条件所给的信息推导，故从条件出发．

条件(1)：连接 BD，已知$\angle ACD$ 的度数，由同弧所对的圆周角相等，可以确定$\angle ABD$ 的度数，进而可以确定$\angle BAD$ 的度数，但是无法确定$\angle CAB$ 的度数，故条件(1)不充分．

条件(2)：连接 BC. AB 是圆 O 的直径，所以$\angle ACB=90°$．由同弧所对的圆周角相等可知，$\angle ADC=\angle ABC$．故$\angle CAB=90°-\angle ABC=90°-\angle ADC$．故条件(2)充分．

10.（B）

【解析】结论的计算需要用到条件所给的信息，故从条件出发．

设正方体的边长为 a，球的半径为 r．

条件(1)：球是正方体的内切球，则球的直径＝正方体边长，即 $2r=a$．故正方体体积与球体体积之比为$\dfrac{a^3}{\frac{4}{3}\pi r^3}=\dfrac{8r^3}{\frac{4}{3}\pi r^3}=\dfrac{6}{\pi}<2$，条件(1)不充分．

条件(2)：根据题意，有 $6a^2=2\times 4\pi r^2\Rightarrow a=2r\sqrt{\dfrac{\pi}{3}}$．则$\dfrac{a^3}{\frac{4}{3}\pi r^3}=\dfrac{8r^3\sqrt{\left(\frac{\pi}{3}\right)^3}}{\frac{4}{3}\pi r^3}=2\sqrt{\dfrac{\pi}{3}}>2$，故条件(2)充分．

11.（C）

【解析】"能确定 xxx 的值"型的题目，常规做法为从条件出发，但是结论要确定的阴影部分的面积可以很容易地在图上通过割补等方法表示出来，故可以从结论出发，先将阴影面积进行等价转化，再用条件的已知信息来推导等价结论．

几何题中的"能确定……的值"的题目容易出现从结论出发的情况，因为从结论出发反推可以快速找到正确的解题方法，同学们要注意区分．

设圆心为 O，连接 CD，OC，OD．易知$\triangle CED$ 与$\triangle COD$ 同底等高，所以 $S_{\triangle CED}=S_{\triangle COD}$，故阴影部分的面积等于 $S_{扇形COD}$．已知 C，D 为半圆的三等分点，所以$\angle COD=60°$，$S_{扇形COD}=\dfrac{\pi r^2}{6}$，知道 r 的值即可确定阴影部分的面积．

条件(1)和条件(2)单独显然不充分，联合．已知 AE，BE，则可以确定 AB 的值，$AB=2r$，所以 r 的值可以确定，即可以确定阴影部分的面积，联合充分．

12.（D）

【解析】"能确定 xxx 的值"型的题目，且结论需要确定圆 O 的面积，条件有明显的关于圆 O 的信息，故从条件出发．

由射影定理，可得 $AC^2=AD\cdot AB=AD\cdot(AD+BD)$，因为 AC 和 BD 已知，则 AD 可以确定，即 AB 可以确定，再由勾股定理可以得出 BC，因此 Rt$\triangle ABC$ 的三边长都可以确定．

由公式可得，其内切圆半径 $r=\dfrac{a+b-c}{2}=\dfrac{BC+AC-AB}{2}$，外接圆半径 $R=\dfrac{c}{2}=\dfrac{AB}{2}$，故能确定圆 O 的面积，两个条件单独皆充分．

13.(C)

【解析】"能确定 xxx 的值"型的题目，且点 D，E，F 的位置不能确定，则图形是不确定的，故不能从结论出发，需要结合条件所给的等量关系推导，故从条件出发.

条件(1)：只确定了点 E 的位置，点 D，F 的位置可以移动，显然不充分.

条件(2)：只确定了点 F 的位置，点 D，E 的位置可以移动，显然不充分.

联合两个条件，由燕尾模型可知，$S_{\triangle AOB}:S_{\triangle AOC}=BE:CE$，因为 $\frac{BE}{BC}=\frac{3}{4}$，所以 $\frac{BE}{CE}=\frac{3}{1}$，$S_{\triangle AOC}=\frac{1}{3}S_{\triangle AOB}$，同理可得 $S_{\triangle BOC}=\frac{1}{2}S_{\triangle AOB}$. 故 $S_{\triangle AOC}:S_{\triangle BOC}=AD:BD=\frac{1}{3}S_{\triangle AOB}:\frac{1}{2}S_{\triangle AOB}=2:3$，所以 $\frac{AD}{AB}=\frac{2}{5}$. 故联合充分.

【秒杀方法】由燕尾模型的结论可知，$\frac{BE}{EC}\cdot\frac{CF}{FA}\cdot\frac{AD}{DB}=1$，即 $\frac{3}{1}\cdot\frac{1}{2}\cdot\frac{AD}{DB}=1$，解得 $\frac{AD}{DB}=\frac{2}{3}$，所以 $\frac{AD}{AB}=\frac{2}{5}$. 故联合充分.

14.(D)

【解析】直线方程变形得 $(x-y+1)\lambda+x+2y-5=0$. 当 $\begin{cases}x-y+1=0,\\x+2y-5=0\end{cases}$ 时，该方程恒成立，解得 $\begin{cases}x=1,\\y=2,\end{cases}$ 所以该直线过定点(1，2). 将该点坐标代入圆的方程可得 $(1-1)^2+(2-1)^2<4$，说明直线所过定点在圆内，直线和圆相交，因此无论 λ 取何值，圆和直线一定有两个交点，故两个条件单独皆充分.

本题较为特殊，既不属于从条件出发，也不属于从结论出发，由题干可直接推出结论，无需条件的补充. 但如果并不能判断出直线过定点，也可以从条件出发，将 λ 的值代入计算.

15.(A)

【解析】结论的计算需要用到条件所给的 x，y 的关系式，故从条件出发.

$x^2+y^2\geqslant1$ 的几何意义为点 (x,y) 在圆 $x^2+y^2=1$ 上或圆外.

条件(1)：$4y-3x\geqslant5$ 的几何意义为点 (x,y) 在直线 $3x-4y+5=0$ 上或其上方. 圆心 $(0,0)$ 到直线 $3x-4y+5=0$ 的距离是 $d=\frac{|5|}{\sqrt{3^2+(-4)^2}}=1$，即直线与圆相切，画图易知，在直线上或其上方的点都在圆上或圆外，条件(1)充分.

条件(2)：$(x-1)^2+(y-1)^2\geqslant5$ 的几何意义为点 (x,y) 在圆 $(x-1)^2+(y-1)^2=5$ 上或圆外. 两个圆的圆心距为 $d=\sqrt{2}$，其满足 $\sqrt{5}-1<\sqrt{2}<\sqrt{5}+1$，因此两圆相交，$(x-1)^2+(y-1)^2\geqslant5$ 表示的部分点在圆 $x^2+y^2=1$ 内，故条件(2)不充分.

16.(D)

【解析】结论的计算需要用到条件所给的曲线方程，故从条件出发.

条件(1)：因为 $|xy|+ab=a|x|+b|y|$ 所围图形是矩形. 面积为 $S=4ab$. 故 $|xy|+4=|x|+4|y|$ 所围成的面积为 $4\times1\times4=16$，条件(1)充分.

条件(2)：易知两直线平行，则正方形的边长就是两直线的距离，即 $d=\frac{|C_1-C_2|}{\sqrt{A^2+B^2}}=\frac{4\sqrt{2}}{\sqrt{2}}=4$，故正方形的面积为 $4^2=16$，条件(2)充分 .

17. (B)

【解析】题干有未知数 a，条件分别给出了 a 的值，代入即可计算，故从条件出发 .

条件(1)：当 $a=-3$ 时，两直线与 x 轴的交点分别是 $(-1,\ 0)$，$\left(\frac{7}{3},\ 0\right)$，则围成的三角形的底边长为 $\frac{7}{3}-(-1)=\frac{10}{3}$. 两直线的交点为 $\left(\frac{3}{2},\ \frac{5}{2}\right)$，则三角形的高是 $\frac{5}{2}$. 因此三角形的面积为 $S=\frac{1}{2}\times\frac{10}{3}\times\frac{5}{2}=\frac{25}{6}$，条件(1)不充分 .

条件(2)：当 $a=-2$ 时，两直线与 x 轴的交点分别是 $(-1,\ 0)$，$\left(\frac{7}{2},\ 0\right)$，则三角形的底边长为 $\frac{9}{2}$. 两直线的交点为 $(2,\ 3)$，则三角形的高是 3. 故三角形的面积为 $S=\frac{1}{2}\times\frac{9}{2}\times3=\frac{27}{4}$，条件(2)充分 .

18. (B)

【解析】结论的计算需要用到条件所给的 x，y 的关系式，故从条件出发 .

x^2+y^2 可看作原点到圆上一点距离的平方 .

条件(1)：将圆的方程转化为标准方程为 $(x-1)^2+(y-2)^2=4$，圆心为 $(1,\ 2)$，半径为 2. 易知原点在圆外，圆外一点到圆上一点的最短距离为该点到圆心的距离减去半径，即 $\sqrt{(0-1)^2+(0-2)^2}-2=\sqrt{5}-2$，则 x^2+y^2 的最小值为 $(\sqrt{5}-2)^2=9-4\sqrt{5}$，故条件(1)不充分.

条件(2)：将圆的方程转化为标准方程为 $(x-1)^2+(y-1)^2=4$，圆心为 $(1,\ 1)$，半径为 2. 易知原点在圆内，圆内一点到圆上一点的最短距离为半径减去该点到圆心的距离，即 $2-\sqrt{(0-1)^2+(0-1)^2}=2-\sqrt{2}$，则 x^2+y^2 的最小值为 $(2-\sqrt{2})^2=6-4\sqrt{2}$，故条件(2)充分 .

19. (B)

【解析】两个条件是 a，b 的关系式，代入题干也无法唯一确定集合 B，而结论是关于集合 A 和 B 的运算，可以进行等价转化，故从结论出发 .

集合 A 所表示的区域是直线 $y-x=0$ 上及其上方区域；集合 B 所表示的区域是圆心为 $(a,\ b)$、半径为 1 的圆及其内部，其面积为 π.

若 $A\cap B$ 所表示的平面图形的面积为 $\frac{\pi}{2}$，恰好是圆的面积的一半，则直线 $y-x=0$ 应该经过圆心 $(a,\ b)$，即 $b-a=0$. 故条件(1)不充分，条件(2)充分 .

20. (D)

【解析】题干的边、角关系都是未知的，故图形是不确定的，不能从结论出发，需要结合条件给的边、角关系推导，故从条件出发 .

条件(1)：连接 HF. 在菱形 $ABCD$ 中，$AB=BC$，E，F 分别是其中点，则有 $BE=BF=\frac{1}{2}AB$，又 $AB=2EF$，则$\triangle BEF$ 为等边三角形．由菱形对角线互相垂直和三角形中位线的性质可知，四边形 $EFGH$ 为矩形，$HF=AB$，$EH=\sqrt{(HF)^2-(EF)^2}=\sqrt{(2EF)^2-(EF)^2}=\sqrt{3}EF$，条件(1)充分．

条件(2)：$\angle ABC=60°$，又 $BE=BF$，则$\triangle BEF$ 为等边三角形．故两个条件为等价关系，条件(2)也充分．

21. (D)

【解析】“能确定 xxx 的值”型的题目，故从条件出发．

设扇形的半径为 r，弧长为 l，圆心角为 α.

条件(1)：已知扇形周长为 $c=2r+l$，则扇形面积为

$$S=\frac{1}{2}rl=\frac{1}{4}\times 2r\times l\leqslant\frac{1}{4}\times\left(\frac{2r+l}{2}\right)^2=\frac{1}{4}\times\left(\frac{c}{2}\right)^2=\frac{c^2}{16},$$

当且仅当 $2r=l$ 时，等号成立．故面积的最大值为$\frac{c^2}{16}$，条件(1)充分．

条件(2)：扇形的弧长 $l=\frac{\alpha}{360}\cdot 2\pi r$，扇形的弧长和圆心角已知，则半径可求出．又扇形的面积为$\frac{1}{2}lr$，其中弧长和半径均已知，则扇形的面积可唯一确定，该定值即为面积的最大值，故条件(2)充分．

【易错警示】有同学纠结条件(2)，误认为定值不是最值．但实际上对于常数函数，也就是$f(x)=c$而言，数学上规定 $f(x)_{\max}=f(x)_{\min}=c$.

22. (B)

【解析】“能确定 xxx 的值”型的题目，故从条件出发．

条件(1)：只知水桶底面直径，没有任何与水有关的信息，显然不充分．

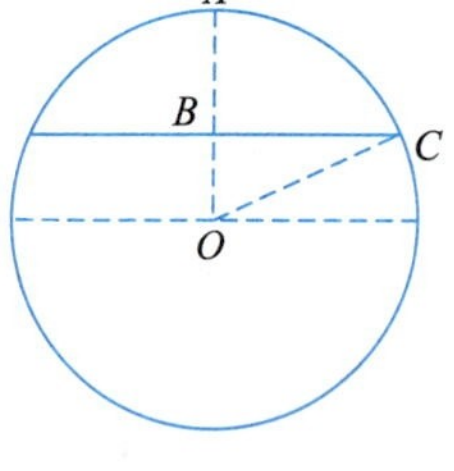

条件(2)：如图所示，已知水面的宽度和水面与水桶最高点的距离，即已知 BC，AB. 设水桶底面半径为 R，则有

$$BC^2+BO^2=OC^2\Rightarrow BC^2+(R-AB)^2=R^2,$$

方程中只有一个未知数 R，故能求出 R 的值，而水深为 $2R-AB$，故能确定水深，条件(2)充分．

23. (B)

【解析】结论的计算需要用到条件所给的信息，故从条件出发．

圆的方程可化为$(x-2)^2+(y-1)^2=2$，圆心为(2，1)，半径为$\sqrt{2}$.

条件(1)：直线被圆截得的弦长为 $2\sqrt{2}$，等于直径，故直线过圆心(2，1)．又直线经过点(1，0)，则该直线的方程为 $y=x-1$，其在 y 轴上的截距为-1，故条件(1)不充分．

条件(2)：易知点(1，0)在圆上，过圆上一点的切线方程为$(x-2)(1-2)+(y-1)(0-1)=2$，即 $y=-x+1$，其在 y 轴上的截距为 1，故条件(2)充分．

24.（A）

【解析】"能确定 xxx 的值"型的题目，故从条件出发．

两个条件明显与圆的解析式有关，故可以运用数形结合思想．$\sqrt{(x+2)^2+(y-3)^2}$ 的最值可看作动点 (x, y) 到点 $(-2, 3)$ 距离的最值．

条件(1)：$(x-1)^2+(y-1)^2\leqslant 1$ 表示圆 $(x-1)^2+(y-1)^2=1$ 上或圆内的点．易知点 $(-2, 3)$ 在圆外，圆心 $(1, 1)$ 到点 $(-2, 3)$ 的距离为 $\sqrt{(-2-1)^2+(3-1)^2}=\sqrt{13}$，则动点 (x, y) 到点 $(-2, 3)$ 距离的最值分别为 $d_{\max}=\sqrt{13}+1$，$d_{\min}=\sqrt{13}-1$. 故条件(1)充分．

条件(2)：显然 x，y 均可以无穷大，故 $\sqrt{(x+2)^2+(y-3)^2}$ 没有最大值，条件(2)不充分．

25.（D）

【解析】"能确定 xxx 的值"型的题目，且点 F 的位置不确定，则图形是不确定的，需要结合条件所给的等量关系推导，故从条件出发．

条件(1)：因为 D，E 分别是 AB，AC 的中点，所以 $DE\parallel BG$，$BC=2DE$，故 $\angle DEF=\angle G$. 因为 $DF=BF$，且对顶角相等，所以 $\triangle DFE\cong\triangle BFG$(AAS)，则 $BG=DE$，所以 $\frac{BG}{BC}=\frac{1}{2}$.

由共角模型，得 $\frac{S_{\triangle BFG}}{S_{\triangle ABC}}=\frac{BG\cdot BF}{BC\cdot AB}=\frac{1}{2}\times\frac{1}{4}=\frac{1}{8}$，故 $S_{\triangle ABC}=6\times 8=48$，条件(1)充分．

条件(2)：同理可证 $\triangle DFE\cong\triangle BFG$，两个条件是等价关系，所以条件(2)也充分．

26.（A）

【解析】"能确定 xxx 的值"型的题目，故从条件出发．

条件(1)：两个截面的面积分别为 π 和 4π，则这两个截面的半径分别为 1 和 2.

两个截面可能位于球心同侧或异侧，如图所示．

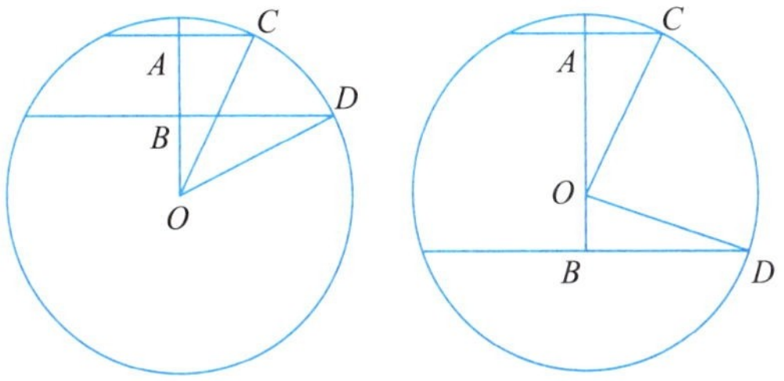

两个截面的半径 $AC=1$，$BD=2$，截面距离 $AB=1$，设 $OB=x$.

当两个截面位于球心同侧时，由 $AC^2+AO^2=BD^2+OB^2$ 得，$1+(1+x)^2=4+x^2\Rightarrow x=1$，则球的半径为 $\sqrt{2^2+1^2}=\sqrt{5}$；

当两个截面位于球心异侧时，由 $AC^2+AO^2=BD^2+OB^2$ 得，$1+(1-x)^2=4+x^2\Rightarrow x=-1<0$，不符合题意；

当半径为 2 的截面过球心时，经验证，也不符合题意．

综上所述，球的半径是 $\sqrt{5}$，条件(1)充分．

条件(2)：显然不充分．

27.（B）

【解析】"能确定 xxx 的值"型的题目，常规做法为从条件出发，但是条件只有长度的值，没有其他等量关系，如果从条件出发推导结论，容易没有头绪．因为题干给出了确定的图形，可以从结论出发，先在图形中推导等价结论．

因为 $DE/\!/AB$，所以$\angle BDE=\angle ABD$. 又因为 BD 是$\angle ABC$ 的平分线，所以$\angle ABD=\angle DBE$，故$\angle DBE=\angle BDE$，$DE=BE$. 由金字塔模型可知，$\triangle DEC\backsim\triangle ABC$，所以$\dfrac{DE}{AB}=\dfrac{EC}{BC}$.

条件(1)：$CD=6$，只能说明$\triangle CDE$ 是等腰三角形，求不出 DE 或 BE 的长，也就求不出 AB 的长，故条件(1)不充分．

条件(2)：$DE=BE=4$，即$\dfrac{4}{AB}=\dfrac{6}{10}$，所以 $AB=\dfrac{20}{3}$，条件(2)充分．

28. (B)

【解析】条件是 m 的取值范围，代入结论不好计算，结论给出三条直线方程的情况，可以转化为数学表达式计算，故从结论出发，求出 m 的取值范围，再判断条件是否充分．

当直线 $mx-y-1=0$ 与另外两条直线其中一条平行，或者过这两条直线的交点时，三条直线不能构成三角形．

直线 $2x-3y+1=0$，$2x+3y+5=0$，$mx-y-1=0$ 的斜率分别为$\dfrac{2}{3}$，$-\dfrac{2}{3}$，m，则 $m\neq\pm\dfrac{2}{3}$.

直线 $2x-3y+1=0$ 与 $2x+3y+5=0$ 的交点坐标为$\left(-\dfrac{3}{2},-\dfrac{2}{3}\right)$，当直线 $mx-y-1=0$ 过该点时，$m=-\dfrac{2}{9}$，则 $m\neq-\dfrac{2}{9}$.

综上所述，m 的取值范围为$m\neq\pm\dfrac{2}{3}$，且 $m\neq-\dfrac{2}{9}$.

故条件(1)不充分，条件(2)充分．

29. (C)

【解析】“能确定 xxx 的值”型的题目，故从条件出发．

两个条件单独皆不充分，联合．

设圆锥底面圆的半径为 r，则有 $2\pi r=\sqrt{3}\pi\times 2$，解得 $r=\sqrt{3}$. 易知过顶点的截面是腰长为 2 的等腰三角形，设顶角为 θ，则截面面积 $S=\dfrac{1}{2}\times 2\times 2\times\sin\theta=2\sin\theta$. 当 $\theta=\dfrac{\pi}{2}$时，$\sin\theta$ 有最大值 1，此时截面的底边长为$\sqrt{2}l=2\sqrt{2}$，显然小于底面圆的直径，故 $\theta=\dfrac{\pi}{2}$可取到，此时过圆锥顶点的截面面积取得最大值 $S=2$. 两个条件联合充分．

【易错警示】截面面积的最大值，并不一定是轴截面．

30. (A)

【解析】结论的计算需要用到条件所给的 x，y 的关系式，故从条件出发．且条件和结论都是含有字母的等式或不等式，可以通过举反例验证条件的不充分性．

方法一：结论可看作点(x,y)在圆 C：$x^2+(y-2)^2=1$ 上或圆外，利用数形结合思想．

条件(1)：方程表示点(x,y)在抛物线 $y=-x^2+1$ 上．计算可知，抛物线的顶点是$(0,1)$，圆 C 的最低点也是$(0,1)$，故该抛物线和圆仅有一个交点$(0,1)$，画图易知，抛物线上的点都在圆 C 上或圆外，条件(1)充分．

条件(2)：易知方程表示一个正方形，四个顶点分别为$(-1,2)$，$(1,2)$，$(0,3)$，$(0,1)$，计算可得这四个顶点都在圆 C 上，则圆 C 是正方形的外接圆，故正方形边上的点都在圆上或圆内，条件(2)不充分．

方法二：条件(1)：$x^2=1-y$，由 $x^2\geqslant0$，得 $y\leqslant1$. 故 $x^2+(y-2)^2=1-y+(y-2)^2=y^2-5y+5$，是关于 y 的二次函数，开口向上，对称轴为 $y=\frac{5}{2}$，因为 $y\leqslant1$，故当 $y=1$ 时，y^2-5y+5 取到最小值 1，即 $x^2+(y-2)^2\geqslant1$，充分.

条件(2)：举反例，令 $x=\frac{1}{2}$，$y=\frac{3}{2}$，$x^2+(y-2)^2<1$，不充分.

31. (D)

【解析】结论的计算需要用到条件所给的光线 l 的方程，故从条件出发.

圆的标准方程为$(x-2)^2+(y-2)^2=1$，圆心为(2，2)，半径为 $r=1$，若直线与圆相切，则圆心到直线的距离等于半径.

易知，光线 l 所在直线与反射光线所在直线关于 x 轴对称，$f(x，y)=0$ 关于 x 轴的对称方程为$f(x，-y)=0$.

条件(1)：直线 $3x+4y-3=0$ 关于 x 轴对称的直线方程为 $3x-4y-3=0$. 圆心(2，2)到直线 $3x-4y-3=0$ 的距离 $d=\frac{|3\times2-4\times2-3|}{\sqrt{3^2+(-4)^2}}=1=r$，因此反射光线与圆相切，条件(1)充分.

条件(2)：直线 $4x+3y+3=0$ 关于 x 轴对称的直线方程为 $4x-3y+3=0$. 圆心(2，2)到直线 $4x-3y+3=0$ 的距离 $d=\frac{|4\times2-3\times2+3|}{\sqrt{4^2+(-3)^2}}=1=r$，因此反射光线与圆相切，条件(2)充分.

32. (D)

【解析】结论的计算需要用到条件所给的圆 C 的方程，故从条件出发.

设圆心到直线的距离为 d. 圆上至少有三个点到直线的距离为 1，即有三个点或四个点到直线的距离为 1，则有 $r\geqslant d+1$，

条件(1)：圆的标准方程为$(x-1)^2+(y-1)^2=4$，圆心为(1，1)，半径为 2，圆心到直线的距离为 $d=\frac{|k-1|}{\sqrt{k^2+1}}$. 故 $2\geqslant\frac{|k-1|}{\sqrt{k^2+1}}+1$，解得 $k\geqslant0$，故条件(1)充分.

条件(2)：圆的标准方程为$(x+1)^2+(y+1)^2=4$，圆心为(−1，−1)，半径为 2，同理可计算得 $k\geqslant0$，故条件(2)也充分.

【秒杀方法】两个条件的圆关于原点中心对称，$y=kx$ 也是关于原点中心对称的图形，由对称性可知两个条件为等价关系，只需计算一个即可.

33. (D)

【解析】“能确定 xxx 的值”型的题目，故从条件出发.

令 $x-2y=c$，则 $y=\frac{1}{2}x-\frac{1}{2}c$，$x-2y$ 的最大值可转化为直线 $y=\frac{1}{2}x-\frac{1}{2}c$ 在 y 轴上截距的最小值.

条件(1)：整理得 $y\geqslant x^2-2$，表示点在抛物线上或其上方内. 画图易知，当直线 $y=\frac{1}{2}x-\frac{1}{2}c$ 与抛物线 $y=x^2-2$ 相切时，在 y 轴上的截距最小，联立直线与抛物线的方程，得 $x^2-2=$

$\frac{1}{2}x-\frac{1}{2}c$，即 $2x^2-x-4+c=0$，令 $\Delta=1-4\times2\times(-4+c)=0$，解得 $c=\frac{33}{8}$，故 $x-2y$ 的最大值是$\frac{33}{8}$，条件(1)充分．

条件(2)：整理得$(x-1)^2+(y-1)^2\leqslant1$，表示点在以(1，1)为圆心、1 为半径的圆上或圆内．画图易知，当直线与圆相切时，截距取得最值，即圆心到直线的距离 $d=\frac{|1-2-c|}{\sqrt{5}}=1$，解得 $c=-1\pm\sqrt{5}$，则 c 的最大值为$-1+\sqrt{5}$，即 $x-2y$ 的最大值为$-1+\sqrt{5}$，条件(2)充分．

34.（A）

【解析】条件给出了 OB 的取值范围，直接代入不好计算，结论给出了两圆的位置情况，可以转化为数学表达式计算，故从结论出发，计算出 OB 的取值范围，再判断条件是否充分．

设⊙A 与射线 OP 的切点为 D，连接 AD. 因为$\angle POQ=30°$，故 $OA=2AD=4$.

若结论成立，则 $3-2<AB<3+2$，又 $AB=|OA-OB|$，解得 $0<OB<3$ 或 $5<OB<9$.

故条件(1)充分，条件(2)不充分．

35.（C）

【解析】"能确定 xxx 的值"型的题目，且题干的边、角关系都是未知的，故图形是不确定的，需要结合条件所给的边、角关系推导，故从条件出发．

条件(1)：已知条件中不包含任何一条线段的长度，显然不充分．

条件(2)：易知$\angle ACB=90°$，$AC=\sqrt{3}$，其他线段长度并不能由此得出，故条件(2)也不充分．

联合两个条件，$\angle ACB=90°$，$\angle E=30°$，$AC=\sqrt{3}$，则 $CE=\sqrt{3}AC=3$，$AE=2AC=2\sqrt{3}$. 因为 B 为 CE 的中点，则 $BE=\frac{1}{2}CE=\frac{3}{2}$. 由割线定理可得，$BE\cdot CE=DE\cdot AE$，解得 $DE=\frac{3\sqrt{3}}{4}$. 故 $AD=AE-DE=\frac{5\sqrt{3}}{4}$，两个条件联合充分．

36.（A）

【解析】"能确定 xxx 的值"型的题目，故从条件出发．

条件(1)：$y-1=k(x-2)$表示过定点(2，1)、斜率为 k 的直线．如图所示，当直线与圆 O 相切时，斜率有最值．直线的方程整理得 $kx-y-2k+1=0$，则圆心(0，0)到直线的距离为 $d=\frac{|-2k+1|}{\sqrt{1+k^2}}=1\Rightarrow k=0$ 或 $k=\frac{4}{3}$，故 k 的最大值为$\frac{4}{3}$. 条件(1)充分．

条件(2)：$y-3=k(x-1)$表示过定点(1，3)、斜率为 k 的直线．如图所示，当直线与圆 O 相切时，斜率有最值．因为存在一条垂直于 x 轴的切线，当直线无限接近该切线时，k 无限接近于正无穷，所以 k 没有最大值，条件(2)不充分．

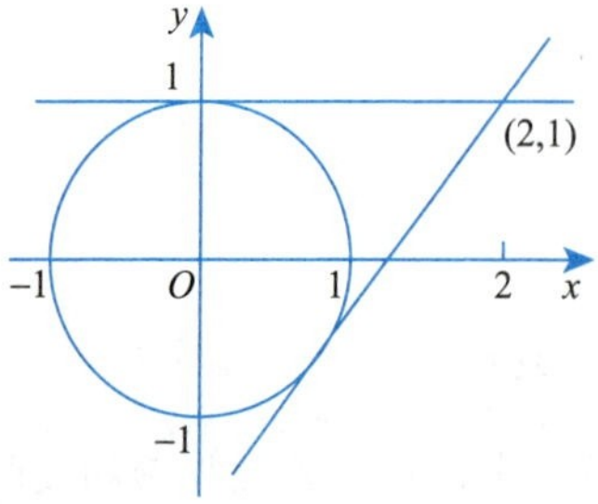

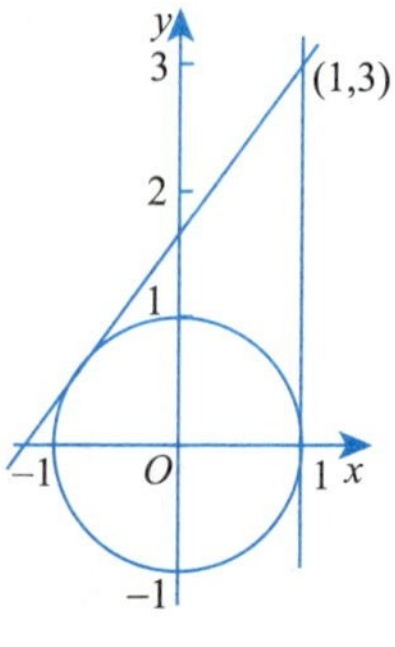

37. (A)

【解析】"能确定 xxx 的值"型的题目，且点 E，F 的位置不确定，则图形是不确定的，需要结合条件所给的等量关系推导，故从条件出发．

条件(1)：由 $DE=\frac{1}{2}CD$，可得$\frac{DE}{CE}=\frac{1}{3}$，由金字塔模型可得$\triangle DEF\backsim\triangle CEB$，则

$$\frac{S_{\triangle DEF}}{S_{\triangle CEB}}=\frac{1}{9}\Rightarrow S_{\triangle CEB}=18\Rightarrow S_{四边形DFBC}=16.$$

$\frac{DE}{AB}=\frac{DE}{CD}=\frac{1}{2}$，由沙漏模型可得$\triangle DEF\backsim\triangle ABF$，则$\frac{S_{\triangle DEF}}{S_{\triangle ABF}}=\frac{1}{4}\Rightarrow S_{\triangle ABF}=8.$

故平行四边形的面积为 $S_{平行四边形ABCD}=S_{四边形DFBC}+S_{\triangle ABF}=16+8=24$，条件(1)充分．

条件(2)：由 $AB=AF$ 求不出任何与面积相关的信息，故条件(2)不充分．

38. (A)

【解析】"能确定 xxx 的值"型的题目，且题干的边长都是未知的，需要结合条件所给的信息推导，故从条件出发．

设正方形纸片的边长为 a，正方形 $OPQR$ 的边长为 b，则长方形纸片的长为 $a+b$，宽为 $a-b$.

条件(1)：设平行四边形 $KLMN$ 的面积为 S，则有

$$a^2+b^2+(a+b)(a-b)=2a^2=S\Rightarrow a^2=\frac{S}{2}.$$

故正方形纸片的面积为$\frac{S}{2}$，条件(1)充分．

条件(2)：已知$(a+b)(a-b)=a^2-b^2$ 的值，b 的值不确定，求不出 a^2 的值，条件(2)不充分．

39. (D)

【解析】"能确定 xxx 的值"型的题目，且由题干可知图形是不确定的，需要结合条件所给的等量关系推导，故从条件出发．

条件(1)：因为 $CD=5$，$CE=\frac{1}{4}DE$，所以 $DE=4$，$CE=1$. 又 $AB\perp CD$，由勾股定理可得，$AE=\sqrt{AD^2-DE^2}=\sqrt{5^2-4^2}=3$. 由同弧所对的圆周角相等可知$\angle A=\angle C$，又对顶角相等，则$\triangle AED\backsim\triangle CEB$，所以$\frac{AE}{CE}=\frac{DE}{BE}$，则 $BE=\frac{CE\cdot DE}{AE}=\frac{4}{3}$，所以 $AB=AE+BE=3+\frac{4}{3}=\frac{13}{3}$，故条件(1)充分．

条件(2)：$AD\parallel BC$，则$\angle A=\angle B$，$\angle C=\angle D$. 由同弧所对的圆周角相等可知$\angle A=\angle C$，故$\angle B=\angle C$，$\angle A=\angle D$，则$\triangle AED$ 和$\triangle BEC$ 都是等腰直角三角形．故 $AB=AE+BE=DE+CE=CD=5$，因此条件(2)充分．

【秒杀方法】在条件(2)中，由图形的对称性可知 $ACBD$ 为等腰梯形，故 $AB=CD$，条件(2)充分.

40. (C)

【解析】"能确定 xxx 的值"型的题目，且点 D，E 的位置不确定，则图形是不确定的，需要结合条件所给的等量关系推导，故从条件出发．

条件(1)：点 D 可以在 BC 上移动，故 $BD:CD$ 的值不能确定，不充分.

条件(2)：点 D 和点 E 的位置都不固定，故 $BD:CD$ 的值不能确定，不充分.

联合两个条件. 连接 CF，因为 $AE:CE=1:2$，设 $S_{\triangle AEF}=x$，则 $S_{\triangle ECF}=2x$，$S_{\triangle ACF}=x+2x=3x$；因为 $BF=EF$，则 $S_{\triangle ABF}=x$，故 $\frac{S_{\triangle ABF}}{S_{\triangle ACF}}=\frac{x}{3x}=\frac{1}{3}$，即 $\frac{BD}{CD}=\frac{1}{3}$. 两个条件联合充分.

41. (A)

【解析】结论的计算需要用到条件所给的 x，y 的关系式，故从条件出发. 且条件和结论都是含有字母的代数式或不等式，可以通过举反例验证条件的不充分性.

条件(1)：$(x-2)^2+(y-2)^2\leqslant 1$ 表示点(x,y)在以$(2,2)$为圆心、1 为半径的圆上或圆内. 令 $z=x+y+1$，即 $y=-x+z-1$，则 $x+y+1$ 最小值可转化为"截距型"最值问题. 因为整个圆在第一象限，画图易知过圆上一点所作的直线 $y=-x+z-1$ 在 y 轴上的截距一定大于 0，即 $z>1$. 故 $|x+y+1|$ 的最小值即为 $x+y+1$ 的最小值.

易知直线与圆相切为临界点，此时 $d=\frac{|2+2+1-z|}{\sqrt{1+1}}=\frac{|5-z|}{\sqrt{2}}=1$，解得 $z=5\pm\sqrt{2}$，故 $|x+y+1|_{\min}=(x+y+1)_{\min}=z_{\min}=5-\sqrt{2}$，条件(1)充分.

条件(2)：举反例，令 $x=-1$，$y=0$，则 $|x+y+1|=0$，条件(2)不充分.

42. (B)

【解析】"能确定 xxx 的值"型的题目，常规做法为从条件出发，但是条件只有长度的值，没有其他等量关系，如果从条件出发推导结论，容易没有头绪. 因为题干给出了具体的图形，且结论所求的阴影部分的面积很好表示，由大圆减去两个小圆即可，故可以从结论出发，先将阴影面积转化成数学表达式，再用条件的已知信息推导等价结论.

令大圆半径为 R，两个小圆半径分别为 r_1，r_2，则有 $2R=2r_1+2r_2$，且

$$S_{阴影}=\pi R^2-\pi r_1^2-\pi r_2^2=\pi(r_1+r_2)^2-\pi r_1^2-\pi r_2^2=2\pi r_1 r_2.$$

条件(1)：记 $CD=a$，则 $r_1+r_2=\frac{a}{2}$，但是无法确定 r_1r_2 的值，条件(1)不充分.

条件(2)：连接 AD，AC. 记 $AB=b$，则 $AM=\frac{b}{2}$. 易知$\angle CAD=90°$，又 $AB\perp CD$，根据射影定理，可得 $AM^2=DM\cdot CM=2r_1\cdot 2r_2=4r_1r_2$，则 $r_1r_2=\frac{b^2}{16}$，因此 $S_{阴影}=2\pi r_1r_2=\frac{b^2}{8}\pi$，条件(2)充分.

专项冲刺 6　数据分析

1. 把六本不同书籍分成三组．则不同的分法共有 60 种．

(1)每组各有两本书．

(2)三组分别有一本、二本、三本书．

2. 从集合 A 中任取三个不同元素．则这三个元素能构成直角三角形三边长的概率为$\frac{1}{10}$.

(1)$A=\{3，4，5，6，8，10\}$.

(2)$A=\{5，6，8，10，12，13\}$.

3. 某奖池中的奖品为两个一等奖、若干个二等奖和三等奖，从中抽一个奖品．则能确定二等奖和三等奖的个数．

(1)抽中一等奖的概率为 0.2.

(2)抽中二等奖的概率为 0.4.

4. 已知某人每次射中目标的概率为$\frac{1}{2}$，共射击了 5 次．则 $P=\frac{13}{16}$.

(1)射中目标两次以上算成功，成功的概率为 P.

(2)至少射中目标两次的概率为 P.

5. 某餐厅供应午饭，每位顾客可以在餐厅提供的菜肴中任选 2 荤 2 素，现在餐厅准备了 5 种荤菜．则每位顾客有 200 种以上的选择．

(1)餐厅至少还需准备 7 种素菜．

(2)餐厅至少还需准备 6 种素菜．

6. 分别从集合 $A=\{1，3，6，7，8\}$，$B=\{1，2，3，4，5\}$中各取一个数记作 x 和 y. 则 $x+y\geqslant m$ 的概率为$\frac{9}{25}$.

(1)$m=10$.

(2)$m=12$.

7. 设二项式$\left(x+\frac{c}{x}\right)^6$ 的展开式中 x^2 的系数为 a，常数项为 b. 则 $c=2$.

(1)$a=60$.

(2)$b=160$.

8. 已知 10 件产品中可能存在次品，从中抽取 2 件检查．则能确定这 10 件产品的次品率．

(1)抽取的 2 件产品中，有 1 件次品的概率是$\frac{16}{45}$.

(2)该产品的次品率不超过 40%.

9. 某颁奖典礼中，有三男两女同时上台领奖．则共有 12 种不同的顺序．

(1)两名女生不能在两边．

(2)两名女生不能相邻．

10. 将 4 个不同口味的蛋糕分给甲、乙、丙三人．则不同的分法有 24 种．

(1)每人至少分 1 个．

(2)甲恰好分到 1 个．

11. 现有 7 个球，5 个盒子，每个盒子至少放一个球．则有 140 种方法．

(1)球不同，盒子相同．

(2)球相同，盒子不同．

12. 某鱼缸里有 8 条热带鱼和 2 条冷水鱼，为避免热带鱼咬死冷水鱼，现在把鱼缸出孔打开，让鱼随机游出，每次只能游出 1 条，直至 2 条冷水鱼全部游出就关闭出孔．则不同的游出方案有 336 种．

(1)恰好第 3 条鱼游出后就关闭出孔．

(2)恰好第 4 条鱼游出后就关闭出孔．

13. 在 3×3 的表格中填写 1，2，3 三个数字．则不同的填法种数大于 10.

(1)要求每一行、每一列均有这 3 个数字．

(2)要求每一行、每一列均有这 3 个数字，且正中央的数字是 2.

14. 数据 $-\sqrt{2}x_1+1$，$-\sqrt{2}x_2+1$，…，$-\sqrt{2}x_n+1$ 的标准差为 4.

(1)数据 x_1，x_2，…，x_n 的标准差为 2.

(2)数据 $\frac{x_1}{2}-\sqrt{2}$，$\frac{x_2}{2}-\sqrt{2}$，…，$\frac{x_n}{2}-\sqrt{2}$ 的方差为 2.

15. 某校从高三年级参加期末考试的学生中抽出 60 人，其成绩(均为整数)的频率分布直方图如图所示，从成绩是 80 分及以上的学生中选 m 人．则他们不都在同一分数段的概率小于 $\frac{1}{2}$.

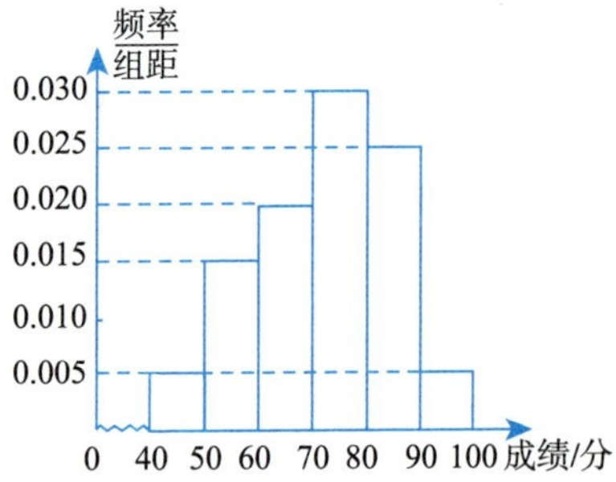

(1) $m=2$.

(2) $m=3$.

16. 某人有一串钥匙，但忘记了打开房门的是哪把，只好逐个试开．则此人不超过 3 次便能打开房门的概率是 $\frac{9}{10}$.

(1)共有 5 把钥匙，其中有 2 把房门钥匙．

(2)共有 8 把钥匙，其中有 3 把房门钥匙．

17. 某导弹的命中率为 0.6. 则至少有 99% 的把握命中目标．

(1)同时发射 5 枚导弹．

(2)同时发射 6 枚导弹．

18. 甲、乙、丙三位同学进行投篮测试，投不中的概率分别为 0.1，0.1，0.2，且每人投篮的结果互不影响．则 $P=0.026$.

(1)恰好有两位同学投不中的概率为 P.

(2)有两位同学投不中，其中一位是乙的概率为 P.

19. 袋子中有 6 个红球，4 个白球，甲、乙两人依次不放回地取球，甲先取 n 个球，乙再取 1 个球，乙取到白球的概率为 P. 则 $P<\frac{1}{2}$.

(1)$n=1$.

(2)$n=2$.

20. 从 1 到 7 这 7 个自然数中，任取 3 个奇数，2 个偶数．则能组成 144 个无重复数字的五位数．

(1)3 个奇数相邻．

(2)2 个偶数相邻且位于 3 个奇数之前．

21. 甲、乙两人共同破解一台保险箱的密码，两人破解密码的结果相互独立．则可以确定密码被成功破解的概率．

(1)已知甲、乙至多一人能够成功破解的概率和甲、乙都能成功破解的概率．

(2)已知甲、乙两人都不能成功破解的概率．

22. 如图所示，用 4 种不同的颜色给图中的 8 个区域涂色，每种颜色至少使用一次，每个区域仅涂一种颜色，且相邻区域所涂颜色互不相同．则不同的涂色方案小于 200 种．

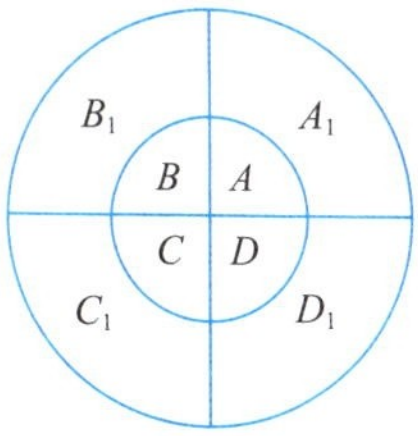

(1)区域 A，B，C，D 和 A_1，B_1，C_1，D_1 分别各涂 2 种不同颜色．

(2)区域 A，B，C，D 和 A_1，B_1，C_1，D_1 分别各涂 4 种不同颜色．

23. 6 个人坐两排，每排有 3 个凳子．则 $n=48$.

(1)其中甲、乙两人必须相邻，且丙不能坐两端，有 n 种不同的坐法．

(2)其中甲、乙两人必须在同一排，且与丙不同排，有 $2n$ 种不同的坐法．

24. 有 7 名大学生志愿者，每人至少会英语和日语中的一种，现从中选派 2 人担任日语翻译、2 人担任英语翻译．则不同的选派方法有 37 种．

(1)会英语的有 5 人．

(2)会日语的有 4 人．

25. 在一次国际动漫展览会上，某展位对购买周边的顾客每次随机赠送一个动漫角色徽章．假设一共有 5 种不同的动漫角色徽章．则某人购买了 n 次周边能集齐 5 种徽章的概率是$\frac{72}{625}$.

(1)$n=5$.

(2)$n=6$.

26. 由 1，2，3，4，5，6 组成无重复数字的六位数．则能组成 108 个不同的奇数．

(1)2 与 4 不相邻．

(2)4 与 6 不相邻．

27. $p>q$.

(1)样本甲 x_1，x_2，…，x_n 的平均数为 a，方差为 p，且 n 个样本不完全相同.

(2)样本乙 x_1，x_2，…，x_n，a 的平均数为 b，方差为 q.

28. 已知盒中原有红球和黑球若干个，现随机从中取出一个，观察其颜色后放回，并加上若干个同色球，再从盒中随机取出一个球．则能确定第二次抽出黑球的概率.

(1)已知盒中原有红球的个数和黑球的个数.

(2)已知第一次取球后新加上的同色球的个数.

29. 某生产线有 6 名男员工和 4 名女员工，其中有男、女组长各 1 名，现需选派 5 名员工前往新生产线．则共有 191 种不同的选派方案.

(1)至少选派一名组长.

(2)选派的人中至少有一名女员工，也要有组长.

30. 从 1，2，3，4，5，6 中选取 4 个数字组成四位数(可重复选取)，记四位数为$\overline{abcd}$．则满足 $a\leqslant b\leqslant c\leqslant d$ 的四位数有 105 个.

(1)各个数位上的数字不全相同.

(2)各个数位上的数字有相同的.

专项冲刺 6　答案详解

答案速查

1～5　(B)(D)(C)(B)(A)	6～10　(A)(B)(C)(C)(C)	11～15　(A)(B)(A)(B)(D)
16～20　(A)(B)(B)(D)(B)	21～25　(B)(A)(A)(C)(B)	26～30　(C)(C)(A)(B)(C)

1. (B)

【解析】结论的计算需要用到条件所给的分组方式，故从条件出发．

条件(1)：分成相同数量的三组，要消序，共有$\frac{C_6^2C_4^2C_2^2}{A_3^3}=15$(种)，所以条件(1)不充分．

条件(2)：分成不同数量的三组，共有 $C_6^1C_5^2C_3^3=60$(种)，所以条件(2)充分．

2. (D)

【解析】结论的计算需要用到条件所给的集合 A，故从条件出发．

条件(1)：能构成直角三角形的有 2 种情况，分别为$\{3,4,5\}$，$\{6,8,10\}$．

故任取三个元素能构成直角三角形三边长的概率为$\frac{2}{C_6^3}=\frac{1}{10}$，条件(1)充分．

条件(2)：能构成直角三角形的有 2 种情况，分别为$\{6,8,10\}$，$\{5,12,13\}$．

故任取三个元素能构成直角三角形三边长的概率为$\frac{2}{C_6^3}=\frac{1}{10}$，条件(2)充分．

3. (C)

【解析】“能确定 xxx 的值”型的题目，故从条件出发．

设二等奖有 m 个，三等奖有 n 个．

条件(1)：$\frac{2}{2+m+n}=0.2\Rightarrow m+n=8$，无法确定 m，n 的值，条件(1)不充分．

条件(2)：$\frac{m}{2+m+n}=0.4\Rightarrow 3m-2n=4$，无法确定 m，n 的值，条件(2)不充分．

联合两个条件，得$\begin{cases}m+n=8,\\3m-2n=4\end{cases}\Rightarrow\begin{cases}m=4,\\n=4,\end{cases}$所以二等奖有 4 个，三等奖有 4 个，联合充分．

4. (B)

【解析】结论求 P 的值，P 的计算是建立在条件的背景前提下的，故从条件出发．

易知每次射中和未射中目标的概率均为$\frac{1}{2}$.

条件(1)：根据条件可知成功的情况分为三种，①射中三次，概率为 $C_5^3\times\left(\frac{1}{2}\right)^5=\frac{5}{16}$；②射中四次，概率为 $C_5^4\times\left(\frac{1}{2}\right)^5=\frac{5}{32}$；③射中五次，概率为 $C_5^5\times\left(\frac{1}{2}\right)^5=\frac{1}{32}$. 故 $P=\frac{5}{16}+\frac{5}{32}+\frac{1}{32}=\frac{1}{2}$，条件(1)不充分．

条件(2)："至少射中两次"比"射中两次以上"只多了"射中两次"这种情况，射中两次的概率为$C_5^2\times\left(\frac{1}{2}\right)^5=\frac{5}{16}$，故至少射中两次的概率是$\frac{1}{2}+\frac{5}{16}=\frac{13}{16}$，条件(2)充分．

5. (A)

【解析】结论的计算需要用到条件所给的信息，故从条件出发．

餐厅准备的素菜品种越多，顾客的选择越多，故若条件(2)充分，则条件(1)一定充分，两个条件属于包含关系．可以先判断条件(2)的充分性．

条件(2)：$C_5^2C_6^2=150<200$，不充分．

条件(1)：$C_5^2C_7^2=210>200$，充分．

6. (A)

【解析】结论的计算需要用到条件所给的 m 的值，故从条件出发．

随机取 x，y，共有 $5\times5=25$(种)情况．

条件(1)：穷举法，当 $x=1$，3 时，y 无对应值；当 $x=6$ 时，$y=4$，5(2 种)；当 $x=7$ 时，$y=3$，4，5(3 种)；当 $x=8$ 时，$y=2$，3，4，5(4 种)．共有 9 种，故 $x+y\geqslant m$ 的概率为$\frac{9}{25}$，条件(1)充分．

条件(2)：穷举法，当 $x=1$，3，6 时，y 无对应值；当 $x=7$ 时，$y=5$(1 种)；当 $x=8$ 时，$y=4$，5(2 种)．共有 3 种，故 $x+y\geqslant m$ 的概率为$\frac{3}{25}$，条件(2)不充分．

7. (B)

【解析】结论的计算需要用到条件所给的 a 或 b 的值，故从条件出发．另外题干可以转化成数学表达式，可以先对题干进行化简．

由题意得 x^2 项为 $C_6^4x^4\left(\frac{c}{x}\right)^2=15c^2x^2$，故 $a=15c^2$；常数项为 $C_6^3x^3\left(\frac{c}{x}\right)^3=20c^3$，故$b=20c^3$．

条件(1)：$a=60$，即 $15c^2=60$，解得 $c=\pm2$，条件(1)不充分．

条件(2)：$b=160$，即 $20c^3=160$，解得 $c=2$，条件(2)充分．

8. (C)

【解析】"能确定 xxx 的值"型的题目，故从条件出发．

设 10 件产品中存在 n 件次品．

条件(1)：抽取的 2 件产品中有 1 件次品的概率是$\frac{C_n^1C_{10-n}^1}{C_{10}^2}=\frac{16}{45}$，化简得 $n^2-10n+16=0$，解得 $n=2$ 或 8. 故无法确定该产品的次品率，条件(1)不充分．

条件(2)：次品率不超过 40%，即 $n\leqslant4$，无法确定该产品的次品率，条件(2)不充分．

联合两个条件可知，$n=2$，故次品率为 20%，联合充分．

9. (C)

【解析】结论的计算需要用到条件所给的限定要求，故从条件出发．

条件(1)：5 个位置中，先在中间 3 个位置任选 2 个排女生，即 A_3^2；剩余 3 个位置再排男生，即 A_3^3. 共有 $A_3^2A_3^3=36$(种)，所以条件(1)不充分．

条件(2)：先排男生，即 A_3^3；再把女生插空，即 A_4^2. 共有 $A_3^3A_4^2=72$(种)，所以条件(2)不充分.

联合两个条件，两名女生既不能在两边又不能相邻，所以只能把两个女生排在第二位和第四位，男生全排列，共有 $A_2^2A_3^3=12$(种)，所以联合充分.

10. (C)

【解析】结论的计算需要用到条件所给的限定要求，故从条件出发.

条件(1)：将 4 个蛋糕分成 1，1，2 三组，然后分配给甲、乙、丙三人，即有 $\frac{C_4^1C_3^1C_2^2}{A_2^2}A_3^3=36$(种)，条件(1)不充分.

条件(2)：甲恰好分到 1 个，则先从 4 个蛋糕中选 1 个给甲，即 C_4^1；剩下的 3 个蛋糕都有 2 种选择，即 2^3. 由乘法原理得，共有 $C_4^1\times2^3=32$(种)，条件(2)不充分.

联合两个条件，甲恰好分到 1 个，剩下 3 个分给乙、丙两个人，每人至少 1 个，共有 $C_4^1C_3^2A_2^2=24$(种)分法，故两个条件联合充分.

11. (A)

【解析】条件分别给出了球和盒子的特点，结论的计算是建立在条件的背景前提下的，故从条件出发.

条件(1)：球不同，盒子相同，为不同元素分配问题. 7 个球分为 5 组，每组至少一个，有 2 种分法：1，1，1，1，3 或 1，1，1，2，2. 所以共有 $\frac{C_7^3C_4^1C_3^1C_2^1C_1^1}{A_4^4}+\frac{C_7^2C_5^2C_3^1C_2^1C_1^1}{A_2^2A_3^3}=140$(种)方法，条件(1)充分.

条件(2)：球相同，盒子不同，为相同元素分配问题，采用挡板法，共有 $C_{7-1}^{5-1}=15$(种)方法，所以条件(2)不充分.

12. (B)

【解析】结论的计算是建立在条件的背景前提下的，故从条件出发.

条件(1)：由题意得，前 2 条鱼游出 1 条冷水鱼，1 条热带鱼，第 3 条为另一条冷水鱼. 先选出 1 条热带鱼，有 C_8^1 种；再选出 1 条冷水鱼，有 C_2^1 种；2 条鱼全排列. 则不同游出方案的种数为 $C_8^1C_2^1A_2^2=32$. 条件(1)不充分.

条件(2)：由题意得，前 3 条鱼游出 1 条冷水鱼，2 条热带鱼，第 4 条为另一条冷水鱼. 先选出 2 条热带鱼，有 C_8^2 种；再选出 1 条冷水鱼，有 C_2^1 种；3 条鱼全排列. 则不同游出方案的种数为 $C_8^2C_2^1A_3^3=336$. 条件(2)充分.

13. (A)

【解析】结论的计算需要用到条件所给的 3 个数字的排列特点，故从条件出发.

条件(1)：先填第一行，有 $A_3^3=6$(种)填法；再填第二行，由 3 个元素的不对号入座结论知，有 2 种填法；最后填第三行，只有 1 种填法. 故不同的填法种数为 $6\times2\times1=12$. 条件(1)充分.

条件(2)：先填第二行，只有 1，2，3 和 3，2，1 这 2 种填法；再填第一行，由 3 个元素的不对号入座结论知，有 2 种填法；最后填第三行，只有 1 种填法. 故不同的填法种数为 $2\times2\times1=4$. 条件(2)不充分.

14. (B)

【解析】结论的计算需要用到条件所给的信息，故从条件出发．

标准差的性质为$\sqrt{D(ax+b)}=|a|\sqrt{D(x)}$．

条件(1)：数据x_1，x_2，…，x_n的标准差为2，则数据$-\sqrt{2}x_1+1$，$-\sqrt{2}x_2+1$，…，$-\sqrt{2}x_n+1$的标准差为$|-\sqrt{2}|\times 2=2\sqrt{2}$，不充分．

条件(2)：数据$\frac{x_1}{2}-\sqrt{2}$，$\frac{x_2}{2}-\sqrt{2}$，…，$\frac{x_n}{2}-\sqrt{2}$的方差为2，则标准差为$\sqrt{2}$．又$-\sqrt{2}x_n+1=-2\sqrt{2}\left(\frac{x_n}{2}-\sqrt{2}\right)-3$，故数据$-\sqrt{2}x_1+1$，$-\sqrt{2}x_2+1$，…，$-\sqrt{2}x_n+1$的标准差为$|-2\sqrt{2}|\times\sqrt{2}=4$，充分．

15. (D)

【解析】题干有未知数m，条件分别给出了m的值，代入即可计算，故从条件出发．

人越多，不都在同一分数段的概率越大，若条件(2)充分，则条件(1)一定充分，两个条件是包含关系，先判断条件(2)的充分性．

条件(2)：80～90与90～100分数段的人数分别为$60\times10\times0.025=15$，$60\times10\times0.005=3$．

当$m=3$时，要使他们不都在同一分数段，有两种情况：①在80～90分数段选2人，在90～100分数段选1人，即$C_{15}^2C_3^1$；②在80～90分数段选1人，在90～100分数段选2人，即$C_{15}^1C_3^2$．从80分及以上的学生中任选3人，共有C_{18}^3种情况．

故3名学生不都在同一分数段的概率为$\frac{C_{15}^2C_3^1+C_{15}^1C_3^2}{C_{18}^3}=\frac{15}{34}<\frac{1}{2}$，条件(2)充分．故条件(1)也充分．

16. (A)

【解析】结论的计算是建立在条件的背景前提下的，故从条件出发．

条件(1)：不超过3次能打开房门的反面为前3次打不开房门，故所求概率为$1-\frac{3}{5}\times\frac{2}{4}\times\frac{1}{3}=\frac{9}{10}$，充分．

条件(2)：同理可得，所求概率为$1-\frac{5}{8}\times\frac{4}{7}\times\frac{3}{6}=\frac{23}{28}$，不充分．

17. (B)

【解析】两个条件分别给出了发射的导弹数量，故可以从条件出发．但是从条件出发需要计算两遍，根据结论的表述可以看出，结论是可以列出不等式的，因此也可以从结论出发．

方法一：从条件出发．

同时发射的导弹数量越多，命中目标的概率越大，即若条件(1)充分，条件(2)一定充分，两个条件属于包含关系．

“命中目标”的含义是至少有一枚导弹命中，反面是“所有导弹都没有命中”．

条件(1)：所有导弹都没有命中的概率是0.4^5，故至少有一枚导弹命中的概率是$1-0.4^5<0.99$，不充分．

条件(2)：所有导弹都没有命中的概率是 0.4^6，故至少有一枚导弹命中的概率是 $1-0.4^6>0.99$，充分．

方法二：从结论出发．

根据题意可设需要发射 n 枚导弹，则命中概率为 $P=1-(0.4)^n$．若结论成立，则需满足 $P=1-(0.4)^n\geqslant 0.99$，即 $(0.4)^n\leqslant 0.01$，解得 $n\geqslant 6$，故条件(1)不充分，条件(2)充分．

18. (B)

【解析】结论求 P 的值，P 的计算是建立在条件的背景前提下的，故从条件出发．

条件(1)：恰好有两位同学投不中的情况有三种：①甲、乙不中，丙中：$P_1=0.1\times 0.1\times 0.8=0.008$；②甲、丙不中，乙中：$P_2=0.1\times 0.9\times 0.2=0.018$；③乙、丙不中，甲中：$P_3=0.9\times 0.1\times 0.2=0.018$．故 $P=P_1+P_2+P_3=0.044$，条件(1)不充分．

条件(2)：有两位同学投不中，其中一位是乙的情况，即条件(1)中的①和③，则 $P=P_1+P_3=0.026$，条件(2)充分．

19. (D)

【解析】不放回取球，典型的抽签模型，与 n 的值无关，可以直接计算．

由抽签模型可得乙取到白球的概率均为 $\frac{4}{10}<\frac{1}{2}$，两个条件单独都充分．

【注意】有同学没有意识到是抽签模型，从条件出发分别代入 n 的值进行计算，也是可以的，但是计算比较复杂．

20. (B)

【解析】结论的计算需要用到条件所给的限定要求，故从条件出发．

从 7 个数中，任取 3 个奇数，2 个偶数，有 $C_4^3C_3^2=12$(种)情况．

条件(1)：将 3 个奇数捆绑，内部排序，再和 2 个偶数进行全排列，共有 $A_3^3A_3^3=36$(种)情况．故能组成 $12\times 36=432$(个)无重复数字的五位数，条件(1)不充分．

条件(2)：2 个偶数全排列，3 个奇数全排列，且偶数在奇数之前，位置固定，共有 $A_2^2A_3^3=12$(种)情况．故能组成 $12\times 12=144$(个)无重复数字的五位数，条件(2)充分．

21. (B)

【解析】"能确定 xxx 的值"型的题目，计算结论的概率需要用到条件所给的信息，故可以从条件出发，但从条件出发需要计算两遍，而本题的结论是确定性的，且可以转化为数学表达式，通过化简可以得到密码被成功破解的概率情况，故可以从结论出发，先求出等价结论，再判断条件是否充分．

设甲、乙单独成功破解密码的概率分别为 P_1，P_2．

若甲、乙两人至少有一人成功破解，则该密码能被成功破解，其对立事件为甲、乙两人都不能成功破解，故所求概率为 $1-(1-P_1)(1-P_2)=P_1+P_2-P_1P_2$．

条件(1)：甲、乙至多一人能够成功破解的概率为 $1-P_1P_2$；甲、乙都能成功破解的概率为 P_1P_2．两个都是只能求出 P_1P_2，求不出 P_1+P_2，故条件(1)不充分．

条件(2)：甲、乙都不能成功破解的概率为 $(1-P_1)(1-P_2)$，那么密码能被成功破解的概率为 $1-(1-P_1)(1-P_2)$，故条件(2)充分．

22.(A)

【解析】结论的计算需要用到条件所给的信息，故从条件出发．

条件(1)：先考虑区域A，B，C，D，共涂2种不同颜色，则A和C，B和D同色，有$C_4^2A_2^2$种涂色方案；再涂A_1，B_1，C_1，D_1，则只能用剩余两种颜色(每种颜色至少使用一次)，此时内外圈相邻区域一定不同色，则A_1和C_1，B_1和D_1同色，有A_2^2种涂色方案．所以一共有$C_4^2A_2^2A_2^2=24$(种)不同的涂色方案．条件(1)充分．

条件(2)：先涂A，B，C，D，共有$A_4^4=24$(种)涂色方案，再涂A_1，B_1，C_1，D_1，因为A和A_1，B和B_1，C和C_1，D和D_1不同色，由4个元素的不对号入座问题，得A_1，B_1，C_1，D_1共有9种涂色方案，所以共有$A_4^4\times 9=216$(种)涂色方案．条件(2)不充分．

23.(A)

【解析】结论是求n的值，条件给出了和n相关的背景，故从条件出发．

条件(1)：丙不能坐两端，则丙一定坐中间位置，有2种选择；甲、乙相邻，则甲、乙一定不在丙的同排，且只有“左中、中右”2种选择，甲、乙内部排列；剩余3人任意排．故共有$2\times2\times A_2^2A_3^3=48$(种)坐法，即$n=48$，所以条件(1)充分．

条件(2)：丙先从两排中任选一排，再在3个位置中任选1个位置；甲、乙在另一排3个位置中任选2个位置排列；剩余3人任意排．故共有$C_2^1C_3^1A_3^2A_3^3=216$(种)坐法，即$2n=216\Rightarrow n=108$，所以条件(2)不充分．

24.(C)

【解析】结论的计算需要用到条件所给的信息，故从条件出发．

条件(1)不清楚会日语的人数，条件(2)不清楚会英语的人数，两个条件是变量缺失型互补关系，缺一不可，需要联合．

联合可知，有2人既会英语又会日语，3人只会英语，2人只会日语．

按照万能元素(既会英语又会日语的人)是否担任英语翻译进行分类讨论：

①万能元素都不担任英语翻译，有$C_3^2C_4^2=18$(种)情况；

②万能元素中有1人担任英语翻译，有$C_2^1C_3^1C_3^2=18$(种)情况；

③万能元素这2人都担任英语翻译，有$C_2^2C_2^2=1$(种)情况．

因此不同的选派方法有$18+18+1=37$(种)．联合充分．

25.(B)

【解析】结论中有未知数n，条件分别给出了n的值，代入即可计算，故从条件出发．

条件(1)：$n=5$，每次赠送都有5种可能，5次共有5^5种可能．集齐5种徽章，即每种徽章各1枚，且可以任意排列，故有A_5^5种可能．故概率为$\frac{A_5^5}{5^5}=\frac{24}{625}$，条件(1)不充分．

条件(2)：$n=6$，共有5^6种可能．集齐5种徽章的情况为：其中一种徽章有2枚，其余4种徽章各1枚．先选出有2枚的徽章，有C_5^1种；6枚徽章任意排列，其中2枚相同的徽章要消序，共有$\frac{A_6^6}{A_2^2}$种．故概率为$\frac{\frac{C_5^1A_6^6}{A_2^2}}{5^6}=\frac{72}{625}$，条件(2)充分．

26.（C）

【解析】结论的计算需要用到条件所给的限定要求，故从条件出发．

条件(1)：2 和 4 不相邻，故使用插空法．

先选个位数，必须为奇数，即 C_3^1；除 2，4 和选出的奇数外，将剩下的 3 个数全排列，即 A_3^3；这三个数之间有 4 个空，将 2，4 有序插入其中 2 个空，即 A_4^2.

故符合题意的不同奇数共有 $C_3^1A_3^3A_4^2=216$(个)，条件(1)不充分．

同理，条件(2)也不充分．

联合两个条件，4 既不与 2 相邻，也不与 6 相邻，且个位数为奇数，分为两种情况讨论：

①2 与 6 也不相邻：将所有的奇数全排列，即 A_3^3；剩余的偶数有序插入前三个空中，即 A_3^3.故符合题意的不同奇数共有 $A_3^3A_3^3$ 个．

②2 与 6 相邻：将所有的奇数全排列，即 A_3^3；将 2，6 捆绑在一起，与 4 一起在前三个空中选择两个位置插空，即 A_3^2；2 和 6 需内部排序，即 A_2^2. 故符合题意的不同奇数共有 $A_3^3A_3^2A_2^2$ 个．

所以，符合题意的不同奇数共有 $A_3^3A_3^3+A_3^3A_3^2A_2^2=108$(个)，两个条件联合充分．

27.（C）

【解析】结论的 p 和 q 是建立在条件的背景前提下的，故从条件出发．

显然两个条件是变量缺失型互补关系，缺一不可，需要联合．

条件(1)中样本甲的平均数为 $a=\frac{x_1+x_2+\cdots+x_n}{n}$，方差为 $p=\frac{1}{n}(x_1^2+x_2^2+\cdots+x_n^2-na^2)$.

条件(2)中样本乙的平均数为 $b=\frac{x_1+x_2+\cdots+x_n+a}{n+1}$，方差为

$$q=\frac{1}{n+1}[x_1^2+x_2^2+\cdots+x_n^2+a^2-(n+1)b^2].$$

根据平均数的关系，$(n+1)b-a=na\Rightarrow a=b$，因此

$$q=\frac{1}{n+1}[x_1^2+x_2^2+\cdots+x_n^2+a^2-(n+1)a^2]=\frac{1}{n+1}(x_1^2+x_2^2+\cdots+x_n^2-na^2),$$

$\frac{p}{q}=1+\frac{1}{n}>1$，所以 $p>q$，两个条件联合充分．

【秒杀方法】样本乙是在样本甲的基础上多了 x_1，x_2，…，x_n 的平均数，显然数据的离散程度降低，方差变小，即 $p>q$.

28.（A）

【解析】“能确定 xxx 的值”型的题目，可以从条件出发，但从条件出发需要计算两遍，而本题的结论是确定性的，可以推导出结论所求的概率的关系式，故可以从结论出发，先求出等价结论，再验证条件能否推出等价结论．

设盒中原有红球的个数为 a，黑球的个数为 b，第一次取球后新加上的球的个数为 c.

第二次抽出黑球的概率可分类讨论：

①若第一次抽出红球，则第二次抽出黑球的概率为 $P_1=\frac{a}{a+b}\cdot\frac{b}{a+b+c}=\frac{ab}{(a+b)(a+b+c)}$；

②若第一次抽出黑球，则第二次抽出黑球的概率为 $P_2=\frac{b}{a+b}\cdot\frac{b+c}{a+b+c}=\frac{b^2+bc}{(a+b)(a+b+c)}$.

综上，所求概率为$P=P_1+P_2=\dfrac{ab+b^2+bc}{(a+b)(a+b+c)}=\dfrac{b}{a+b}$. 故条件(1)充分，条件(2)不充分.

【易错警示】本题是典型的"单独充分陷阱"，很多同学读完题后觉得一共有三个未知量：黑球、白球和第一次取球后新加的球的数量，两个条件联合正好可以全部已知，故联合充分，误选(C)项.

29. (B)

【解析】结论的计算需要用到条件所给的限定要求，故从条件出发.

条件(1)：分为两种情况：选派1名组长和4名组员或选派2名组长和3名组员.

故共有$C_2^1C_8^4+C_2^2C_8^3=196$(种)不同的选派方案，条件(1)不充分.

条件(2)：方法一：分为以下两种情况：

①女组长入选，其他人任选，共有C_9^4种选派方案.

②女组长没有入选，则男组长入选，剩下的人任选，有C_8^4种选派方案，其中没有女员工的选法共有C_5^4种，故至少有一名女员工的选法为$C_8^4-C_5^4$种.

所以，不同的选派方案共有$C_9^4+(C_8^4-C_5^4)=191$(种)，条件(2)充分.

方法二：条件(1)的基础上减去没有女员工的情况即为所求. 没有女员工的情况为1名组长和4名组员全是男性，即从除了男组长以外的5名男员工中任选4人，有$C_5^4=5$(种)情况，故不同的选派方案有$196-5=191$(种)，条件(2)充分.

30. (C)

【解析】条件分别给出了数字的特点，结论的计算是建立在条件的背景前提下的，故从条件出发.

结论要求$a\leqslant b\leqslant c\leqslant d$，显然4个数的顺序已经固定，只需要将4个数选出来即可，无需排序.

条件(1)：分情况讨论：

①选出的数字为ABCD，则有$C_6^4=15$(种)选法；

②选出的数字为AABC，则有$C_6^3C_3^1=60$(种)选法；

③选出的数字为AAAB，则有$C_6^2C_2^1=30$(种)选法；

④选出的数字为AABB，则有$C_6^2=15$(种)选法.

故符合要求的四位数总共有$15+60+30+15=120$(个)，条件(1)不充分.

条件(2)：条件(1)中的情况②③④均符合，此外还有一类AAAA，有6种选法，故符合要求的四位数总共有$60+30+15+6=111$(个)，条件(2)不充分.

联合两个条件，即条件(1)中的情况②③④，故符合要求的四位数总共有$60+30+15=105$(个)，联合充分.

专项冲刺 7　应用题

1. 某少年宫的书法和绘画两个兴趣班共有 16 名男生、9 名女生．则书法班有 6 名女生．
(1)书法班的男生比女生多 4 人．
(2)绘画班的男生与女生人数之比为 2∶1.

2. 某小学一年级有一班、二班、三班共 3 个班，已知一班、二班、三班每个班学生的平均身高．则能确定该小学一年级学生的平均身高．
(1)已知一班、二班、三班的男生人数之比为 8∶5∶4.
(2)已知一班、二班、三班的女生人数之比为 8∶5∶4.

3. 某场演出有 100 元、200 元、500 元的门票共 100 张，且全部售出．则能确定每种门票的数量.
(1)已知 100 元和 200 元的门票数量相等．
(2)门票的总收入为 22 000 元．

4. 能确定母亲现在的年龄．
(1)母亲现在的年龄个位数跟十位数对调再减 10 岁是儿子年龄．
(2)再过 3 年母亲的年龄就是儿子年龄的 2 倍．

5. 某工程队修一段路，总长 5 600 米，已知好天气时每天修 1 000 米，坏天气时每天修 600 米．则能确定这几天中坏天气的天数．
(1)平均每天修 700 米．
(2)好天气与坏天气的天数之比是 1∶3.

6. 有两个盒子，各自都装有黑、白棋子，第一盒的棋子总数是第二盒的 2 倍．则将两盒棋子混合后，能确定白棋所占比例．
(1)两盒棋子的白棋数相等．
(2)第一盒棋子中，黑棋占 70%.

7. 在浓度为 50%的酒精溶液中加入若干纯酒精，再加入若干水后，得到浓度为 40%的酒精溶液．则初始酒精溶液有 600 克．
(1)加入 100 克纯酒精和 300 克水．
(2)加入 120 克纯酒精和 360 克水．

8. 已知今年父亲比儿子大 30 岁，n 年后父亲的年龄是儿子年龄的两倍．则能确定 n 的值．
(1)今年，父亲的年龄是儿子年龄的 3 倍．
(2)两年后，父亲的年龄是儿子年龄的 2.5 倍．

9. 甲、乙两人在 50 米的跑道上进行赛跑，若两人从起点同时起跑，甲到达终点时，乙离终点还差 3 米．则两人可以同时到达终点．
(1)两人重新开始比赛，乙从起点向前进 3 米．
(2)两人重新开始比赛，甲从起点向后退 3 米．

10. 小明到某出租车公司租车，该公司的收费标准是：租车时长不超过 3 天，每天收费 200 元；超过 3 天但不超过 7 天的部分，每天收费 150 元；超过 7 天的部分，每天收费 100 元．不足一天的按一天算．则小明租车时长大于 7 天．

(1)小明租车共花费 1 050 元．

(2)若小明少租 2 天，则租车费用将减少 250 元．

11. 某电影院在本月推出了两种观影套餐：豪华套餐和标准套餐，豪华套餐的价格是标准套餐价格的两倍．则该电影院本月收到的豪华套餐费用占所有套餐费用的 40%．

(1)本月购买套餐的观众有 25%选择了豪华套餐．

(2)电影院本月共收到观影套餐费用 240 万元．

12. 一辆汽车行驶在仅有上、下坡的甲、乙两地之间，下坡时每小时行 35 千米．则甲、乙两地相距 112 千米．

(1)汽车去往乙地时，在下坡路上行驶 2 个小时．

(2)汽车从乙地回来时，在下坡路上行驶了 1 个小时 12 分钟．

13. 春季期间商场举办促销活动，某商品成本不变，打折销售．则能确定该商品的折扣率．

(1)该商品的利润降低了 10%.

(2)原来可以买 8 件该商品的钱，现在可以买 10 件．

14. 甲、乙、丙三人一起加工一批零件，已知零件的总数和三人合做完成的时间．则能确定丙加工的件数．

(1)已知甲、乙的效率之和．

(2)已知甲、丙、乙三人各自加工的零件数量成等差数列．

15. 某商场推出了一项促销活动，低价出售 A，B，C 三种商品．则至少有 14 名顾客购买的商品组合完全相同．

(1)共有 85 名顾客参与了活动．

(2)购买两种商品的顾客有 40 名．

16. 某人有两件成本不同的衣服，最后以相同价格卖出．则此人亏本了．

(1)一件先涨价 20%再降价 20%，另一件先降价 20%再涨价 20%.

(2)一件亏本 20%，另一件赚 20%.

17. 某直线公路 AC 上有一点 B，$AB=240$ 米，$BC=210$ 米，现准备在公路上安装路灯，要求相邻两盏灯的间距相等且不超过 20 米．则至少要安装路灯 31 盏．

(1)A，C 两点各装一盏路灯．

(2)A，B，C 三点各装一盏路灯．

18. 某码头到了一批货物，码头的运输队要将这批货物送到仓库，已知运输队运送甲、乙两种货物每一箱分别获利 2.2 元和 3 元，若运输队的运货车每一次装运重量不超过 37 000 千克，体积不超过 2 000 立方米．则运输队每次的最大获利不少于 2 000 元．

(1)甲每一箱重 40 千克，体积为 2 立方米．

(2)乙每一箱重 50 千克，体积为 3 立方米．

19. 一列客车和一列货车在平行的轨道上相向行驶，已知客车与货车的速度之比是5∶3. 则可以确定两车的速度.
(1)已知两车车长.
(2)已知两车从车头相遇到车尾相离经过的时长.

20. 在一次公司员工的绩效评估中，某公司的员工绩效合格率为80%.
(1)男员工绩效合格率为70%，女员工绩效合格率为90%.
(2)男员工的平均绩效得分与女员工的平均绩效得分相等.

21. 甲、乙两人分别从A，B两地同时出发，5分钟后第一次相遇，第一次相遇时甲距离B地还有300米，两人相遇后继续朝目的地走去，并在到达后立刻掉头返回出发地. 则甲的速度为50米/分钟.
(1)第二次相遇时甲距离A地350米.
(2)第二次相遇时甲距离A地300米.

22. 甲、乙两名股民投资股票，今年第一季度两人对同一只股票同时进行了三次投资，由于市场波动，三次股票价格不同. 则第一季度末甲手上每股的均价要小于乙手上每股的均价.
(1)甲每次投资相等的资金.
(2)乙每次投资相同的股数.

23. 现有甲、乙两个工厂生产一批产品，甲厂每名工人的效率是乙厂每名工人效率的1.5倍. 则能确定甲、乙两个工厂的人数之比.
(1)甲工厂单独生产这批产品需要3个月.
(2)两个工厂共同生产这批产品需要2个月.

24. 已知10名同学的平均身高是1.5米. 则最多有5名同学的身高恰好是1.5米.
(1)身高低于1.5米的同学，他们的平均身高是1.2米.
(2)身高高于1.5米的同学，他们的平均身高是1.7米.

25. 师徒二人第一天一共加工零件225个，第二天采用了新工艺，一共加工零件300个. 则第二天师傅比徒弟多加工了10个零件.
(1)师傅第二天的效率比徒弟第二天的效率高$\frac{1}{12}$.
(2)师傅第二天的效率增加了24%，徒弟第二天的效率增加了45%.

26. 大力以2元/个的成本购入若干个苹果，按照定价卖出了全部苹果的$\frac{4}{5}$后，降价卖完剩下的苹果，最后居然不亏也不赚. 则可以确定苹果的定价.
(1)已知降价后的苹果单价.
(2)已知苹果的进货量.

27. 一个南北向修路项目，甲、乙两个工程队合作完成，甲从南往北修，乙从北往南修，两个工程队同时开工同时结束，已知最终完成项目时甲到北端的距离. 则这条路的长度可以确定.
(1)已知甲、乙单独完成项目所需时间.
(2)已知甲、乙每天修路的长度.

28. 某单位年终给甲、乙、丙三个部门的员工发奖金，甲部门平均每人得1万元，乙部门平均每人得2万元，丙部门平均每人得3万元．则甲、乙、丙三个部门的总人数至少为50.

(1)奖金总额为100万元．

(2)甲部门的人数不少于丙部门的人数．

29. 小明某次以每分钟200米的速度骑车去学校上学，骑行几分钟后发现，如果以这样的速度骑行一定会迟到，于是加速前进，最终早到了2分钟．则他家距离学校5 000米．

(1)加速后，每分钟多骑行50米．

(2)以原速度骑车会迟到3分钟．

30. 某私人牧场的青草每天匀速生长，现牧民带自家的牛和羊进入牧场吃草，每头牛的食草量是每只羊的4倍．则可以确定把牛和羊全部放入，青草多少天后被吃光．

(1)若只放入牛，则牧场20天被吃光；若只放入羊，则牧场60天被吃光．

(2)牛与羊的数量比为1∶2.

31. 现有25人乘坐6辆小轿车，每辆小轿车最多坐5人．则第6辆小轿车至少有1人．

(1)第1辆比第2辆多坐1人．

(2)第3辆与第4辆的人数不同．

32. 某蓄水池有编号为1，2，3，4的4根流量不同的排水管，在水池装满水的情况下，由1，2，3号水管一起放水，需要8小时将水池排空；由2，3，4号水管一起放水，需要10小时将水池排空．如果按1，2，3，4，1，2，3，4，…的顺序，四根排水管轮流各开1小时．则最后由3号水管将水池排空．

(1)由1，4号水管一起放水，需要15小时将水池排空．

(2)由4号水管单独放，需要48小时将水池排空．

33. 一辆快车从甲地驶往乙地，一辆慢车从乙地驶往甲地，两车同时出发，匀速行驶．设行驶的时间为x(小时)，两车之间的距离为y(千米)，从两车出发至快车到达乙地的过程中y与x之间的函数关系如图所示．则能确定t的值．

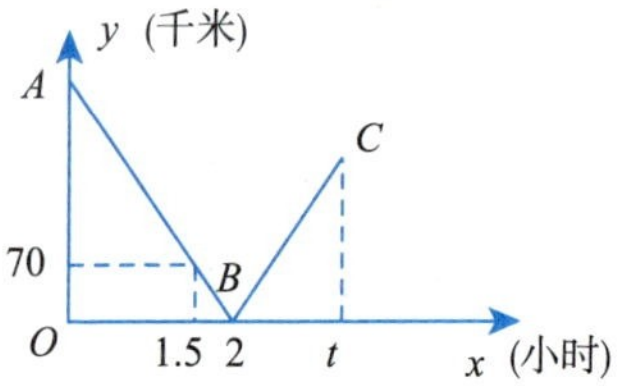

(1)快车的速度是80千米/小时．

(2)两车相遇时快车比慢车多行驶40千米．

34. 从两块重量分别为6千克和4千克的合金上切下重量相等的两块，把所切下的合金分别和另一块切剩的合金放在一起，熔炼后，两块合金的含银量相同．则能确定所切下的合金重量．

(1)原来两块合金的含银量不同．

(2)原来两块合金的含银量相同．

35. 已知A，B两个港口相距300千米，若甲船顺水自A驶向B，乙船同时逆水自B驶向A，两船在C处相遇；若乙船顺水自A驶向B，甲船同时逆水自B驶向A，两船在D处相遇．则能确定乙船的船速．

(1)C，D相距30千米．

(2)甲船的船速为27千米/小时．

专项冲刺 7　答案详解

答案速查

1～5　(C)(C)(C)(C)(D)	6～10　(C)(A)(D)(A)(B)	11～15　(A)(C)(B)(D)(B)
16～20　(B)(B)(C)(C)(E)	21～25　(A)(C)(C)(C)(B)	26～30　(A)(D)(C)(E)(C)
31～35　(D)(D)(D)(A)(E)		

1.(C)

【解析】结论要求书法班女生的数量，而条件直接给出了相关信息，故本题可以从条件出发.

考查应用题的条充题一般情况下都是从条件出发，专项 7 的后续题目解析将不再重复说明.

变量缺失型互补关系，两个条件单独显然都不充分，故需要联合.

设书法班女生人数为 x，绘画班女生人数为 y，则书法班男生人数为 $x+4$，绘画班男生人数为 $2y$. 由题意得

$$\begin{cases}x+y=9,\\x+4+2y=16\end{cases}\Rightarrow\begin{cases}x=6,\\y=3,\end{cases}$$

则书法班有 6 名女生，故两个条件联合充分.

2.(C)

【解析】变量缺失型互补关系，两个条件单独显然不充分，故联合.

联合可得一班、二班、三班的人数之比为 $8:5:4$. 设一班、二班、三班的平均身高分别为 a，b，c.

易知一年级学生的平均身高为三个班平均身高的加权平均值，即 $\frac{8a+5b+4c}{8+5+4}=\frac{8a+5b+4c}{17}$. 故两个条件联合充分.

3.(C)

【解析】条件(1)：显然不充分.

条件(2)：设 100 元、200 元、500 元的门票各有 x，y，$100-x-y$ 张，可得方程

$$100x+200y+500(100-x-y)=22\ 000,$$

整理得 $4x+3y=280$，此方程有多组解，如 $y=4$，$x=67$ 和 $y=8$，$x=64$ 等，故条件(2)不充分.

联合两个条件，则 $x=y$，代入 $4x+3y=280$，可解得 $x=y=40$，故 100 元、200 元、500 元的门票的数量分别为 40，40，20，联合充分.

4.(C)

【解析】条件(1)：设母亲今年的年龄为 $\overline{ab}=10a+b$，则儿子现在的年龄是 $\overline{ba}-10=10b+a-10$，显然无法确定 $\overline{ab}$ 的值，不充分.

条件(2)：儿子的年龄未知，无法求出母亲年龄，不充分.

联合两个条件，$10a+b+3=2(10b+a-10+3)$，化简可得 $19b-8a=17$，由奇偶性分析可得，b 一定为奇数且 $1\leqslant b\leqslant 9$，穷举可得 $b=3$，$a=5$. 故母亲的年龄可以确定，联合充分.

5. (D)

【解析】条件(1)：易知修这段路共用了 $5\ 600\div 700=8$(天). 设这几天中坏天气有 x 天，则好天气有 $8-x$ 天. 根据题意，可得 $1\ 000(8-x)+600x=5\ 600$，解得 $x=6$. 故这几天中坏天气有 6 天，条件(1)充分.

条件(2)：设这几天中好天气有 y 天，则坏天气有 $3y$ 天，由题意得 $1\ 000y+600\times 3y=5\ 600$，解得 $y=2$. 故这几天中坏天气有 6 天，条件(2)充分.

6. (C)

【解析】条件(1)：已知两盒棋子中白棋数量相等，但并不知道白棋或黑棋所占比例，不充分.

条件(2)：不清楚第二盒黑、白棋子数量之比，不充分.

联合两个条件，设第一盒黑、白棋子数量分别为 7，3，则第二盒白棋数量为 3，棋子总数为 5，故白棋所占比例为 $\frac{3+3}{10+5}=\frac{2}{5}$，联合充分.

7. (A)

【解析】方法一：条件(1)：设初始酒精溶液质量为 x 克. 根据题意，有 $\frac{50\%x+100}{x+100+300}=40\%$，解得 $x=600$，即初始酒精溶液有 600 克，条件(1)充分.

条件(2)：设初始酒精溶液质量为 x 克. 根据题意，有 $\frac{50\%x+120}{x+120+360}=40\%$，解得 $x=720$，即初始酒精溶液有 720 克，条件(2)不充分.

方法二：十字交叉法.

两个条件的酒精与水的比例相同，相当于加入的酒精浓度相同，但是总质量不同，而结论是唯一确定的，故两个条件是矛盾关系，最多只有一个充分.

先加入 100 克纯酒精，再加入 300 克水，即共加入了 400 克浓度为 25% 的酒精溶液. 使用十字交叉法，如图所示.

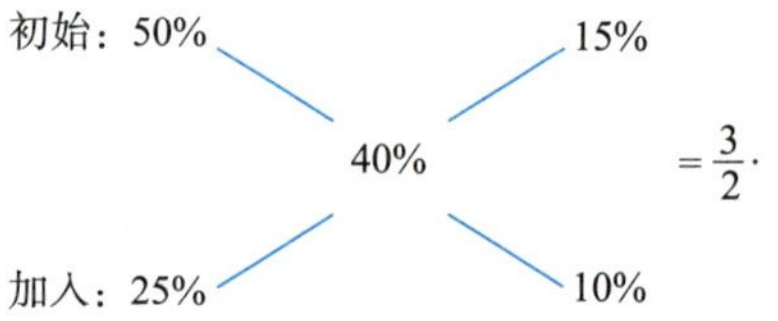

则初始溶液与加入溶液的质量比为 3∶2，故初始溶液为 $400\times\frac{3}{2}=600$(克)，条件(1)充分，则条件(2)不充分.

8. (D)

【解析】设儿子今年的年龄为 x 岁，则父亲今年的年龄为 $x+30$ 岁.

条件(1)：由题意得，$x+30=3x$，解得 $x=15$，即儿子今年的年龄为 15 岁，父亲今年的年龄为 45 岁. n 年后父亲的年龄是儿子年龄的两倍，则 $45+n=2(n+15)$，解得 $n=15$，条件(1)充分.

条件(2)：由题意得，$x+30+2=2.5(x+2)$，解得 $x=18$，即儿子今年的年龄为 18 岁，父亲今年的年龄为 48 岁．n 年后父亲的年龄是儿子年龄的两倍，则 $48+n=2(n+18)$，解得 $n=12$，条件(2)充分．

9.（A）

【解析】根据 $s=vt$ 可知，时间一定时，路程与速度成正比．设甲、乙的路程和速度分别为 s_1，s_2，v_1，v_2，根据题干可得$\frac{v_1}{v_2}=\frac{50}{47}$.

条件(1)：已知 $s_2=47$，则$\frac{s_1}{47}=\frac{50}{47}$，易得 $s_1=50$，因此两人同时到达终点，充分．

条件(2)：已知 $s_1=53$，则$\frac{53}{s_2}=\frac{50}{47}$，易得 $s_2\neq 50$，因此两人不可能同时到达终点，不充分．

10.（B）

【解析】条件(1)：由题可知，不超过 3 天的部分，一共收费 $3\times200=600$(元)；4 到 7 天的部分，一共收费 $4\times150=600$(元)．故如果租车 7 天，共花费 1 200 元，而 $1\ 050<1\ 200$，所以小明租车时长小于 7 天，条件(1)不充分．

条件(2)：因为 $250=150+100$，说明少租的 2 天减少的 250 元为第 7 天的 150 元和第 8 天的 100 元，则小明一共租了 8 天，条件(2)充分．

11.（A）

【解析】设本月购买套餐的观众有 a 人，标准套餐的价格为 x 元，则豪华套餐的价格为 $2x$ 元．

条件(1)：豪华套餐共 $2x\cdot0.25a=0.5ax$ 元；标准套餐共 $x\cdot0.75a=0.75ax$ 元．所以豪华套餐费用占所有套餐费用的$\frac{0.5ax}{0.5ax+0.75ax}\times100\%=40\%$，条件(1)充分．

条件(2)：不知道两种套餐的观众比例，显然不充分．

12.（C）

【解析】条件(1)：去往乙地的时候，下坡的路程为 $s_1=2\times35=70$(千米)，但是上坡的路程未知，条件(1)不充分．

条件(2)：从乙地回来时，下坡的路程为 $s_2=1.2\times35=42$(千米)，但是不知道上坡的路程，条件(2)不充分．

联合两个条件，从乙地回来时的下坡路即为去往乙地时的上坡路，故总路程 $s=s_1+s_2=112$ 千米，联合充分．

13.（B）

【解析】条件(1)：设原来的成本为 x，利润为 y，则商品的折扣率为$\frac{x+0.9y}{x+y}$，求不出其值，不充分．

条件(2)：设原来每件商品的售价为 1，则现在每件的售价为 $8\times1\div10=0.8$，故折扣率为 80%，充分．

14.（D）

【解析】设这批零件共 m 个，甲、乙、丙三人合做完成的时间为 t，则甲、乙、丙三人的效率之和为$\frac{m}{t}$.

条件(1)：已知甲、乙的效率之和，则丙的效率$=\frac{m}{t}-$甲、乙的效率之和，丙加工的件数=丙的效率$\times t$，充分．

条件(2)：甲、丙、乙三人各自加工的零件数量成等差数列，则$\begin{cases}甲+乙+丙=m,\\ 甲+乙=2\times丙,\end{cases}$解得丙$=\frac{m}{3}$，即丙加工的件数为$\frac{m}{3}$，充分．

15.(B)

【解析】条件(1)：每人至少买一种商品，因此全部的情况有$C_3^1+C_3^2+C_3^3=7$(种)，参加活动的顾客共85人，假设这7种情况全部均等的存在，则$85\div7=12\cdots\cdots1$，即至少有13名顾客购买的商品组合完全相同，条件(1)不充分．

条件(2)：三种商品任选两种的情况共有$C_3^2=3$(种)，购买两种商品的顾客共40人，假设这3种情况均等的存在，则$40\div3=13\cdots\cdots1$，即至少有14名顾客购买的商品组合完全相同，条件(2)充分．

16.(B)

【解析】条件(1)：没有售价与成本的大小关系，故无法判断盈亏，条件(1)不充分．

条件(2)：假设每件衣服售价为100元．亏本20%的衣服成本为$\frac{100}{1-20\%}=125$(元)，赚20%的衣服成本为$\frac{100}{1+20\%}=\frac{250}{3}$(元)．故两件衣服的总利润为$2\times100-125-\frac{250}{3}=-\frac{25}{3}$(元)，即亏本$\frac{25}{3}$元，条件(2)充分．

17.(B)

【解析】条件(1)：A，C两点各装一盏路灯，故路灯的间距应该是$240+210=450$的约数．对450分解质因数，可得$450=2\times3^2\times5^2$，其中不超过20的约数中最大的是$2\times3^2=18$，故至少要安装$\frac{450}{18}+1=26$(盏)路灯，条件(1)不充分．

条件(2)：A，B，C三点各装一盏路灯，故路灯的间距应该是240和210的公约数．对240和210分别分解质因数，可得$240=2^4\times3\times5$，$210=2\times3\times5\times7$．其中不超过20的公约数中最大的是$3\times5=15$，故至少要安装$\frac{450}{15}+1=31$(盏)路灯，条件(2)充分．

18.(C)

【解析】变量缺失型互补关系，两个条件单独显然不充分，故联合．

设每次运送甲x箱，运送乙y箱，每次获利z元，根据条件可列出不等式组

$$\begin{cases}x\geqslant0,\ y\geqslant0,\\ 40x+50y\leqslant37\ 000,\\ 2x+3y\leqslant2\ 000,\end{cases}$$

目标函数$z=2.2x+3y$．

直接取等法，令$\begin{cases}40x+50y=37\ 000,\\2x+3y=2\ 000,\end{cases}$解得$\begin{cases}x=550,\\y=300.\end{cases}$

故最大利润为 $z_{\max}=2.2\times550+3\times300=2\ 110$(元)，不少于 2 000 元，联合充分 .

19.(C)

【解析】两个条件单独显然都不充分，故联合 .

设客车的速度为 $5v$，货车的速度为 $3v$. 假设客车车长为 a，货车车长为 b，两车相遇到车尾相离经过的时长为 t，其路程为两车车长之和 $a+b$. 故有 $a+b=t(3v+5v)$，解得 $v=\frac{a+b}{8t}$，因此可以确定两车的速度，联合充分 .

20.(E)

【解析】条件(1)：没有男、女员工的人数比例，也没有具体人数，故无法计算员工的绩效合格率，不充分 .

条件(2)：只知道平均分的情况，不知道合格率的相关信息，显然不充分 .

联合两个条件，也无法得出男、女员工的人数比例或具体人数，故两个条件联合也不充分 .

21.(A)

【解析】条件(1)：设 A，B 两地相距 s 米 . 由题干得，第一次相遇时乙行驶的路程为 300 米，由多次相遇公式可知从出发到第二次相遇时乙行驶的总路程为 900 米，根据条件可知甲此时距离 A 地 350 米，即乙距离 A 地 350 米，则 $s=900-350=550$(米)，那么第一次相遇甲行驶的路程为 $s_{甲}=550-300=250$(米)，故 $v_{甲}=\frac{250}{5}=50$(米/分钟)，条件(1)充分 .

条件(2)：同理可得，$v_{甲}=60$ 米/分钟，故条件(2)不充分 .

【秒杀方法】结论唯一确定，在其他条件不变的基础上，第二次迎面相遇时甲到 A 地的距离也唯一确定，故两个条件为矛盾关系，计算出条件(1)充分后，条件(2)一定不充分，无需再计算 .

22.(C)

【解析】变量缺失型互补关系，两个条件单独显然不充分，故联合 .

设三次股价分别为 x，y，z 元，甲每次买入 n 元，乙每次买入 m 股，则甲手上的股票均价为 $\frac{3n}{\frac{n}{x}+\frac{n}{y}+\frac{n}{z}}=\frac{3}{\frac{1}{x}+\frac{1}{y}+\frac{1}{z}}$，乙手上的股票均价为 $\frac{mx+my+mz}{3m}=\frac{x+y+z}{3}$，因为算术平均值恒大于等于调和平均值，又 $x\neq y\neq z$，所以甲的股票均价较低，联合充分 .

23.(C)

【解析】设甲、乙两厂的人数分别为 x，y，乙厂每人每月的效率是 v，则甲厂每人每月的效率是 $1.5v$.

条件(1)：工作总量=每人的工作效率×时间×人数$=1.5v\cdot3\cdot x=4.5xv$，不清楚乙厂的情况，无法求出人数之比，不充分 .

条件(2)：工作总量=甲厂工作总量+乙厂工作总量$=1.5v\cdot2\cdot x+v\cdot2\cdot y=3xv+2yv$，没有其他信息，故无法求出人数之比，不充分 .

联合两个条件，有 $4.5xv=3xv+2yv$，整理得 $1.5x=2y$，则 $\frac{x}{y}=\frac{4}{3}$，故联合充分 .

24.(C)

【解析】条件(1)：举反例，当有1人为1.2米，1人为1.8米时，其余8名同学的身高都可以为1.5米，不充分.

条件(2)：举反例，当有1人为1.7米，1人为1.3米时，其余8名同学的身高都可以为1.5米，不充分.

联合两个条件，设身高低于1.5米的有x人，身高高于1.5米的有y人，则

$$1.2x+1.7y=1.5(x+y)\Rightarrow 3x=2y,$$

所以x最小为2，y最小为3，则身高恰好是1.5米的同学最多有$10-(2+3)=5$(名). 联合充分.

25.(B)

【解析】条件(1)：由题可知师傅第二天的效率和徒弟第二天的效率之比为13∶12，则工作总量之比也为13∶12，故每一份表示$300\div(13+12)=12$(个)零件，即第二天师傅比徒弟多加工了12个零件，条件(1)不充分.

条件(2)：设师傅和徒弟第一天分别加工x，y个零件，则

$$\begin{cases}x+y=225,\\1.24x+1.45y=300\end{cases}\Rightarrow\begin{cases}x=125,\\y=100.\end{cases}$$

因此第二天师傅比徒弟多加工$125\times1.24-100\times1.45=10$(个)零件，条件(2)充分.

26.(A)

【解析】设每个苹果定价为a元，降价后每个苹果为b元，苹果的进货量为m.

由于最后不赚不亏，则总的成本=总的收入，即$2m=\frac{4}{5}ma+\frac{1}{5}mb$，即$2=\frac{4}{5}a+\frac{1}{5}b$.

条件(1)：已知b，故可以确定a的值，条件(1)充分.

条件(2)：a的值与进货量m无关，条件(2)不充分.

27.(D)

【解析】条件(1)：令工程总量为1，已知甲单独完成项目需要m天，乙单独完成项目需要n天，则甲每天的效率为$\frac{1}{m}$，乙每天的效率为$\frac{1}{n}$. 因为甲、乙的工作时间相同，所以甲、乙完成的工作总量之比等于甲、乙的效率之比，即$\frac{1}{m}:\frac{1}{n}$. 根据题干可知最终完成项目时甲到北端的距离，即乙的工作总量，再根据甲、乙工作总量之比可求出甲的工作总量，甲、乙工作总量之和即为这条路的长度，故条件(1)充分.

条件(2)：已知甲的工作效率$v_{甲}$，乙的工作效率$v_{乙}$，根据题干可知乙的工作总量$s_{乙}$，故乙的工作时长为$t=\frac{s_{乙}}{v_{乙}}$，则总路长$s=(v_{甲}+v_{乙})t$，故条件(2)充分.

28.(C)

【解析】设甲、乙、丙部门的人数分别为a，b，c.

条件(1)：根据题意，有$a+2b+3c=100$. 举反例，令$a=2$，$b=1$，$c=32$，此时总人数为35，故不充分.

条件(2)：显然不充分.

联合两个条件，此时有$\begin{cases}a+2b+3c=100,\\a\geqslant c.\end{cases}$由于总奖金一定，若想求总人数的最小值，则应尽可能使丙部门的人数更多，即 c 尽可能大，a，b 尽可能小. 故令 $a=c$，此时有 $2b+4c=100\Rightarrow b+2c=50$，即 $a+b+c=50$，故三个部门至少有 50 人，联合充分.

29. (E)

【解析】条件(1)：原速度为 200 米/分钟，加速后为 250 米/分钟，但不知道骑行多长时间，故求不出家到学校的距离，条件(1)不充分.

条件(2)：不知道加速之后的速度，故求不出家到学校的距离，条件(2)不充分.

联合两个条件，设加速后行驶了 t 分钟，则有 $250t=200(t+2+3)$，解得 $t=20$. 加速后行驶的路程为 $250\times20=5\ 000$(米)，故小明家距离学校一定不是 5 000 米，联合也不充分.

30. (C)

【解析】设原本牧场草量为 a，每天新长的草量为 x，每只羊每天吃 1 个单位的草，则每头牛每天吃 4 个单位的草.

条件(1)：因为不知道最终放入的牛、羊数量方面的信息，不充分.

条件(2)：显然不充分.

联合两个条件，设牛的数量为 m，则羊的数量为 $2m$，根据题意可得

$$\begin{cases}a+20x=m\times20\times4,\\a+60x=2m\times60\times1\end{cases}\Rightarrow\begin{cases}x=m,\\a=60m.\end{cases}$$

设牛和羊一起吃草，需要 y 天才能将青草吃完，则有 $a+yx=m\times y\times4+2m\times y\times1$，将 $x=m$，$a=60m$ 代入，解得 $y=12$. 故联合充分.

31. (D)

【解析】若想使第 6 辆小轿车的人数最少，则需满足前 5 辆轿车的人数最多.

条件(1)：第 1 辆比第 2 辆多坐 1 人，则第 1～5 辆车最多坐 5，4，5，5，5 人，共 24 人，则第 6 辆小轿车至少有 1 人，充分.

条件(2)：第 3 辆与第 4 辆的人数不同，则第 3 辆和第 4 辆最多一个坐 5 人，一个坐 4 人，第 1，2，5 辆车最多坐 5 人，共 24 人，则第 6 辆小轿车至少有 1 人，充分.

【秒杀方法】两个条件和结论都有多种情况，但结论的反面只有一种情况，故本题可以从结论出发，而且是从反面思考.

反证法. 假设第 6 辆车没有人，则其余 5 辆车必须都坐满 5 人，即其余 5 辆车的人数相同，条件(1)和条件(2)均与此矛盾，故假设不成立，结论中的第 6 辆小轿车至少有 1 人自然成立，两个条件单独均充分.

32. (D)

【解析】令排水总量为 1. 设 1，2，3，4 号水管单独排光这池水所需时间分别为 a，b，c，d，则

$$\begin{cases}\dfrac{1}{a}+\dfrac{1}{b}+\dfrac{1}{c}=\dfrac{1}{8}①,\\\dfrac{1}{b}+\dfrac{1}{c}+\dfrac{1}{d}=\dfrac{1}{10}②.\end{cases}$$

条件(1)：由题可得$\frac{1}{a}+\frac{1}{d}=\frac{1}{15}$③，式①+式②+式③可得$\frac{1}{a}+\frac{1}{b}+\frac{1}{c}+\frac{1}{d}=\frac{7}{48}$，即四根水管排水一轮的效率为$\frac{7}{48}$. 当四根水管排水 6 个循环之后，排出了$\frac{7}{8}$的水，此时还剩下$\frac{1}{8}$的水，而1，2，3 号水管轮流各放 1 小时刚好完成$\frac{1}{8}$，因此最后一小时由 3 号水管排完，条件(1)充分.

条件(2)：由题可得$\frac{1}{d}=\frac{1}{48}$④，式①+式④可得$\frac{1}{a}+\frac{1}{b}+\frac{1}{c}+\frac{1}{d}=\frac{7}{48}$，两个条件是等价关系，故条件(2)也充分.

33. (D)

【解析】图中点 A 的纵坐标表示甲、乙两地之间的距离，设为 s. 由点 $A(0, s)$、点$(1.5, 70)$、点 $B(2, 0)$两两连线斜率相等可知$\frac{s-70}{0-1.5}=\frac{70}{1.5-2}$，解得 $s=280$，故甲、乙两地之间的距离为 280 千米.

条件(1)：快车的速度是 80 千米/小时，则快车到达乙地用时 $280\div80=3.5$(小时)，即 $t=3.5$，故条件(1)充分.

条件(2)：设两车相遇时快车行驶的距离为 l 千米，则慢车行驶的距离为 $l-40$ 千米，故有 $l+l-40=280$，解得 $l=160$. 当 $x=2$ 时两车相遇，则快车的速度是 $160\div2=80$(千米/小时)，两个条件是等价关系，故条件(2)也充分.

34. (A)

【解析】设所切下的合金重量为 x 千克，重 6 千克、4 千克的合金含银量分别为 a，b，则有$\frac{ax+(4-x)b}{4}=\frac{bx+(6-x)a}{6}$，整理得$(12-5x)(b-a)=0$.

条件(1)：$a\neq b$，则 $12-5x=0$，解得 $x=2.4$，故条件(1)充分.

条件(2)：$a=b$，求不出 x，故条件(2)不充分.

35. (E)

【解析】条件(1)：没有给出任何关于速度和时间的信息，求不出船速，不充分.

条件(2)：显然不充分.

联合两个条件，已知 C，D 相距 30 千米，但 C，D 的先后顺序有两种，对应的乙船船速也就有两种，故联合也不充分.

第 5 部分

真题必刷卷

2021 年全国硕士研究生招生考试管理类综合能力试题

难度：★★★★☆　　　　得分：________

二、条件充分性判断：第 16～25 小题，每小题 3 分，共 30 分。要求判断每题给出的条件(1)和条件(2)能否充分支持题干所陈述的结论。(A)、(B)、(C)、(D)、(E)五个选项为判断结果，请选择一项符合试题要求的判断。

(A)条件(1)充分，但条件(2)不充分．

(B)条件(2)充分，但条件(1)不充分．

(C)条件(1)和条件(2)单独都不充分，但条件(1)和条件(2)联合起来充分．

(D)条件(1)充分，条件(2)也充分．

(E)条件(1)和条件(2)单独都不充分，条件(1)和条件(2)联合起来也不充分．

16. 某班增加两名同学．则该班同学的平均身高增加了．

(1)增加的两名同学的平均身高与原来男同学的平均身高相同．

(2)原来男同学的平均身高大于女同学的平均身高．

17. 设 x，y 为实数．则能确定 $x\leqslant y$．

(1)$x^2\leqslant y-1$．

(2)$x^2+(y-2)^2\leqslant 2$．

18. 清理一块场地．则甲、乙、丙三人能在 2 天内完成．

(1)甲、乙两人需要 3 天完成．

(2)甲、丙两人需要 4 天完成．

19. 某单位进行投票表决，已知该单位的男、女员工人数之比为 3∶2．则能确定至少有 50%的女员工参加了投票．

(1)投赞成票的人数超过总人数的 40%．

(2)参加投票的女员工比男员工多．

20. 设 a，b 为实数．则能确定 $|a|+|b|$ 的值．

(1)已知 $|a+b|$ 的值．

(2)已知 $|a-b|$ 的值．

21. 设 a 为实数，圆 C：$x^2+y^2=ax+ay$．则能确定圆 C 的方程．

(1)直线 $x+y=1$ 与圆 C 相切．

(2)直线 $x-y=1$ 与圆 C 相切．

22. 某人购买了果汁、牛奶和咖啡三种物品，已知果汁每瓶 12 元、牛奶每盒 15 元、咖啡每盒 35 元．则能确定所买的各种物品的数量．

(1)总花费为 104 元．

(2)总花费为 215 元．

23. 某人开车去上班，有一段路因维修限速通行．则可算出此人上班的距离．

(1)路上比平时多用了半小时．

(2)已知维修路段的通行速度．

24. 已知数列$\{a_n\}$．则数列$\{a_n\}$为等比数列．

(1)$a_na_{n+1}>0$.

(2)$a_{n+1}^2-2a_n^2-a_na_{n+1}=0$.

25. 给定两个直角三角形．则这两个直角三角形相似．

(1)每个直角三角形的边长成等比数列．

(2)每个直角三角形的边长成等差数列．

答案详解

答案速查

16～20 (C)(D)(E)(C)(C)	21～25 (A)(A)(E)(C)(D)

16. (C)

【解析】结论需要用到条件给的信息才能判断，故从条件出发．

条件(1)：不知道男、女同学平均身高的大小关系，无法判断，不充分．

条件(2)：不知道新增加的两名同学的身高与原男、女同学平均身高的关系，也无法判断，不充分．

联合两个条件，新增加的同学的平均身高与原男同学相同，而原男同学平均身高大于女同学，显然这两个同学会拉高全班同学的平均身高，两个条件联合充分．

17. (D)

【解析】结论需要用到 x，y 的关系式才能推导，故从条件出发．

$x\leqslant y$ 表示直线 $y=x$ 上的点及其上方区域．再将条件中的不等式转化为同一平面直角坐标系内的图形区域，判断条件与结论所表示的图形区域间的包含关系．

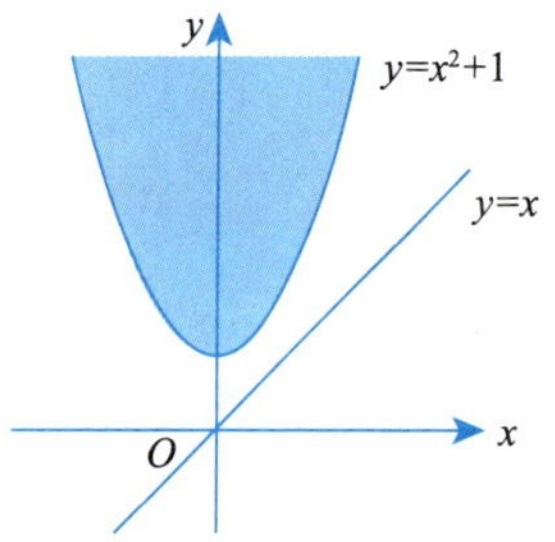

条件(1)：方法一：数形结合．

$x^2\leqslant y-1$，可化为 $y\geqslant x^2+1$，即表示抛物线 $y=x^2+1$ 上及其上方区域．如图所示，$y\geqslant x^2+1$(阴影部分)始终在直线 $y=x$ 的上方，故条件(1)充分．

方法二：不等式证明．

已知 $y\geqslant x^2+1$，要想证明 $y\geqslant x$，则证明 $x^2+1\geqslant x$ 恒成立即可．

作差法可得$(x^2+1)-x=x^2-x+1=\left(x-\frac{1}{2}\right)^2+\frac{3}{4}>0$，因此 $x^2+1>x$ 恒成立，故 $y>x$ 恒成立，条件(1)充分．

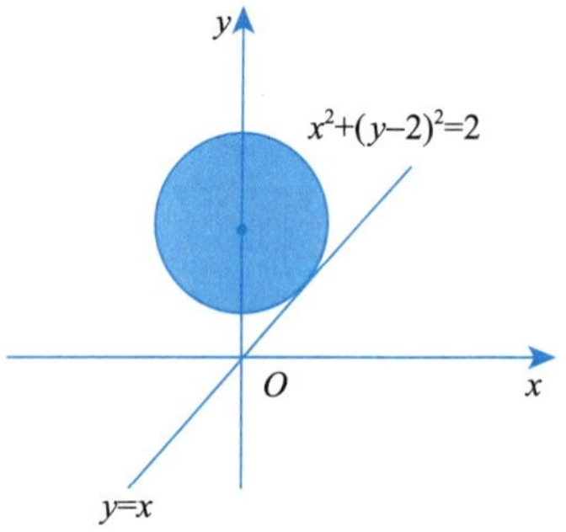

条件(2)：数形结合．$x^2+(y-2)^2\leqslant 2$ 表示圆心为$(0,2)$、半径 $r=\sqrt{2}$ 的圆上及圆内的点．圆心到直线 $y=x$ 的距离为 $d=\frac{|0-2|}{\sqrt{1^2+(-1)^2}}=\sqrt{2}$，则该圆与直线 $y=x$ 相切，如图所示，故圆上及圆内所有点均满足 $y\geqslant x$，条件(2)也充分．

18. (E)

【解析】结论需要用到条件给的信息才能推导或计算，故从条件出发．

方法一：常规方法．

设工作总量为 1，甲、乙、丙的工作效率分别为 x，y，z，则结论等价于 $x+y+z\geqslant\frac{1}{2}$.

条件(1)和条件(2)显然单独都不充分，故考虑联合.

联合可得$\begin{cases}x+y=\dfrac{1}{3},\\x+z=\dfrac{1}{4},\end{cases}$无法得出 $x+y+z$ 的值，故联合也不充分.

方法二：举反例.

设工作总量为 12，甲、乙、丙的工作效率分别为 x，y，z，则结论等价于 $x+y+z\geqslant6$.

两个显然单独都不充分，联合可得$\begin{cases}甲+乙=4,\\甲+丙=3,\end{cases}$相加可得 $2\times甲+乙+丙=7$，假设甲一天工作量为 2，甲+乙+丙=5，结论不成立，故联合也不充分.

19.（C）

【解析】结论需要用到条件给的信息才能推导或计算，故从条件出发．又因为条件和结论都是比例或不等关系，因此可用赋值法和举反例进行分析.

假设总人数为 50，男、女员工人数分别是 30，20.

女员工投票比例$=\dfrac{参加投票的女员工数}{女员工总数}$，要使该比例最小，则使女员工投票人数最少.

条件(1)：投赞成票的人数超过总人数的 40%，即大于 20 人．举反例，假设投票的全是男员工，则女员工投票比例为 0，故条件(1)不充分.

条件(2)：举反例，假设女员工有 2 人投票，男员工有 1 人投票，则有 10%的女员工参加了投票，条件(2)不充分.

联合两个条件，由条件(1)可知投赞成票的人数最少是 21，假设投票的员工都是投赞成票(此时投票员工人数最少，则女员工投票人数最少)，再根据条件(2)，参加投票的女员工比男员工多，则女员工投票的人数最少为 11，此时女员工投票比例为$\dfrac{11}{20}>50\%$，故两个条件联合充分.

20.（C）

【解析】“能确定 xxx 的值”型的题目，故从条件出发．且本题属于“已知……的值”类型的题目，可以用赋值法进行分析.

举反例易知两个条件单独皆不充分，联合.

方法一：分类讨论法去绝对值符号.

赋值，令$|a+b|=2$，$|a-b|=1$，分类讨论法去绝对值，可得

$$\begin{cases}a+b=2,\\a-b=1\end{cases}或\begin{cases}a+b=2,\\a-b=-1\end{cases}或\begin{cases}a+b=-2,\\a-b=1\end{cases}或\begin{cases}a+b=-2,\\a-b=-1.\end{cases}$$

但是不管是哪一组解，最终的结果都是$|a|+|b|=2$，故两个条件联合充分.

方法二：三角不等式法.

由三角不等式得：$|a+b|\leqslant|a|+|b|$①，$|a-b|\leqslant|a|+|b|$②.

当 $ab\geqslant0$ 时，$|a+b|\geqslant|a-b|$，式①取到等号，即$|a|+|b|=|a+b|$；

当 $ab<0$ 时，$|a+b|<|a-b|$，式②取到等号，即$|a|+|b|=|a-b|$.

故$|a|+|b|=\max\{|a+b|,|a-b|\}$，两个条件联合充分.

21.（A）

【解析】确定圆 C 的方程需要确定参数 a，参数 a 需要根据条件求出，故从条件出发.

方法一：将圆化为标准式方程：$\left(x-\frac{a}{2}\right)^2+\left(y-\frac{a}{2}\right)^2=\frac{a^2}{2}$，圆心为$\left(\frac{a}{2},\ \frac{a}{2}\right)$，半径为 $r=\frac{|a|}{\sqrt{2}}$.

条件(1)：已知直线 $x+y=1$ 与圆相切，则圆心到直线的距离等于半径，即

$$d=\frac{\left|\frac{a}{2}+\frac{a}{2}-1\right|}{\sqrt{2}}=\frac{|a|}{\sqrt{2}}\Rightarrow|a-1|=|a|,$$

解得 $a=\frac{1}{2}$，可以确定圆 C 的方程，条件(1)充分.

条件(2)：同理，$d=\frac{\left|\frac{a}{2}-\frac{a}{2}-1\right|}{\sqrt{2}}=\frac{1}{\sqrt{2}}=\frac{|a|}{\sqrt{2}}$，解得 $a=\pm1$，无法唯一确定圆 C 的方程，条件(2)不充分.

方法二：图像法.

由于是确定性问题，则只需要画图确定与已知直线相切的圆的个数即可.

将圆化为标准式方程：$\left(x-\frac{a}{2}\right)^2+\left(y-\frac{a}{2}\right)^2=\frac{a^2}{2}$，由此可知，圆心$\left(\frac{a}{2},\ \frac{a}{2}\right)$在直线 $y=x$ 上，且圆恒过原点. 由左图可知，符合题干且与直线 $x+y=1$ 相切的圆有且只有一个；由右图可知，符合题干且与直线 $x-y=1$ 相切的圆有两个，故条件(1)充分，条件(2)不充分.

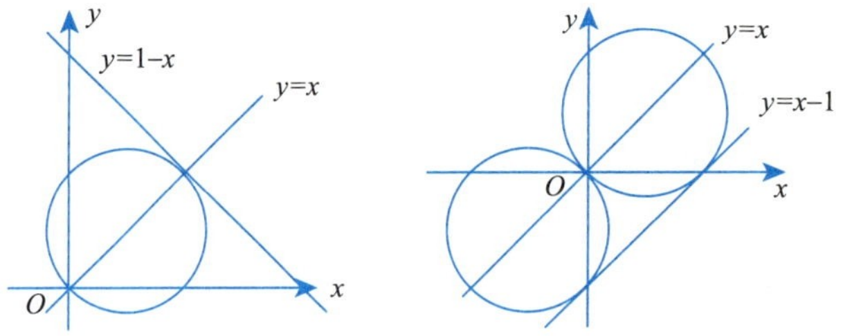

22. (A)

【解析】“能确定 xxx 的值”型的题目，故从条件出发.

设果汁、牛奶、咖啡的数量分别是 x，y，z，其中 x，y，$z\in\mathbf{N}_+$.

条件(1)：$12x+15y+35z=104$，观察可知，z 只可能等于 1 或 2(当 $z=3$ 时，$35z=105>104$).

①当 $z=1$ 时，$12x+15y=69$，即 $4x+5y=23$. 根据 $5y$ 的尾数只能为 0 或 5 可知，$4x$ 尾数只能为 8，可得 $x=2$，$y=3$.

②当 $z=2$ 时，$12x+15y=34$，根据 $15y$ 的尾数只能为 0 或 5 可知，$12x$ 尾数只能为 4. 当 $x=2$ 时，$y=\frac{2}{3}$(舍)，故此方程无整数解.

因此可得唯一解为 $x=2$，$y=3$，$z=1$，能确定各种物品的数量，条件(1)充分.

条件(2)：$12x+15y+35z=215$，当 $z=1$ 时，$12x+15y=180$，即 $4x+5y=60$. 5 和 60 都是 5 的倍数，所以 x 也是 5 的倍数，可得 $x=5$，$y=8$ 或 $x=10$，$y=4$，因此无法唯一确定各种物品的数量，故条件(2)不充分.

23. (E)

【解析】“可算出”相当于“能确定”，也是“能确定 xxx 的值”型的题目，故从条件出发.

单独条件(1)、条件(2)只有时间或速度的信息，显然不充分.

联合两个条件，时间上仅知道维修路段用时比平时多 0.5 小时，无法求出具体通行时间；速度上仅知道维修路段通行速度，无法得到正常路段通行速度，故联合也不充分.

24.（C）

【解析】结论要确定数列$\{a_n\}$的类型，需要用到条件所给的信息，故从条件出发.

条件(1)：只能确定a_n与a_{n+1}同号，显然不充分.

条件(2)：a_{n+1}，a_n可以等于0，不满足等比数列的条件，条件(2)也不充分.

联合两个条件，由条件(2)可得，$(a_{n+1}-2a_n)(a_{n+1}+a_n)=0$，解得$a_{n+1}=2a_n$或$a_n=-a_{n+1}$；由条件(1)可知，$a_n$与$a_{n+1}$同号且不为0，可舍去第2种情况，故$\frac{a_{n+1}}{a_n}=2$，则数列$\{a_n\}$是等比数列，两个条件联合充分.

【易错警示】条件(2)因式分解出式子$(a_{n+1}-2a_n)(a_{n+1}+a_n)=0$时，同学会误认为$\frac{a_{n+1}}{a_n}=2$或$-1$，则数列$\{a_n\}$一定为等比数列，忽略了验证等比数列成立的前提条件$a_n\neq 0$.

25.（D）

【解析】证明三角形相似需要用到边长的信息才能推导，故从条件出发.

方法一：条件(1)：设两个直角三角形的三边长由小到大依次为a，aq_1，aq_1^2和b，bq_2，bq_2^2，根据勾股定理可列式$a^2+(aq_1)^2=(aq_1^2)^2$，$b^2+(bq_2)^2=(bq_2^2)^2$，解得$q_1^2=q_2^2=\frac{1+\sqrt{5}}{2}$，因为$q_1$和$q_2$均大于1，故$q_1=q_2\Rightarrow\frac{q_1}{q_2}=1$，因此$\frac{a}{b}=\frac{aq_1}{bq_2}=\frac{aq_1^2}{bq_2^2}$，三边对应成比例，则两个直角三角形相似，条件(1)充分.

条件(2)：设两个直角三角形的三边长由小到大依次为a，$a+d_1$，$a+2d_1$和b，$b+d_2$，$b+2d_2$，根据勾股定理可列式$a^2+(a+d_1)^2=(a+2d_1)^2$，$b^2+(b+d_2)^2=(b+2d_2)^2$，解得$a=3d_1$，$b=3d_2$，则两个三角形三边长分别为$3d_1$，$4d_1$，$5d_1$和$3d_2$，$4d_2$，$5d_2$，因此$\frac{3d_1}{3d_2}=\frac{4d_1}{4d_2}=\frac{5d_1}{5d_2}$，三边对应成比例，则两个直角三角形相似，条件(2)充分.

方法二：设两个直角三角形分别为$\triangle ABC$和$\triangle A'B'C'$，三条边分别为a，b，c和a'，b'，c'.

条件(1)：联合勾股定理和等比数列中项公式，可得

$$\begin{cases}a^2+b^2=c^2,\\ ac=b^2\end{cases}\Rightarrow a^2+ac-c^2=0\Rightarrow\left(\frac{a}{c}\right)^2+\frac{a}{c}-1=0\Rightarrow\frac{a}{c}=\frac{-1+\sqrt{5}}{2}\text{或}\frac{-1-\sqrt{5}}{2}(\text{舍}),$$

因此$\sin A=\frac{a}{c}=\frac{\sqrt{5}-1}{2}$，且$\angle A<\frac{\pi}{2}$. 同理可得$\sin A'=\frac{a'}{c'}=\frac{\sqrt{5}-1}{2}$，且$\angle A'<\frac{\pi}{2}$. 故$\angle A=\angle A'$. 两个直角三角形的两个内角对应相等，则两个三角形相似，故条件(1)充分.

条件(2)：联合勾股定理和等差数列中项公式，可得

$$\begin{cases}a^2+b^2=c^2,\\ a+c=2b\end{cases}\Rightarrow a^2+\left(\frac{a+c}{2}\right)^2-c^2=0,$$

化简得$5a^2+2ac-3c^2=0$，因此$(a+c)(5a-3c)=0$，解得$a=-c$(舍)或$5a=3c$，因此$\sin A=\frac{a}{c}=\frac{3}{5}$，且$\angle A<\frac{\pi}{2}$. 同理可得$\sin A'=\frac{a'}{c'}=\frac{3}{5}$，且$\angle A<\frac{\pi}{2}$. 故$\angle A=\angle A'$. 两个直角三角形的两个内角对应相等，则两个三角形相似，故条件(2)充分.

【秒杀技巧】成等差数列的勾股数只有3，4，5及其倍数. 因此三边对应成比例，三角形相似，条件(2)充分.

2022年全国硕士研究生招生考试
管理类综合能力试题

难度：★★★☆　　　　得分：________

二、条件充分性判断：第16～25小题，每小题3分，共30分。要求判断每题给出的条件(1)和条件(2)能否充分支持题干所陈述的结论。(A)、(B)、(C)、(D)、(E)五个选项为判断结果，请选择一项符合试题要求的判断。

(A)条件(1)充分，但条件(2)不充分.

(B)条件(2)充分，但条件(1)不充分.

(C)条件(1)和条件(2)单独都不充分，但条件(1)和条件(2)联合起来充分.

(D)条件(1)充分，条件(2)也充分.

(E)条件(1)和条件(2)单独都不充分，条件(1)和条件(2)联合起来也不充分.

16. 如图所示，AD与圆相切于点D，AC与圆相交于点B，C. 则能确定$\triangle ABD$与$\triangle BDC$的面积比.

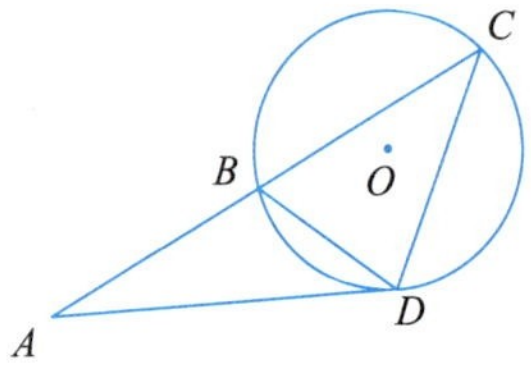

(1)已知$\dfrac{AD}{CD}$.

(2)已知$\dfrac{BD}{CD}$.

17. 设实数x满足$|x-2|-|x-3|=a$. 则能确定x的值.

(1)$0<a\leqslant\dfrac{1}{2}$.

(2)$\dfrac{1}{2}<a\leqslant 1$.

18. 两个人数不等的班数学测验的平均分不相等. 则能确定人数多的班.

(1)已知两个班的平均分.

(2)已知两个班的总平均分.

19. 在$\triangle ABC$中，D为BC边上的点，BD，AB，BC成等比数列. 则$\angle BAC=90°$.

(1)$BD=DC$.

(2)$AD\perp BC$.

20. 将75名学生分成25组，每组3人. 则能确定女生的人数.

(1)已知全是男生的组数和全是女生的组数.

(2)只有一名男生的组数和只有一名女生的组数相等.

21. 某直角三角形的三边长 a，b，c 成等比. 则能确定公比的值.

(1)a 是直角边长.

(2)c 是斜边长.

22. 已知 x 为正实数. 则能确定 $x-\frac{1}{x}$的值.

(1)已知$\sqrt{x}+\frac{1}{\sqrt{x}}$的值.

(2)已知 $x^2-\frac{1}{x^2}$的值.

23. 已知 a，b 为实数. 则能确定$\frac{a}{b}$的值.

(1)a，b，$a+b$ 成等比数列.

(2)$a(a+b)>0$.

24. 已知正项数列$\{a_n\}$. 则$\{a_n\}$是等差数列.

(1)$a_{n+1}^2-a_n^2=2n$，$n=1$，2，$\cdots$.

(2)$a_1+a_3=2a_2$.

25. 设实数 a，b 满足$|a-2b|\leqslant 1$. 则$|a|>|b|$.

(1)$|b|>1$.

(2)$|b|<1$.

答案详解

答案速查

16～20 (B)(A)(C)(B)(C)	21～25 (D)(B)(E)(C)(A)

16.(B)

【解析】"能确定 xxx 的值"型的题目，常规做法为从条件出发，但条件中的边长比可以得出多种结论，试错成本高．要求$\triangle ABD$与$\triangle BDC$的面积比，可以根据题干和图形进行推导，求出和条件相关的等价结论，故本题适合从结论出发．

$$\begin{cases}\angle BDA=\angle C(\text{弦切角}=\text{圆周角}),\\ \angle A=\angle A\end{cases}\Rightarrow\triangle ABD\backsim\triangle ADC.$$

相似三角形相似比为对应边之比，即$\frac{AB}{AD}=\frac{AD}{AC}=\frac{BD}{CD}$. 面积之比为相似比的平方，即

$$S_{\triangle ABD}:S_{\triangle ADC}=\left(\frac{AB}{AD}\right)^2=\left(\frac{AD}{AC}\right)^2=\left(\frac{BD}{CD}\right)^2.$$

已知任意一组相似比，即可确定$S_{\triangle ABD}:S_{\triangle ADC}$，从而确定$S_{\triangle ABD}:S_{\triangle BDC}$.

条件(1)：已知$\frac{AD}{CD}$，无法确定$S_{\triangle ABD}:S_{\triangle BDC}$，故不充分．

条件(2)：已知$\frac{BD}{CD}$，可以确定$S_{\triangle ABD}:S_{\triangle ADC}$，进而可以确定$S_{\triangle ABD}:S_{\triangle BDC}$，故充分．

17.(A)

【解析】方程中含有未知数a，从结论出发显然确定不了x的值，而条件给出未知数a的情况，故从条件出发．

设$y=|x-2|-|x-3|$，根据线性差的结论可知，函数图像为楼梯形，如图所示．

方程$|x-2|-|x-3|=a$的解可以转化成$y=|x-2|-|x-3|$与$y=a$两个函数图像的交点问题．

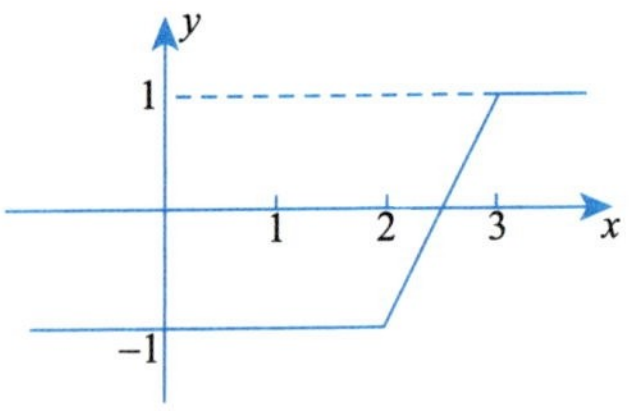

条件(1)：当$0<a\leqslant\frac{1}{2}$时，两个函数图像只有一个交点，即方程有唯一解，条件(1)充分．

条件(2)：当$a=1$时，两个函数图像有无数个交点，即方程有无数个解，x可取$[3,+\infty)$中的任何一个数，故x的值无法唯一确定，条件(2)不充分．

【易错警示】看到条件中的a是范围，误以为a不是具体的数值，则绝对值方程的解也无法确定具体的值．

18.(C)

【解析】"能确定 xxx 的值"型的题目，故从条件出发．且本题的条件都是"已知……的值"类型，故可以用赋值法进行分析．

条件(1)：知道两个班平均分，但是没有两个班其他相关的等量关系，无法判断，不充分．
条件(2)：知道总平均分但是没有其他的任何条件，也无法判断，不充分．
故考虑联合两个条件．

方法一：十字交叉法．

设甲、乙两班平均分分别为 $\bar{x}_{甲}$，$\bar{x}_{乙}$，两班总平均分为 $\bar{x}$，如图所示，利用十字交叉法可求出人数之比，从而确定人数多的班，故两个条件联合充分．

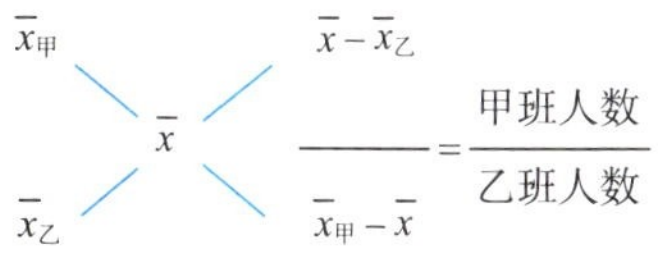

方法二：赋值法．

不妨设甲班平均分为 60 分，人数为 x；乙班平均分为 90 分，人数为 y；两个班的总平均分为 80 分．则有 $\frac{60x+90y}{x+y}=80$，解得 $\frac{x}{y}=\frac{1}{2}$，可得人数多的班为乙班．故两个条件联合充分．

19.(B)

【解析】仅由边长成等比数列，得不到$\angle BAC$ 具体的度数，需要用到条件所给的信息，故从条件出发．

因为 BD，AB，BC 成等比数列，则$\frac{AB}{BD}=\frac{BC}{AB}$. 又因为$\angle B$ 是公共角，所以$\triangle ABC\backsim\triangle DBA$，故$\angle BAC=\angle BDA$.

条件(1)：已知 $BD=DC$，无法推出任何关于角度的结论，故条件(1)不充分．

条件(2)：已知 $AD\perp BC$，可得$\angle BDA=90°$，故$\angle BAC=\angle BDA=90°$，条件(2)充分．

20.(C)

【解析】“能确定 xxx 的值”型的题目，且确定女生人数需要用到条件的信息，故从条件出发．且本题属于“已知……的值”类型的题目，可以用赋值法进行分析．

方法一：赋值法．

条件(1)：假设全是男生的组数为 10，全是女生的组数为 10，$3\times10+3\times10=60<75$，但剩下的 5 个组中男、女比例不知道，无法确定女生人数，条件(1)不充分．

条件(2)：假设只有一名男生的组数和只有一名女生的组数都是 10，剩下的 5 个组男、女比例不知道，也无法确定，条件(2)不充分．

联合两个条件，假设全是男生的组数为 10，全是女生的组数为 9，剩下的 6 个组只有一名男生的组数和只有一名女生的组数相等，都是 3 组，因此女生人数为 $3\times9+3\times1+3\times2=36$，可以确定女生人数，故两个条件联合充分．

方法二：分析法，

每组 3 人，共 25 个组，有四种情况：①全是男生；②全是女生；③2 男 1 女；④2 女 1 男．当两个条件联合时，四种情况的组数都已知，因此可以确定女生的人数，故联合充分．

21.(D)

【解析】“能确定 xxx 的值”型的题目，故从条件出发．

设公比为 $q(q>0)$，则 $b=aq$，$c=aq^2$.

条件(1)：a 是直角边长，可知 c 是斜边长，由勾股定理得，$a^2+(aq)^2=(aq^2)^2\Rightarrow1+q^2=q^4$，解得 $q^2=\frac{1+\sqrt{5}}{2}$，因为公比为正，故 q 有唯一正数解，因此能确定公比的值，条件(1)充分．

因为两个条件是等价关系，故条件(2)也充分．

【易错警示】本题易误选(C)项，误认为联合才能确定勾股定理的方程．但实际上，根据 a，b，c 成等比数列，a，b，c 的大小关系就只有两种情况了，因此单独的条件(1)和条件(2)都可以得出三边大小关系为 $a<b<c$.

22.(B)

【解析】"能确定 xxx 的值"型的题目，故从条件出发．且属于"已知……的值"类型的题目，可以用赋值法进行分析．

方法一：赋字母．

条件(1)：令$\sqrt{x}+\dfrac{1}{\sqrt{x}}=a$(根据对勾函数的性质可知 $a\geqslant 2$).

由$\left(\sqrt{x}-\dfrac{1}{\sqrt{x}}\right)^2=\left(\sqrt{x}+\dfrac{1}{\sqrt{x}}\right)^2-4$，可得$\sqrt{x}-\dfrac{1}{\sqrt{x}}=\pm\sqrt{a^2-4}$，因此

$$x-\frac{1}{x}=\left(\sqrt{x}-\frac{1}{\sqrt{x}}\right)\left(\sqrt{x}+\frac{1}{\sqrt{x}}\right)=\pm a\sqrt{a^2-4},$$

故条件(1)不充分．

条件(2)：令 $x^2-\dfrac{1}{x^2}=a$.

由$\left(x^2+\dfrac{1}{x^2}\right)^2=\left(x^2-\dfrac{1}{x^2}\right)^2+4$，可得 $x^2+\dfrac{1}{x^2}=\sqrt{a^2+4}$．等式两边同时加 2，可得

$$x^2+\frac{1}{x^2}+2=\left(x+\frac{1}{x}\right)^2=\sqrt{a^2+4}+2,$$

因为 x 是正实数，故 $x+\dfrac{1}{x}=\sqrt{\sqrt{a^2+4}+2}$，唯一确定．

又因为 $x^2-\dfrac{1}{x^2}=\left(x+\dfrac{1}{x}\right)\left(x-\dfrac{1}{x}\right)$，其中 $x+\dfrac{1}{x}$和 $x^2-\dfrac{1}{x^2}$的值唯一，故 $x-\dfrac{1}{x}$的值可唯一确定．条件(2)充分．

方法二：赋数值．

条件(1)：令$\sqrt{x}+\dfrac{1}{\sqrt{x}}=2+\dfrac{1}{2}$，解得 $x=4$ 或$\dfrac{1}{4}$，则 $x-\dfrac{1}{x}=\pm\dfrac{15}{4}$，值不唯一，不充分．

条件(2)：令 $x^2-\dfrac{1}{x^2}=4-\dfrac{1}{4}$，解得 $x=\pm 2$，因为 x 为正实数，则 $x=2$ 可唯一确定，故 $x-\dfrac{1}{x}=\dfrac{3}{2}$，可唯一确定，充分．

23.(E)

【解析】"能确定 xxx 的值"型的题目，故从条件出发．

条件(1)：$a(a+b)=b^2\Rightarrow a^2+ab=b^2$，易知 $b\neq 0$，两边同时除以 b^2，可得$\left(\dfrac{a}{b}\right)^2+\dfrac{a}{b}=1$，解得$\dfrac{a}{b}=\dfrac{-1\pm\sqrt{5}}{2}$，无法唯一确定$\dfrac{a}{b}$的值，故条件(1)不充分．

条件(2)：显然不充分．

联合两个条件，则有$\begin{cases}a(a+b)=b^2,\\ a(a+b)>0\end{cases}\Rightarrow a(a+b)=b^2>0$，等价于条件(1)，故联合也不充分．

24.（C）

【解析】结论要确定数列$\{a_n\}$的类型，需要用到条件所给的$\{a_n\}$的信息，故从条件出发．

条件(1)：利用累加法，得

$$a_n^2-a_{n-1}^2=2(n-1)$$
$$a_{n-1}^2-a_{n-2}^2=2(n-2)$$
$$\vdots$$
$$a_2^2-a_1^2=2,$$

将上述式子累加可得，$a_n^2-a_1^2=n(n-1)$，则有$a_n=\sqrt{a_1^2+n(n-1)}$，a_1的值不知道，显然无法判断数列的类型，条件(1)不充分．

条件(2)：仅仅知道前三项成等差数列，并不能得出整个数列是等差数列，条件(2)不充分．

联合两个条件，有$\begin{cases}a_2=\sqrt{a_1^2+2},\\a_3=\sqrt{a_1^2+6},\end{cases}$且$2a_2=a_1+a_3$，可得

$$2\sqrt{a_1^2+2}=a_1+\sqrt{a_1^2+6}\Rightarrow 4a_1^2+8=a_1^2+a_1^2+6+2a_1\sqrt{a_1^2+6}$$
$$\Rightarrow a_1^2+1=a_1\sqrt{a_1^2+6}\Rightarrow a_1^4+1+2a_1^2=a_1^2(a_1^2+6)$$
$$\Rightarrow a_1^2=\frac{1}{4}.$$

代入$a_n=\sqrt{a_1^2+n(n-1)}$中，可得$a_n=\sqrt{\frac{1}{4}+n^2-n}=\sqrt{\left(n-\frac{1}{2}\right)^2}=n-\frac{1}{2}$，符合等差数列通项公式的特征，故两个条件联合充分．

25.（A）

【解析】结论需要用到条件给的信息才能推导，故从条件出发．

条件(1)：方法一：三角不等式：$|x|-|y|\leqslant||x|-|y||\leqslant|x-y|\leqslant|x|+|y|$.

根据三角不等式可得$|a-2b|=|2b-a|\geqslant|2b|-|a|$，由题干已知$|a-2b|\leqslant 1$，因此

$$|2b|-|a|\leqslant 1\Rightarrow 2|b|-1\leqslant|a|\Rightarrow|b|-1\leqslant|a|-|b|.$$

$|b|>1\Rightarrow|b|-1>0$，可得$|a|-|b|\geqslant|b|-1>0\Rightarrow|a|>|b|$，条件(1)充分．

方法二：证明不等式．

由$|a-2b|\leqslant 1$可得$\begin{cases}a-2b\geqslant -1①,\\a-2b\leqslant 1②.\end{cases}$

根据$|b|>1$可得$b>1$或$b<-1$.

当$b>1$时，与①式相加得$a-b>0\Rightarrow a>b>1\Rightarrow|a|>|b|$；

当$b<-1$时，与②式相加得$a-b<0\Rightarrow a<b<-1\Rightarrow|a|>|b|$.

综上所述，$|a|>|b|$一定成立，故条件(1)充分．

条件(2)：举反例，令$b=0$，$a=0$，满足条件，但结论不成立，故条件(2)不充分．

2023年全国硕士研究生招生考试 管理类综合能力试题

难度：★★★　　　　得分：________

二、条件充分性判断：第16～25小题，每小题3分，共30分。要求判断每题给出的条件(1)和条件(2)能否充分支持题干所陈述的结论。(A)、(B)、(C)、(D)、(E)五个选项为判断结果，请选择一项符合试题要求的判断。

(A)条件(1)充分，但条件(2)不充分.

(B)条件(2)充分，但条件(1)不充分.

(C)条件(1)和条件(2)单独都不充分，但条件(1)和条件(2)联合起来充分.

(D)条件(1)充分，条件(2)也充分.

(E)条件(1)和条件(2)单独都不充分，条件(1)和条件(2)联合起来也不充分.

16. 有体育、美术、音乐、舞蹈4个兴趣班，每名同学至少参加2个．则至少有12名同学参加的兴趣班完全相同.

(1)参加兴趣班的同学共有125人.

(2)参加2个兴趣班的同学有70人.

17. 关于x的方程$x^2-px+q=0$有两个实根a，b. 则$p-q>1$.

(1)$a>1$.

(2)$b<1$.

18. 已知等比数列$\{a_n\}$的公比大于1. 则$\{a_n\}$为递增数列.

(1)a_1是方程$x^2-x-2=0$的根.

(2)a_1是方程$x^2+x-6=0$的根.

19. 设x，y是实数. 则$\sqrt{x^2+y^2}$有最小值和最大值.

(1)$(x-1)^2+(y-1)^2=1$.

(2)$y=x+1$.

20. 设集合$M=\{(x,y)\mid(x-a)^2+(y-b)^2\leqslant4\}$，$N=\{(x,y)\mid x>0,y>0\}$. 则$M\cap N\neq\varnothing$.

(1)$a<-2$.

(2)$b>2$.

21. 甲、乙两辆车分别从A，B两地同时出发，相向而行，1小时后，甲车到达C点，乙车到达D点(如图所示). 则能确定A，B两地的距离.

(1)已知C，D两地的距离.

(2)已知甲、乙两车的速度比.

22. 已知 m，n，p 为 3 个不同的质数．则能确定 m，n，p 的乘积．

(1)$m+n+p=16$.

(2)$m+n+p=20$.

23. 八个班参加植树活动，共植树 195 棵．则能确定各班植树棵数的最小值．

(1)各班植树的棵数均不相同．

(2)各班植树棵数的最大值是 28.

24. 设数列$\{a_n\}$的前 n 项和为 S_n. 则 a_2，a_3，a_4，…为等比数列．

(1)$S_{n+1}>S_n$，$n=1$，2，3，….

(2)$\{S_n\}$是等比数列．

25. 甲有两张牌 a，b，乙有两张牌 x，y，甲、乙各任意取出一张牌．则甲取出的牌不小于乙取出的牌的概率不小于$\frac{1}{2}$.

(1)$a>x$.

(2)$a+b>x+y$.

答案详解

答案速查

16～20　(D)(C)(C)(A)(E)	21～25　(E)(A)(C)(C)(B)

16. (D)

【解析】结论需要用到条件给的信息才能计算，故从条件出发．

每人至少参加2个兴趣班，则每人参加兴趣班的数量可以为2，3，4个，参加2个的有$C_4^2=6$(种)情况，参加3个的有$C_4^3=4$(种)情况，参加4个的有$C_4^4=1$(种)情况，因此选班的全部情况有11种．若要使每种情况的人数尽量少，则应该将学生均分给每种情况．

条件(1)：参加兴趣班的总人数为125，则有$125\div 11=11\cdots\cdots 4$，即至少有12名同学参加的兴趣班完全相同，因此条件(1)充分．

条件(2)：参加2个兴趣班的同学共70人，则有$70\div 6=11\cdots\cdots 4$，即至少有12名同学参加的兴趣班完全相同，因此条件(2)充分．

17. (C)

【解析】结论需要用到a，b的信息才能推导或计算，故从条件出发．

条件(1)：举反例，假设方程两实根为$a=2$，$b=3$，则方程为$x^2-5x+6=0$，此时$p-q=5-6=-1$，结论不成立，因此条件(1)不充分．

条件(2)：举反例，假设方程两实根为$a=1$，$b=0$，则方程为$x^2-x=0$，此时$p-q=1-0=1$，结论不成立，因此条件(2)不充分．

联合两个条件．两个条件相当于方程的根位于$x=1$的两侧，即函数$f(x)=x^2-px+q$与x轴的交点位于(1，0)的两侧，抛物线开口向上，则$f(1)<0$，因此$1^2-p+q<0$，所以$p-q>1$，故联合充分．

18. (C)

【解析】$\{a_n\}$的单调性需要用a_1的正负性来推导，故从条件出发．

条件(1)：方程$x^2-x-2=0$的解为-1或2，若首项$a_1=-1$，$q>1$，则该等比数列为递减数列，不充分．

条件(2)：方程$x^2+x-6=0$的解为-3或2，若首项$a_1=-3$，$q>1$，则该等比数列为递减数列，不充分．

联合两个条件，a_1只能为2. 该数列$a_1=2$，$q>1$，则该等比数列为递增数列，因此联合充分．

19. (A)

【解析】结论需要用到x，y的关系式才能计算，故从条件出发．

$\sqrt{x^2+y^2}$的最值，可利用数形结合思想，转化为距离型最值问题，即动点$(x，y)$到原点(0，0)距离的最值．

条件(1)：$(x-1)^2+(y-1)^2=1$表示以点$A(1，1)$为圆心、1为半径的圆，$(x，y)$表示圆上任意一点，连接OA并延长，与圆交于点C，D，如左图所示．

圆心到原点的距离为 $AO=\sqrt{2}$，故圆上的点到原点的最短距离为 $OC=AO-r=\sqrt{2}-1$，最长距离为 $OD=AO+r=\sqrt{2}+1$，故条件(1)充分.

条件(2)：如右图所示，(x, y)表示直线 $y=x+1$ 上的任意一点，原点到直线只有最短距离 OB，没有最长距离，即 $\sqrt{x^2+y^2}$ 有最小值，没有最大值，故条件(2)不充分.

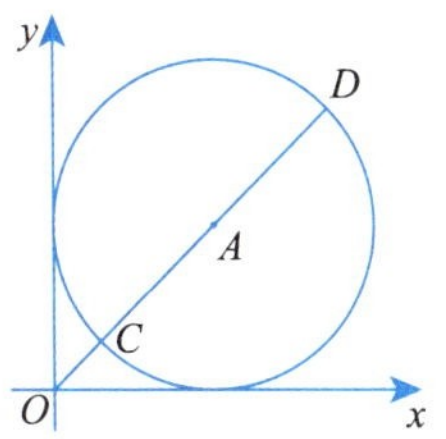

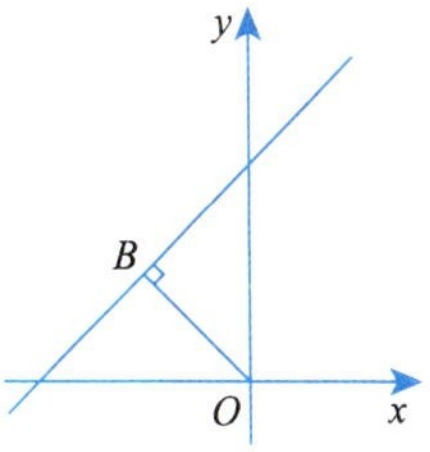

20.（E）

【解析】判断 M，N 的交集情况需要确定集合 M 的范围，M 的范围需要用到条件所给的 a，b 的范围，故从条件出发.

集合 M 表示以(a, b)为圆心、2 为半径的圆周及圆内的点；集合 N 表示第一象限的所有点.

条件(1)：举反例，当 $a=-3$，$b=3$ 时，满足条件，此时圆心在第二象限，且到 y 轴距离为 3，大于半径 2，故圆与 y 轴相离，如图所示，圆与第一象限必然无交点，故 $M\cap N=\varnothing$，条件(1)不充分.

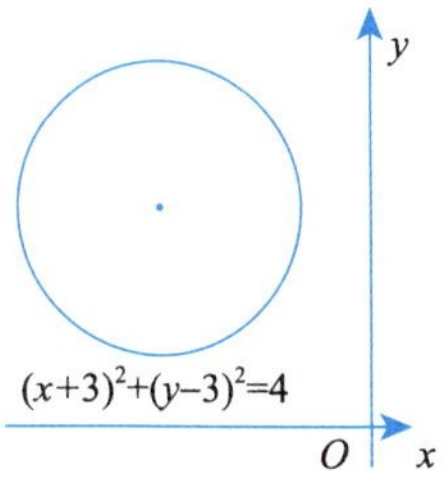

条件(2)：以上反例依旧适用，故条件(2)不充分，两个条件联合也不充分.

21.（E）

【解析】“能确定 xxx 的值”型的题目，故从条件出发.

设甲、乙的速度分别为 $v_甲$，$v_乙$，根据题意，可知 $AC=v_甲$，$BD=v_乙$.

条件(1)：不知道 $v_甲$，$v_乙$ 的值，无法确定 A，B 两地的距离，不充分.

条件(2)：只知道速度比，但不知道 $v_甲$，$v_乙$ 的值，无法确定 A，B 两地的距离，不充分.

联合两个条件也不知道 $v_甲$，$v_乙$ 的值，无法确定 A，B 两地的距离，故联合也不充分.

22.（A）

【解析】“能确定 xxx 的值”型的题目，故从条件出发.

因为 m，n，p 三个数的大小情况并不影响乘积，故不妨令 $m<n<p$. 因为 m，n，p 为 3 个不同的质数，两个条件的和均为偶数，故其中必有一个是 2，即 $m=2$.

条件(1)：$n+p=14$，穷举可得$\begin{cases}n=3,\\p=11,\end{cases}$故 $mnp=2\times3\times11=66$，条件(1)充分.

条件(2)：$n+p=18$，穷举可得$\begin{cases}n=5,\\p=13\end{cases}$或$\begin{cases}n=7,\\p=11,\end{cases}$有两组解，不能唯一确定其乘积，条件(2)不充分.

23.（C）

【解析】“能确定 xxx 的值”型的题目，故从条件出发.

设八个班植树的棵数分别为 a_1，a_2，…，a_8，由题可得 $a_1+a_2+\cdots+a_8=195$.

条件(1)：1 个方程有 8 个未知数，显然有许多组解，如 $1+2+3+4+5+6+7+167=195$，$2+3+4+5+6+7+8+160=195$ 等，不能确定植树棵数的最小值，条件(1)不充分.

条件(2)：最大值为 28，方程仍有多组解，如 $22+22+23+24+25+25+26+28=195$，$21+22+22+25+25+25+27+28=195$ 等，不能确定植树棵数的最小值，条件(2)不充分.

联合两个条件，穷举可得只有一组解，即 $20+22+23+24+25+26+27+28=195$. 因此各班植树棵数的最小值为 20，联合充分.

24.（C）

【解析】结论需要用到条件给的信息才能计算，故从条件出发.

条件(1)：举反例，设$\{a_n\}$各项为 1，2，3，4，…，满足 $S_{n+1}>S_n$，但显然 a_2，a_3，a_4，…不是等比数列，条件(1)不充分.

条件(2)：举反例，$\{S_n\}$各项可以为 1，1，1，1，…，则$\{a_n\}$各项为 1，0，0，0，…，显然 a_2，a_3，a_4，…不是等比数列，条件(2)不充分.

联合两个条件，$\{S_n\}$是等比数列，且 $S_{n+1}>S_n$，显然$\{S_n\}$是递增数列，则 $q\neq 1$，故不妨设 $S_n=S_1q^{n-1}$，则 $a_n=S_n-S_{n-1}=S_1q^{n-1}-S_1q^{n-2}=(q-1)S_1q^{n-2}\ (n\geqslant 2)$，因此当 $n\geqslant 2$ 时，$\frac{a_{n+1}}{a_n}=\frac{(q-1)S_1q^{n-1}}{(q-1)S_1q^{n-2}}=q$，即 a_2，a_3，a_4，…为等比数列. 故两个条件联合充分.

25.（B）

【解析】结论需要用到条件给的信息才能计算，故从条件出发.

条件(1)：举反例，令 $a=3$，$b=1$，$x=2$，$y=10$，显然“甲大于乙”只有 1 种情况，即甲取 a，乙取 x，而总情况有 4 种，故甲不小于乙的概率为$\frac{1}{4}$，小于$\frac{1}{2}$，条件(1)不充分.

条件(2)：不妨设 $a\geqslant b$，$x\geqslant y$，则有 $2a\geqslant a+b>x+y\geqslant 2y$，可知 $a>y$.

若 $a\geqslant x$，结合 $a>y$，显然甲取出的牌大于等于乙取出的牌的概率不小于$\frac{1}{2}$；

若 $a<x$，则 $b>y$（否则 $a+b>x+y$ 不成立），结合 $a>y$，显然甲取出的牌大于等于乙取出的牌的概率不小于$\frac{1}{2}$.

综上可知，条件(2)充分.

2024 年全国硕士研究生招生考试 管理类综合能力试题

难度：★★★ 得分：________

二、条件充分性判断：第 16～25 小题，每小题 3 分，共 30 分。要求判断每题给出的条件(1)和条件(2)能否充分支持题干所陈述的结论。(A)、(B)、(C)、(D)、(E)五个选项为判断结果，请选择一项符合试题要求的判断。

(A)条件(1)充分，但条件(2)不充分．

(B)条件(2)充分，但条件(1)不充分．

(C)条件(1)和条件(2)单独都不充分，但条件(1)和条件(2)联合起来充分．

(D)条件(1)充分，条件(2)也充分．

(E)条件(1)和条件(2)单独都不充分，条件(1)和条件(2)联合起来也不充分．

16. 已知袋中装有红、白、黑三种颜色的球若干个，随机抽取一球．则该球是白球的概率大于$\frac{1}{4}$.

(1)红色球最少．

(2)黑色球不到总数的$\frac{1}{2}$.

17. 已知 $n \in \mathbf{N}_+$. 则 n^2 除以 3 的余数为 1.

(1)n 除以 3 余 1.

(2)n 除以 3 余 2.

18. 设二次函数 $f(x)=ax^2+bx+1$. 则能确定 $a<b$.

(1)曲线 $y=f(x)$ 关于直线 $x=1$ 对称．

(2)曲线 $y=f(x)$ 与直线 $y=2$ 相切．

19. 设 a，b，$c \in \mathbf{R}$. 则 $a^2+b^2+c^2 \leqslant 1$.

(1)$|a|+|b|+|c| \leqslant 1$.

(2)$ab+bc+ac=0$.

20. 设 a 为实数，$f(x)=|x-a|-|x-1|$. 则 $f(x) \leqslant 1$.

(1)$a \geqslant 0$.

(2)$a \leqslant 2$.

21. 设 a，b 为正实数．则能确定 $a \geqslant b$.

(1)$a+\frac{1}{a} \geqslant b+\frac{1}{b}$.

(2)$a^2+a \geqslant b^2+b$.

22. 兔窝位于兔子正北60米，狼在兔子正西100米，兔子和狼同时奔向兔窝．则兔子率先到达兔窝．

(1)兔子的速度是狼的速度的$\frac{2}{3}$.

(2)兔子的速度是狼的速度的$\frac{1}{2}$.

23. 已知x，y为实数．则能确定$x\geqslant y$.

(1)$(x-6)^2+y^2=18$.

(2)$|x-4|+|y+1|=5$.

24. 设曲线$y=x^3-x^2-ax+b$与x轴有3个不同的交点A，B，C. 则$BC=4$.

(1)点A的坐标为(1，0).

(2)$a=4$.

25. 已知$\{a_n\}$是等比数列，S_n是$\{a_n\}$的前n项和．则能确定$\{a_n\}$的公比．

(1)$S_3=2$.

(2)$S_9=26$.

答案详解

答案速查

16～20　(C)(D)(C)(A)(C)	21～25　(B)(A)(D)(C)(E)

16.(C)

【解析】结论需要用到条件给的信息才能推导或计算，故从条件出发．又因为条件和结论都是不等关系，未给出具体数值，因此也可用赋值法进行分析．

条件(1)：举反例，红球 1 个，白球 2 个，黑球 10 个，符合题意但结论不成立，不充分．

条件(2)：举反例，黑球 1 个，白球 1 个，红球 10 个，符合题意但结论不成立，不充分．

联合两个条件．

方法一：设黑色球 a 个，红色球 b 个，白色球 c 个，由条件(2)可得 $a<\frac{1}{2}(a+b+c)$，所以 $b+c>\frac{1}{2}(a+b+c)$.

由条件(1)得 $b<c$，所以 $2c>b+c>\frac{1}{2}(a+b+c)$，即 $c>\frac{1}{4}(a+b+c)$，$\frac{c}{a+b+c}>\frac{1}{4}$，故任取一球是白球的概率大于$\frac{1}{4}$，联合充分．

方法二：赋值法＋极端假设法．

假设共有 100 个球，则黑球最多有 49 个，红球最多有 25 个，则白球最少有 26 个．故随机取出一球，是白球的概率最低是$\frac{26}{100}$，因为$\frac{26}{100}>\frac{25}{100}=\frac{1}{4}$，故该球是白球的概率一定大于$\frac{1}{4}$，两个条件联合充分．

17.(D)

【解析】结论需要用到条件给的 n 的等量关系才能计算，故从条件出发．

条件(1)：令 $n=3k+1(k\in\mathbf{N})$，则 $n^2=9k^2+6k+1=3(3k^2+2k)+1$，故 n^2 除以 3 的余数为 1，充分．

条件(2)：令 $n=3k+2(k\in\mathbf{N})$，则 $n^2=9k^2+12k+4=3(3k^2+4k+1)+1$，故 n^2 除以 3 的余数为 1，充分．

18.(C)

【解析】若想比较 a，b 的大小，需要通过两个条件给出的信息来求解，故从条件出发．

条件(1)：对称轴 $x=-\frac{b}{2a}=1$，即 $b=-2a$，只能得出 a，b 异号，不能确定二者大小，不充分．

条件(2)：$y=f(x)$ 与直线 $y=2$ 相切，故顶点纵坐标为 2，即$\frac{4a-b^2}{4a}=2$，整理得 $b^2=-4a$，故 a 为负，但 b 的正负无法确定，不能确定二者大小，不充分．

联合两个条件，a，b 异号且 a 为负，故 $a<0$ 且 $b>0$，即 $a<b$，联合充分．

19.(A)

【解析】结论需要用到条件给的 a，b，c 的关系式才能计算，故从条件出发，且不等式类型的题目可以尝试举反例．

条件(1)：两边同时平方得$(|a|+|b|+|c|)^2\leqslant 1^2$，即

$$a^2+b^2+c^2+2|a||b|+2|a||c|+2|b||c|\leqslant 1.$$

易知$2|a||b|+2|a||c|+2|b||c|\geqslant 0$，所以$a^2+b^2+c^2\leqslant 1$，条件(1)充分．

条件(2)：举反例，令$a=0$，$b=0$，$c=100$，满足条件，但结论不成立，故条件(2)不充分．

20.(C)

【解析】两个条件的a都是取值范围而不是具体的值，$f(x)$的取值范围会随着a的变化而变化，从条件出发去讨论$f(x)$的取值范围并不方便，而结论的不等式是可以解的，故从结论出发．

若结论成立，则$f(x)_{\max}\leqslant 1$. $y=|x-a|-|x-b|$是绝对值线性差问题，由线性差结论知$y_{\max}=|a-b|$．故本题$f(x)$的最大值为$|a-1|$，即$|a-1|\leqslant 1$，解得$0\leqslant a\leqslant 2$. 故两个条件单独均不充分，联合充分．

21.(B)

【解析】结论要确定a，b的大小关系，需要用到a，b的关系式，故从条件出发，且不等式类型的题目可以尝试举反例．

方法一：条件(1)：举反例，令$a=\frac{1}{2}$，$b=2$，满足条件，但此时$a<b$，故条件(1)不充分．

条件(2)：移项化简，得$a^2-b^2+a-b\geqslant 0\Rightarrow(a+b)(a-b)+a-b\geqslant 0\Rightarrow(a-b)(a+b+1)\geqslant 0$.
因为a，b为正实数，则$a+b+1>0$，故有$a-b\geqslant 0\Rightarrow a\geqslant b$，条件(2)充分．

方法二：利用函数的单调性．

条件(1)：令$f(x)=x+\frac{1}{x}$，条件等价于$f(a)\geqslant f(b)$.

由对勾函数的性质可知，$f(x)$在$(0,1)$内单调递减，即当a，$b\in(0,1)$时，$f(a)\geqslant f(b)\Rightarrow a\leqslant b$，故条件(1)不充分．

条件(2)：令$f(x)=x^2+x$，条件等价于$f(a)\geqslant f(b)$.

易知对称轴为$x=-\frac{1}{2}$，且开口向上，则$f(x)$在$(0,+\infty)$内单调递增，故$f(a)\geqslant f(b)\Rightarrow a\geqslant b$，条件(2)充分．

22.(A)

【解析】题干给出了兔子和狼的路程，比较二者的时间大小，需要用到二者速度的关系，故可以从条件出发．但是从条件出发需要算两遍，也可以从结论出发，把题干转化成数学表达式，再判断条件能否推出等价结论．

如图所示，兔窝在兔子正北60米，狼在兔子正西100米，根据勾股定理，可得狼距离兔窝的路程为$\sqrt{60^2+100^2}=20\sqrt{34}$(米)．故$\frac{\text{兔子到兔窝的路程}}{\text{狼到兔窝的路程}}=\frac{3}{\sqrt{34}}$.

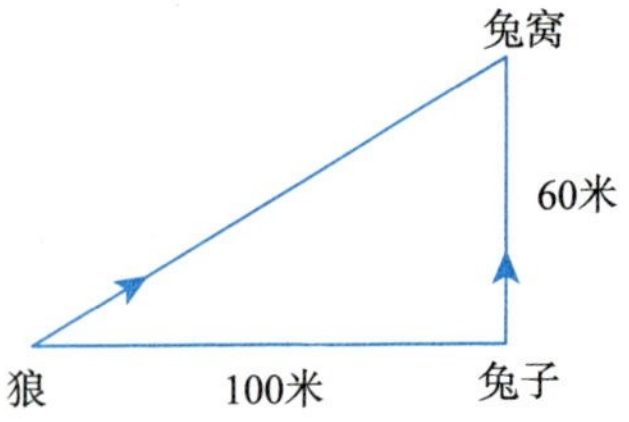

当时间一定时，速度与路程成正比，所以想要兔子先到达兔窝，需满足$\frac{\text{兔子的速度}}{\text{狼的速度}}>\frac{3}{\sqrt{34}}$.

条件(1)：$\frac{\text{兔子的速度}}{\text{狼的速度}}=\frac{2}{3}>\frac{3}{\sqrt{34}}$，充分．

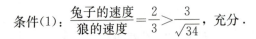

条件(2)：$\frac{\text{兔子的速度}}{\text{狼的速度}}=\frac{1}{2}<\frac{3}{\sqrt{34}}$，不充分．

23. (D)

【解析】比较 x，y 的大小关系，需要用到条件所给的 x，y 的关系式，故从条件出发．

结论要求 $x\geqslant y$，即 $y\leqslant x$，表示点 $(x,\ y)$ 在直线 l：$y=x$ 上或其下方．

条件(1)：方程可表示以 $(6,\ 0)$ 为圆心、$3\sqrt{2}$ 为半径的圆上的点．

圆心到直线 l：$y=x$ 的距离为 $\frac{|6-0|}{\sqrt{1^2+(-1)^2}}=3\sqrt{2}$，则直线与圆相切，如图所示，圆上的点均在直线 l：$y=x$ 上或其下方，条件(1)充分．

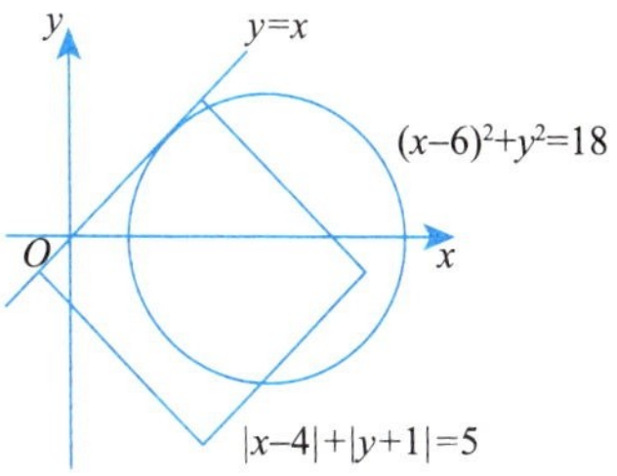

条件(2)：方程表示的图形是正方形，四个顶点分别为 $(4,\ 4)$，$(4,\ -6)$，$(9,\ -1)$，$(-1,\ -1)$，其中 $(4,\ 4)$，$(-1,\ -1)$ 均在直线 l：$y=x$ 上，另外两个顶点在直线下方，画图像如图所示，正方形上的点均在直线 l：$y=x$ 上或其下方，条件(2)充分.

24. (C)

【解析】求 BC 的长需要用到条件给的信息才能计算，故从条件出发．

条件(1)：将点 A 的坐标代入函数，可得 $0=1-1-a+b$，所以 $a=b$，但不能得出交点 B，C 的坐标，故条件(1)不充分．

条件(2)：$a=4$，故 $y=x^3-x^2-4x+b$，不能得出交点 B，C 的坐标，故条件(2)不充分．

联合两个条件．$a=b=4$，所以 $y=x^3-x^2-4x+4$.

方法一：因式分解，得

$$y=x^2(x-1)-4(x-1)=(x^2-4)(x-1)=(x-2)(x+2)(x-1),$$

则 B，C 两点的坐标分别为 $(-2,\ 0)$ 和 $(2,\ 0)$，可以得出 $BC=4$，故联合充分．

方法二：一元三次方程的韦达定理．

设点 B，C 的横坐标分别为 x_2，x_3，则有 $\begin{cases}1+x_2+x_3=1,\\ x_2x_3=-4\end{cases}\Rightarrow\begin{cases}x_2+x_3=0,\\ x_2x_3=-4.\end{cases}$ 因此

$$BC=|x_2-x_3|=\sqrt{(x_2-x_3)^2}=\sqrt{(x_2+x_3)^2-4x_2x_3}=4,$$

故两个条件联合充分．

25. (E)

【解析】“能确定 xxx 的值”型的题目，故从条件出发．

条件(1)和条件(2)单独皆不充分，联合．

方法一：等比数列前 n 项和之比．

因为 $S_9\neq 3S_3$，故 $q\neq 1$. 根据等比数列前 n 项和之比，有

$$\frac{S_9}{S_3}=\frac{1-q^9}{1-q^3}=\frac{(1-q^3)(1+q^3+q^6)}{1-q^3}=1+q^3+q^6=13,$$

解得 $q^3=3$ 或 -4，故公比不唯一，联合也不充分．

方法二：连续等长片段和．

等比数列 $\{a_n\}$ 中，S_3，S_6-S_3，S_9-S_6 也成等比数列，公比为 q^3. 故有

$$S_3=2,$$
$$S_6-S_3=2q^3,$$
$$S_9-S_6=2q^6,$$

相加可得 $S_9=2+2q^3+2q^6=26$，解得 $q^3=3$ 或 -4，故公比不唯一，联合也不充分．

2025年全国硕士研究生招生考试
管理类综合能力试题

难度：★★★★　　　　得分：________

二、条件充分性判断：第16～25小题，每小题3分，共30分。要求判断每题给出的条件(1)和条件(2)能否充分支持题干所陈述的结论。(A)、(B)、(C)、(D)、(E)五个选项为判断结果，请选择一项符合试题要求的判断。

(A)条件(1)充分，但条件(2)不充分.

(B)条件(2)充分，但条件(1)不充分.

(C)条件(1)和条件(2)单独都不充分，但条件(1)和条件(2)联合起来充分.

(D)条件(1)充分，条件(2)也充分.

(E)条件(1)和条件(2)单独都不充分，条件(1)和条件(2)联合起来也不充分.

16. 甲、乙、丙三人共同完成了一批零件的加工，三人的工作效率互不相同，已知他们的工作效率之比. 则能确定这批零件的数量.

(1)已知甲、乙两人加工零件数量之差.

(2)已知甲、丙两人加工零件数量之和.

17. 设 m，n 为正整数. 则能确定 m，n 的乘积.

(1)已知 m，n 的最大公约数.

(2)已知 m，n 的最小公倍数.

18. 甲班有34人，乙班有36人，在满分为100的考试中，甲班总分数与乙班总分数相等. 则可知两班的平均分之差.

(1)两班的平均分都是整数.

(2)乙班的平均分不低于65.

19. 如图所示，在菱形 $ABCD$ 中，M，N 分别为 AD 和 CD 的中点，P 是 AC 上的动点. 则能确定 $PM+PN$ 的最小值.

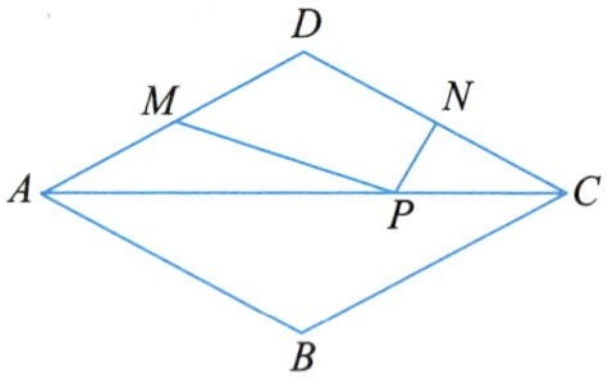

(1)已知 AC.

(2)已知 AB.

20. 在分别标记了数字1，2，3，4，5，a 的6张卡片中随机抽取2张. 则这两张卡片上的数字之和为奇数的概率大于 $\frac{1}{2}$.

(1) $a=7$.

(2) $a=8$.

21. 设 a，b 为实数．则$(a+b\sqrt{2})^{\frac{1}{2}}=1+\sqrt{2}$.

(1)$a=3$，$b=2$.

(2)$(a-b\sqrt{2})(3+2\sqrt{2})=1$.

22. 设 p，q 是常数，若等腰三角形的底和腰长分别是方程 $x^2-3px+q=0$ 的两个不同的解．则可以确定该三角形的形状．

(1)$q\leqslant 2p^2$.

(2)$p\geqslant 2$.

23. 设 x，y 是实数．则 $\sqrt{2x^2+2y^2}-|x|-y^2\geqslant 0$.

(1)$|x|\leqslant 1$.

(2)$|y|\leqslant 1$.

24. 已知 a_1，a_2，…，a_5 为实数．则 a_1，a_2，…，a_5 为等差数列．

(1)$a_1+a_5=a_2+a_4$.

(2)$a_1+a_5=2a_3$.

25. 已知曲线 L：$y=a(x-1)(x-7)$. 则能确定实数 a 的值．

(1)L 与圆$(x-4)^2+(y+1)^2=10$ 有三个交点．

(2)L 与圆$(x-4)^2+(y-4)^2=25$ 有四个交点．

答案详解

答案速查

16～20　(D)(C)(E)(B)(D)	21～25　(A)(A)(B)(E)(C)

16. (D)

【解析】"能确定 xxx 的值"型的题目，故从条件出发．且本题属于"已知……的值"类型的题目，可以用赋值法进行分析．

赋值法．设甲、乙、丙的工作效率之比为 $3:2:1$. 因为时间相同时，效率之比＝工作量之比，则甲、乙、丙三人加工零件数量之比为 $3:2:1$.

条件(1)：设甲、乙两人加工零件数量之差为 5，则 1 份代表 5 个零件，故这批零件总数为 $5\times(3+2+1)=30$，充分．

条件(2)：设甲、丙两人加工零件数量之和为 8，则 4 份代表 8 个零件，1 份代表 2 个零件，故这批零件总数为 $2\times(3+2+1)=12$，充分．

17. (C)

【解析】"能确定 xxx 的值"型的题目，故从条件出发．且本题属于"已知……的值"类型的题目，可以用赋值法进行分析．

条件(1)：设两个数的最大公约数是 2，则这两个数可以是 2，4 或 2，8 等，m，n 的乘积不能唯一确定，不充分．

条件(2)：设两个数的最小公倍数是 8，则这两个数可以是 2，8 或 4，8 等，m，n 的乘积不能唯一确定，不充分．

联合两个条件，m，n 的乘积等于 m，n 的最大公约数和最小公倍数的乘积，故充分．

18. (E)

【解析】本质就是"能确定 xxx 的值"型的题目，故从条件出发．

两个条件单独显然不充分，联合．

设甲、乙两班平均分分别为 a，b，则有 $34a=36b$，化简得 $\frac{a}{b}=\frac{18}{17}$，故 a，b 分别为 18 和 17 的倍数．

因为 $65\leqslant b\leqslant 100$，穷举得 $b=68$，$a=72$ 或 $b=85$，$a=90$，故两班的平均分之差为 4 或 5，值不唯一，不充分．

19. (B)

【解析】本题为"能确定 xxx 的值"型的题目，常规做法为从条件出发，但结论所求点 P 为动点，从条件出发有多种可能性，不易求解．要求 $PM+PN$ 的最小值，显然属于"同侧求最小值"类型的对称问题，可以先从结论出发，结合题干找出所求点 P 的位置，求出等价结论，再判断条件是否充分．

作点 N 关于 AC 的对称点 N'，连接 MN'，与 AC 的交点即为所求点 P，则 MN'的长度即为 $PM+PN$ 的最小值 . M 为 AD 的中点，由对称性可知，N'为 BC 的中点，根据菱形的性质可知，$MN'=AB$，故条件(1)不充分，条件(2)充分 .

20.（D）

【解析】结论的概率计算需要用到 a 的值，而条件给出了 a 的值，故从条件出发 .

两个数和为奇数，必然是一奇一偶 .

条件(1)：当 $a=7$ 时，6 张卡片中有 4 个奇数、2 个偶数，故所求概率为$\frac{C_4^1C_2^1}{C_6^2}=\frac{8}{15}>\frac{1}{2}$，充分 .

条件(2)：当 $a=8$ 时，6 张卡片有 3 个奇数、3 个偶数，故所求概率为$\frac{C_3^1C_3^1}{C_6^2}=\frac{3}{5}>\frac{1}{2}$，充分 .

21.（A）

【解析】结论需要用到条件给的 a，b 的值或等量关系才能计算，故从条件出发 .

条件(1)：当 $a=3$，$b=2$ 时，有

$$(a+b\sqrt{2})^{\frac{1}{2}}=(3+2\sqrt{2})^{\frac{1}{2}}=\sqrt{1+2\sqrt{2}+2}=\sqrt{(1+\sqrt{2})^2}=1+\sqrt{2},$$

充分 .

条件(2)：$a-b\sqrt{2}=\frac{1}{3+2\sqrt{2}}=3-2\sqrt{2}$. 举反例，令 $a=3-2\sqrt{2}$，$b=0$，则

$$(a+b\sqrt{2})^{\frac{1}{2}}=(3-2\sqrt{2})^{\frac{1}{2}}=\sqrt{1-2\sqrt{2}+2}=\sqrt{(\sqrt{2}-1)^2}=\sqrt{2}-1,$$

不充分 .

【易错警示】条件(2)容易忽略 a 和 b 是无理数的情况，从而误选(D)项 .

22.（A）

【解析】题干的方程是已知的，两个不同的解也是已知的解，确定三角形的形状需要判断两个解哪个是底，哪个是腰，当两个解和底、腰分别对应时，三角形的形状就能确定 . 条件给出的是不等式，无法代入计算，故可以从结论出发，转化为等价结论，再判断条件是否充分 .

设方程 $x^2-3px+q=0$ 的两个不同的解分别为 x_1，$x_2(x_1<x_2)$. 若想确定该三角形的形状，则需确定 x_1，x_2 与腰和底的对应关系 .

若 $2x_1>x_2$，举反例，令 $x_1=3$，$x_2=5$，则等腰三角形的三边可以是 3，3，5 或 3，5，5，有两种情况，故不能确定三角形的形状 .

若 $2x_1\leqslant x_2$，例如 $x_1=3$，$x_2=6$，根据三角形的三边关系可知，3，3，6 这种情况构不成三角形，故必然只有 3，6，6 这一种情况，即能确定三角形的形状 .

故结论等价于 $2x_1\leqslant x_2$.

由求根公式，得 $x_1=\frac{3p-\sqrt{9p^2-4q}}{2}$，$x_2=\frac{3p+\sqrt{9p^2-4q}}{2}$，即证

$$2\times\frac{3p-\sqrt{9p^2-4q}}{2}\leqslant\frac{3p+\sqrt{9p^2-4q}}{2},$$

化简得 $p\leqslant\sqrt{9p^2-4q}$. 因为方程的两根均为正数，故有 $x_1+x_2=3p>0$，即 $p>0$，将根式不等式两边平方，整理得 $q\leqslant 2p^2$，故条件(1)充分，条件(2)不充分 .

23.（B）

【解析】结论的不等式很复杂，很难直接找到条件与结论之间的联系，但是结论可以简化或推导，因此可以从结论出发．

令 $|x|=a\geqslant0$，$|y|=b\geqslant0$，则结论等价于 $\sqrt{2a^2+2b^2}-a-b^2\geqslant0\Rightarrow\sqrt{2a^2+2b^2}\geqslant a+b^2$．

方法一：条件(1)：举反例，令 $|x|=a=0$，$|y|=b=2$，则 $\sqrt{2a^2+2b^2}=2\sqrt{2}$，$a+b^2=4$，故 $\sqrt{2a^2+2b^2}<a+b^2$，条件(1)不充分．

条件(2)：配方法．$\sqrt{2a^2+2b^2}\geqslant a+b^2$ 两边平方，得

$$\begin{aligned}&2a^2+2b^2\geqslant a^2+2ab^2+b^4\\&\Rightarrow a^2+2b^2-2ab^2-b^4\geqslant0\\&\Rightarrow a^2-2ab^2+b^4+2b^2-2b^4\geqslant0\\&\Rightarrow(a-b^2)^2+2b^2(1-b^2)\geqslant0.\end{aligned}$$

由条件得 $b\leqslant1$，则 $1-b^2\geqslant0$，故 $(a-b^2)^2+2b^2(1-b^2)\geqslant0$ 成立，条件(2)充分．

方法二：由柯西不等式，得 $\sqrt{2a^2+2b^2}\geqslant\sqrt{(a+b)^2}=a+b$．若结论成立，则 $a+b\geqslant a+b^2$，即 $0\leqslant b\leqslant1$，故 $|y|\leqslant1$．条件(1)不充分，条件(2)充分．

24.（E）

【解析】结论需要用到条件给的等量关系，显然从条件出发；且结论只需要确认是否为等差数列即可，并非要求出数列的通项公式或递推公式，故可以举反例．

条件(1)：举反例，令 a_1，a_2，…，a_5 分别为1，1，1，2，2，条件(1)不充分．

条件(2)：举反例，令 a_1，a_2，…，a_5 分别为1，0，1，0，1，条件(2)不充分．

联合两个条件，依然可以举反例，令 a_1，a_2，…，a_5 分别为1，0，1，2，1，故联合也不充分．

25.（C）

【解析】“能确定xxx的值”型的题目，故从条件出发．

由两个条件可知，曲线 L 是抛物线，与 x 轴的交点分别是(1，0)，(7，0)，对称轴为 $x=4$．

条件(1)：易知圆 $(x-4)^2+(y+1)^2=10$ 过(1，0)，(7，0)两点，且圆心在抛物线对称轴上．若 L 与圆有三个交点，由对称性知，第三个交点一定为抛物线顶点．如图所示，抛物线顶点有两种情况，对应的 a 的值也有两个，故条件(1)不充分．

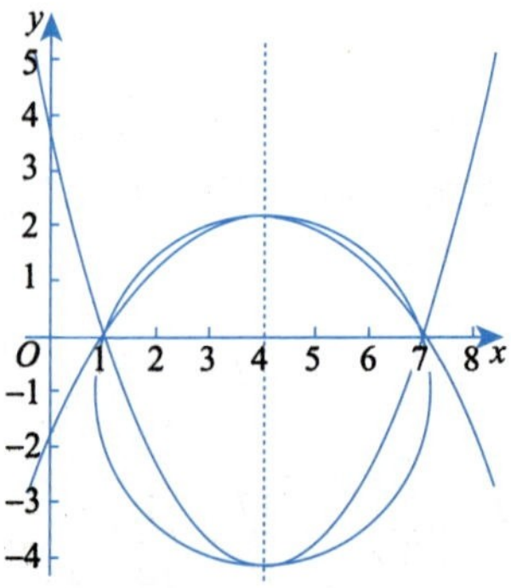

条件(2)：易知圆 $(x-4)^2+(y-4)^2=25$ 过(1，0)，(7，0)两点，且圆心在抛物线对称轴上．L 与圆有四个交点，如图所示，另两个交点位置不确定，则无法确定 a 的值，故条件(2)不充分．

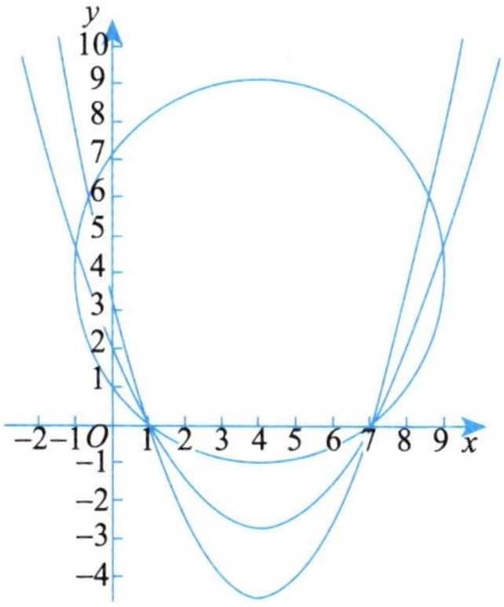

联合两个条件，条件(1)的两条抛物线中，只有开口向上的情况符合条件(2)(抛物线开口向下时，与圆$(x-4)^2+(y-4)^2=25$只有两个交点)，如图所示，故两个条件联合充分．

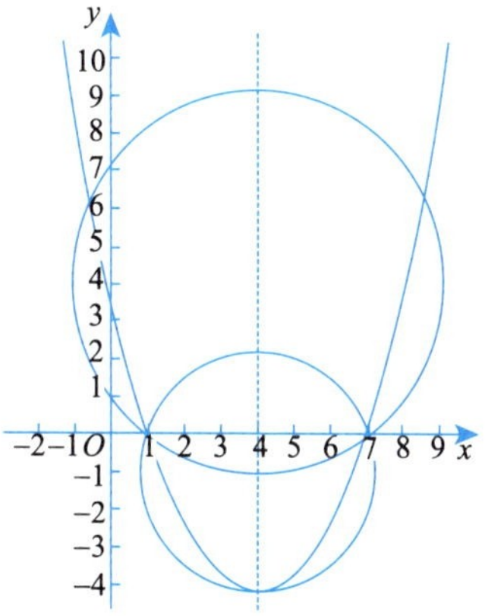

第 6 部分

满分必刷卷

满分必刷卷 1

难度：★★　　　得分：________

条件充分性判断：每小题 3 分，共 30 分。要求判断每题给出的条件（1）和条件（2）能否充分支持题干所陈述的结论。(A)、(B)、(C)、(D)、(E)五个选项为判断结果，请选择一项符合试题要求的判断。

(A)条件(1)充分，但条件(2)不充分．

(B)条件(2)充分，但条件(1)不充分．

(C)条件(1)和条件(2)单独都不充分，但条件(1)和条件(2)联合起来充分．

(D)条件(1)充分，条件(2)也充分．

(E)条件(1)和条件(2)单独都不充分，条件(1)和条件(2)联合起来也不充分．

1. 能确定数列$\{a_n\}$．

(1)数列$\{a_n\}$是等差数列，且$a_1=1$，$a_{11}=9$．

(2)数列$\{a_n\}$是等比数列，且$a_1=1$，$a_{11}=9$．

2. 在$(ax+1)^8$的展开式中，x^2的系数与x^3的系数相等．

(1)$a=2$．

(2)$a=\frac{1}{2}$．

3. 从一根高为 20 厘米的圆柱形木块的顶端截下 5 厘米．则能确定原来圆柱形木块的表面积．

(1)表面积减小了 40π 平方厘米．

(2)体积减小了 80π 立方厘米．

4. 已知$|x|=5$，$|y|=7$．则可以确定$x-y$的值．

(1)$x+y>0$．

(2)$|x-y|=y-x$．

5. $\frac{2x-3xy-2y}{x-2xy-y}=3$．

(1)$\frac{1}{x}-\frac{1}{y}=3$．

(2)$\frac{1}{y}-\frac{1}{x}=3$．

6. 已知a，b，c是实数，且$ac>0$．则$ab(a-c)>0$．

(1)$a>b>c$．

(2)$c(b-a)>0$．

7. 已知 a，b，c，d，e 是 5 个整数．则能确定这 5 个数的方差．

(1)a，b，c，d，e 为等差数列，且公差已知．

(2)已知 c 的值．

8. 古代典籍《周易》用“卦”来描述世间万物的变化，每一重卦由上而下分为 6 个爻，“——”称之为阳爻，“－－”称之为阴爻．在所有卦中，随机抽取一卦．则 $P>\frac{1}{4}$.

(1)恰好有 2 个阳爻的概率为 P.

(2)恰好有 3 个阴爻的概率为 P.

9. 设二次函数 $f(x)=ax^2+bx+c$. 则方程 $f(x)=0$ 有两个不同的实根．

(1)$a>b>c$.

(2)$f(1)=0$.

10. 等腰梯形的面积为 32.

(1)梯形的中位线为 8，高为 4.

(2)梯形的周长为 26，下底比上底长 6，腰比高长 1.

满分必刷卷 1 答案详解

答案速查

1～5 (A)(B)(D)(E)(B)	6～10 (A)(A)(B)(C)(D)

1.(A)

【解析】结论没有任何信息，显然无法确定$\{a_n\}$，条件给出了$\{a_n\}$的相关信息，故从条件出发.

条件(1)：数列是等差数列，则$d=\frac{a_{11}-a_1}{11-1}=\frac{8}{10}=\frac{4}{5}$，确定了首项和公差，数列即可确定，充分.

条件(2)：数列是等比数列，则$q^{10}=\frac{a_{11}}{a_1}=9\Rightarrow q=\pm\sqrt[10]{9}$，公比无法唯一确定，不充分.

2.(B)

【解析】结论含有未知数a，而两个条件分别给出了a的值，故可以从条件出发. 但是从条件出发需要计算两遍，根据结论的表述可以看出，结论是可以列出等式的，因此也可以从结论出发.

由二项式定理，可得x^2项为$C_8^2\times(ax)^2\times1^6=28a^2x^2$，$x^3$项为$C_8^3\times(ax)^3\times1^5=56a^3x^3$.

若结论成立，则$28a^2=56a^3$，解得$a=\frac{1}{2}$或$a=0$(舍). 所以条件(1)不充分，条件(2)充分.

3.(D)

【解析】“能确定xxx的值”型的题目，结论显然无法计算，故从条件出发.

设圆柱形木块的底面半径为r厘米.

条件(1)：表面积减小$2\pi r\times5=40\pi$，解得$r=4$，可以计算出原来圆柱形木块的表面积$2\pi r^2+2\pi rh$的值，充分.

条件(2)：体积减小$\pi r^2\times5=80\pi$，解得$r=4$，则两个条件为等价关系，充分.

4.(E)

【解析】“能确定xxx的值”型的题目，故从条件出发.

条件(1)：由题意得$\begin{cases}x=5,\\y=7\end{cases}$或$\begin{cases}x=-5,\\y=7,\end{cases}$则$x-y=-2$或$-12$，值不唯一，所以条件(1)不充分.

条件(2)：由题意得$x-y\leqslant0$，得$\begin{cases}x=5,\\y=7\end{cases}$或$\begin{cases}x=-5,\\y=7,\end{cases}$则两个条件为等价关系，所以条件(2)也不充分，联合也不充分.

5.(B)

【解析】方法一：结论的计算需要用到条件所给的x，y的等量关系，故可以从条件出发.

条件(1)：整理得$\frac{y-x}{xy}=3$，则$x-y=-3xy$，代入结论左式，可得

$$\frac{2x-3xy-2y}{x-2xy-y}=\frac{2(x-y)-3xy}{x-y-2xy}=\frac{2(-3xy)-3xy}{-3xy-2xy}=\frac{9}{5},$$

故条件(1)不充分．

条件(2)：整理得$\frac{x-y}{xy}=3$，则 $x-y=3xy$，代入结论左式，可得

$$\frac{2x-3xy-2y}{x-2xy-y}=\frac{2(x-y)-3xy}{x-y-2xy}=\frac{2\times 3xy-3xy}{3xy-2xy}=3,$$

故条件(2)充分．

方法二：结论的等式可以通过化简出现条件所给的形式，故也可以从结论出发．

由题可得 $xy\neq 0$. 若结论成立，将等式左侧的分子、分母同时除以 xy，得

$$\frac{2x-3xy-2y}{x-2xy-y}=\frac{\frac{2}{y}-3-\frac{2}{x}}{\frac{1}{y}-2-\frac{1}{x}}=\frac{2\left(\frac{1}{y}-\frac{1}{x}\right)-3}{\left(\frac{1}{y}-\frac{1}{x}\right)-2}=3,$$

整理得$\frac{1}{y}-\frac{1}{x}=3$. 故条件(1)不充分，条件(2)充分．

6.(A)

【解析】结论中的不等式显然无法判断，要想证明该不等式就需要 a，b，c 的大小关系，故从条件出发，且不等式可以用反例直接验证条件的不充分性，所以推导前可以先举反例．

条件(1)：因为 $ac>0$ 且 $a>b>c$，故 a，b，c 同号，则 $ab>0$，$a-c>0$，故 $ab(a-c)>0$，充分．

条件(2)：举反例，令 $a=c=1$，$b=2$，则 $ab(a-c)=0$，不充分．

7.(A)

【解析】“能确定 xxx 的值”型的题目，故从条件出发．

条件(1)：设 a，b，c，d，e 的公差为 m. 由于 a，b，c，d，e 成等差数列，故 a，b，c，d，e 的平均值为 c，则方差为

$$\begin{aligned}S^2&=\frac{1}{5}\times[(a-c)^2+(b-c)^2+(c-c)^2+(d-c)^2+(e-c)^2]\\&=\frac{1}{5}\times[(-2m)^2+(-m)^2+m^2+(2m)^2]\\&=\frac{1}{5}\times 10m^2=2m^2,\end{aligned}$$

公差 m 已知，故条件(1)充分．

条件(2)：显然不充分．

8.(B)

【解析】结论求 P 的范围，P 的计算是建立在条件的背景前提下的，故从条件出发．

方法一：古典概型．

一卦分为 6 个爻，每个爻有“阳爻”“阴爻”两种，因此共有 $2^6=64$(卦).

条件(1)：恰好有 2 个阳爻的概率为 $P=\frac{C_6^2C_4^4}{64}=\frac{15}{64}<\frac{1}{4}$，不充分．

条件(2)：恰好有 3 个阴爻的概率为 $P=\frac{C_6^3C_3^3}{64}=\frac{5}{16}>\frac{1}{4}$，充分．

方法二：伯努利概型．

每个爻是阴爻、阳爻的概率相等，均为$\frac{1}{2}$．

条件(1)：6 个爻中恰好有 2 个阳爻的概率为 $P=C_6^2\times\left(\frac{1}{2}\right)^2\times\left(\frac{1}{2}\right)^4=\frac{15}{64}<\frac{1}{4}$，不充分．

条件(2)：6 个爻中恰好有 3 个阴爻的概率为 $P=C_6^3\times\left(\frac{1}{2}\right)^3\times\left(\frac{1}{2}\right)^3=\frac{5}{16}>\frac{1}{4}$，充分．

9.（C）

【解析】本题的结论是确定性的，且可以转化为数学表达式，通过化简得到 a，b，c 的数量关系，故从结论出发，先求出等价结论，再判断条件是否充分，且不等式可以尝试举反例．
若结论成立，则需满足 $\Delta=b^2-4ac>0$．
条件(1)：举反例，令 $a=3$，$b=2$，$c=1$，此时 $b^2-4ac<0$，不充分．
条件(2)：$a+b+c=0\Rightarrow b=-a-c$，此时 $\Delta=b^2-4ac=(-a-c)^2-4ac=(a-c)^2\geqslant0$，不充分．
联合两个条件，因为 $a>c$，则 $\Delta=(a-c)^2>0$，故联合充分．

10.（D）

【解析】结论要确定梯形的面积，需要用到条件所给出的数据，故从条件出发．
条件(1)：梯形的中位线长度为上底加下底的一半，所以梯形的面积为 $S=4\times8=32$，故条件(1)充分．
条件(2)：设梯形的高为 x，则梯形的腰为 $x+1$，由勾股定理，可得 $x^2+3^2=(x+1)^2$，解得 $x=4$．故梯形的高为 4，腰为 5，上底＋下底＝周长－2×腰＝26－2×5＝16，梯形的面积为 $S=\frac{1}{2}\times4\times16=32$，故条件(2)也充分．

满分必刷卷 2

难度：★★　　　　得分：________

条件充分性判断：每小题 3 分，共 30 分。要求判断每题给出的条件（1）和条件（2）能否充分支持题干所陈述的结论。(A)、(B)、(C)、(D)、(E)五个选项为判断结果，请选择一项符合试题要求的判断。

(A)条件(1)充分，但条件(2)不充分.

(B)条件(2)充分，但条件(1)不充分.

(C)条件(1)和条件(2)单独都不充分，但条件(1)和条件(2)联合起来充分.

(D)条件(1)充分，条件(2)也充分.

(E)条件(1)和条件(2)单独都不充分，条件(1)和条件(2)联合起来也不充分.

1. 2022 年年底 A 公司对甲厂进行投资，要求到 2024 年年底甲厂产值的年平均增长率不低于 50%，否则将撤资，已知甲厂 2022 年年底产值为 100 万. 则 A 公司未撤资.

(1)已知 2023 年年底甲厂产值为 150 万.

(2)已知 2022—2024 年的总产值为 475 万.

2. 某家公司在去年第四季度共售出若干件产品，其中女性客户平均每人购买了 2 件，男性客户平均每人购买了 3 件. 则能确定去年第四季度的产品销售量.

(1)如果只由女性客户购买，则平均每人需购买 8 件产品才能达到同样的销售量.

(2)如果只由男性客户购买，则平均每人需购买 4 件产品才能达到同样的销售量.

3. 已知 x 为无理数. 则 $(x+2)^2$ 为有理数.

(1)已知 $(x+1)(x+3)$ 为有理数.

(2)已知 $(x-1)(x-3)$ 为有理数.

4. 方程 $ax^2+(a-1)x-6=0$ 的一个根大于 1，另一个根小于 1.

(1) $0<a<3$.

(2) $0<a\leqslant\frac{7}{2}$.

5. 已知圆 O：$x^2+y^2-2x+2y=a$. 则可以确定 a 的值.

(1)圆 O 与直线 $y=2x+1$ 相切.

(2)圆 O 与 y 轴相切.

6. 已知等差数列 $\{a_n\}$ 的前 n 项和为 S_n. 则 $S_n=n^2$.

(1) $S_4=4S_2$.

(2) $a_2=2a_1+1$.

7. 已知 x，y，z 是实数，且 $xyz\neq0$. 则可以确定$\dfrac{x^2+y^2-z^2}{xy-yz+zx}$的值．

(1)$2x+3y-13z=0$.

(2)$x-2y+4z=0$.

8. 已知数列$\{a_n\}$的通项公式为$a_n=|n-c|(n\in\mathbf{N}_+)$. 则$\{a_n\}$为递增数列．

(1)$c<1$.

(2)$c>1$.

9. 已知 x，$y\in\mathbf{N}_+$. 则 x^2+y^2 除以 4 的余数是 1.

(1)x，y 是质数．

(2)x 是偶数，y 是奇数．

10. 若连掷两次骰子，将得到的点数作为点 P 的坐标．则点 P 落在区域 S 的概率为$\dfrac{11}{36}$.

(1)S：$|x-2|+|y-2|\leqslant2$.

(2)S：$x^2+y^2>25$.

满分必刷卷 2　答案详解

答案速查

1～5　(C)(E)(A)(A)(D)	6～10　(C)(C)(A)(B)(A)

1.(C)

【解析】结论的计算需要用到条件所给的产值信息，故从条件出发.

年平均增长率只与 2022 年和 2024 年年底产值有关，但条件(1)与条件(2)单独都不知道 2024 年年底的产值情况，故单独均不充分，需要联合.

联合两个条件，可以求出 2024 年年底的产值为 225 万，因此年平均增长率为$\sqrt{\frac{225}{100}}-1=50\%$，故 A 公司未撤资. 两个条件联合充分.

2.(E)

【解析】"能确定 xxx 的值"型的题目，故从条件出发.

设去年第四季度的女性客户有 x 人，男性客户有 y 人，则去年第四季度的产品销售量为 $2x+3y$.

条件(1)：$8x=2x+3y$，解得 $2x=y$，无法求出 $2x+3y$ 的值，条件(1)不充分.

条件(2)：$4y=2x+3y$，解得 $y=2x$，两个条件为等价关系，故条件(2)不充分，联合也不充分.

【秒杀方法】总销量与客户人数有关，题目没有给出任何一个关于实际人数的条件，故单独均不充分，联合也不充分.

3.(A)

【解析】结论的判断需要用到条件所给的关于 x 的代数式的特点，故从条件出发.

条件(1)：$(x+1)(x+3)=x^2+4x+3$ 为有理数，即 x^2+4x 为有理数.

$(x+2)^2=x^2+4x+4$，其一定为有理数，充分.

条件(2)：$(x-1)(x-3)=x^2-4x+3$ 为有理数，即 x^2-4x 为有理数.

$(x+2)^2=x^2+4x+4=x^2-4x+4+8x$，其中 x^2-4x+4 为有理数，$8x$ 为无理数，相加一定为无理数，不充分.

4.(A)

【解析】结论给出具体的根的分布情况，本身可以转化为数学表达式直接计算，故从结论出发，求出 a 的取值范围，再判断条件是否充分.

令 $f(x)=ax^2+(a-1)x-6=0$，若结论成立，则由区间根问题的结论可知，$af(1)<0$，即

$$a(2a-7)<0\Rightarrow 0<a<\frac{7}{2},$$

故条件(1)充分，条件(2)不充分.

5. (D)

【解析】"能确定 xxx 的值"型的题目，故从条件出发.

将圆的方程化为标准式，得$(x-1)^2+(y+1)^2=a+2$，圆心为$(1,-1)$，半径为$\sqrt{a+2}$.

条件(1)：圆与直线相切，则圆心$(1,-1)$到直线$2x-y+1=0$的距离等于半径，即$d=\frac{|2-(-1)+1|}{\sqrt{5}}=\sqrt{a+2}$，解得$a=\frac{6}{5}$，故条件(1)充分.

条件(2)：圆与y轴相切，则圆心横坐标的绝对值等于半径，即$1=\sqrt{a+2}$，解得$a=-1$，故条件(2)充分.

6. (C)

【解析】结论的计算需要用到条件所给的等差数列的等量关系，故从条件出发.

条件(1)：根据$S_4=4S_2$可得$2(a_1+a_4)=4(a_1+a_2)$，整理得$2a_1=d$，但是不能确定a_1或d的值，故条件(1)不充分.

条件(2)：根据$a_2=2a_1+1$可得$d=a_1+1$，不能确定a_1或d的值，故条件(2)不充分.

联合两个条件，可得$\begin{cases}2a_1=d,\\d=a_1+1,\end{cases}$解得$\begin{cases}a_1=1,\\d=2,\end{cases}$所以数列$\{a_n\}$是以1为首项、2为公差的等差数列，$S_n=na_1+\frac{n(n-1)}{2}d=n+n(n-1)=n^2$. 两个条件联合充分.

7. (C)

【解析】"能确定 xxx 的值"型的题目，故从条件出发.

齐次分式的求解需要知道各字母的比例关系，两个条件单独显然不充分，联合.

$\begin{cases}2x+3y-13z=0①,\\x-2y+4z=0②,\end{cases}$式①−式②×2，得$y=3z$，代入式②中，得$x=2z$.

赋值法，令$z=1$，则$x=2$，$y=3$，故$\frac{x^2+y^2-z^2}{xy-yz+zx}=\frac{4+9-1}{6-3+2}=\frac{12}{5}$，联合充分.

8. (A)

【解析】a_n的通项含有绝对值，不好直接计算，但条件给出了c的取值范围，可简化绝对值，进而判断数列的增减性，故从条件出发，且两个条件为矛盾关系，最多只有一个充分，可以举反例快速验证其中一个条件的不充分性.

条件(1)：当$c<1$时，$n-c>0$恒成立，故$a_n=n-c$，显然$\{a_n\}$为递增数列，充分.

条件(2)：举反例，当$c=2$时，$a_1=1$，$a_2=0$，不充分.

9. (B)

【解析】结论的计算需要用到条件所给的x，y的性质，故从条件出发，且数域中的数过多，直接推导可能比较困难，可以先举反例快速验证条件的不充分性.

条件(1)：举反例，令$x=y=2$，$x^2+y^2=16$，16除以4的余数为0，不充分.

条件(2)：设$x=2m$，$y=2n-1(m,n\in\mathbf{N}_+)$，则

$$x^2+y^2=4m^2+4n^2-4n+1=4(m^2+n^2-n)+1,$$

故x^2+y^2除以4的余数是1，充分.

10.（A）

【解析】结论的计算需要用到条件所给的区域 S，故从条件出发 .

点 P 的不同坐标共有 $6\times6=36$(个).

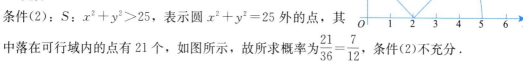

条件(1)：S：$|x-2|+|y-2|\leqslant2$ 是由$\begin{cases}x-y\geqslant-2,\\x+y\geqslant2,\\x-y\leqslant2,\\x+y\leqslant6\end{cases}$围成的正方形区域，表示正方形上或正方形内的点，其中落在可行域内的点有 11 个，如图所示，故所求概率为$\frac{11}{36}$，条件(1)充分 .

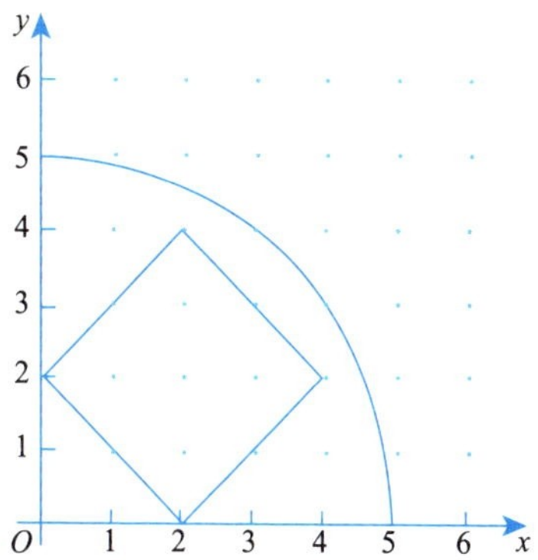

条件(2)：S：$x^2+y^2>25$，表示圆 $x^2+y^2=25$ 外的点，其中落在可行域内的点有 21 个，如图所示，故所求概率为$\frac{21}{36}=\frac{7}{12}$，条件(2)不充分 .

满分必刷卷 3

难度：★★☆　　　　得分：________

条件充分性判断：每小题 3 分，共 30 分。要求判断每题给出的条件（1）和条件（2）能否充分支持题干所陈述的结论。(A)、(B)、(C)、(D)、(E)五个选项为判断结果，请选择一项符合试题要求的判断。

(A)条件(1)充分，但条件(2)不充分.

(B)条件(2)充分，但条件(1)不充分.

(C)条件(1)和条件(2)单独都不充分，但条件(1)和条件(2)联合起来充分.

(D)条件(1)充分，条件(2)也充分.

(E)条件(1)和条件(2)单独都不充分，条件(1)和条件(2)联合起来也不充分.

1. 某校共有学生 310 名.

(1)该校男生人数的$\frac{6}{11}$等于女生人数的$\frac{7}{13}$.

(2)该校男生人数的$\frac{1}{7}$比女生人数的$\frac{1}{6}$少 4.

2. 某人乘出租车从甲地到乙地共支付车费 19 元. 则甲地到乙地的路程最远为 8 千米.

(1)出租车的起步价为 7 元(即行驶距离不超过 3 千米需支付 7 元车费).

(2)出租车行驶超过 3 千米后，每增加 1 千米加收 2.4 元(不足 1 千米按 1 千米计).

3. 已知 a，b，c 为三个连续的奇数. 则 $a+b=32$.

(1)$10<a<b<c<20$.

(2)b 和 c 为质数.

4. 已知 a，b 是实数. 则 $|a|\leqslant 2$.

(1)$|b|\leqslant 1$.

(2)$|a-b|\leqslant 1$.

5. 甲、乙、丙三个同学参加期末考试，不及格的概率分别为 0.2，0.3，0.4. 则 $P(A)=0.132$.

(1)记恰好有两位同学不及格为事件 A.

(2)记有两位同学不及格，其中一位恰好是乙为事件 A.

6. 已知长方体的八个顶点都在同一个球面上. 则可以确定球的体积.

(1)已知长方体共顶点的三条棱长.

(2)已知长方体共顶点的三个面的面积.

7. 已知 p，q 为常数，且 $f(x)=x^3-2x^2+px+q$. 则可以确定 $p+q$ 的值.

(1) $f(x)$ 除以 x^2-4 的余式为 $2x+1$.

(2) $2x+1$ 是 $f(x)$ 的因式.

8. 已知两个非空集合 $A=\{x\mid 10+3x-x^2\geqslant 0\}$，$B=\{x\mid m+1\leqslant x\leqslant 2m-1\}$. 则 $A\cap B=\varnothing$.

(1) $m>4$.

(2) $m<-\dfrac{1}{2}$.

9. 设 x，y 是正实数. 则可以确定 x^2-xy+y^2 的最小值.

(1) $xy=2$.

(2) $x+y=3$.

10. 已知数列 $\{a_n\}$ 满足 $a_2-a_1=1$，前 n 项和为 S_n. 则 $\{a_n\}$ 是等差数列.

(1) 当 $n\geqslant 2$ 时，$S_{n-1}-1$，S_n，S_{n+1} 成等差数列.

(2) 当 $n\geqslant 2$ 时，$S_{n-1}+1$，S_n，$S_{n+1}-2$ 成等差数列.

满分必刷卷3 答案详解

答案速查

1～5 (C)(C)(C)(C)(B)	6～10 (D)(A)(A)(D)(D)

1. (C)

【解析】结论的计算只能利用条件给出的男、女人数的等量关系，故从条件出发.

设男生人数为 x，女生人数为 y.

条件(1)：由条件得 $\frac{6}{11}x=\frac{7}{13}y$，不能求出学校一共有多少人，所以条件(1)不充分.

条件(2)：由条件得 $\frac{1}{7}x+4=\frac{1}{6}y$，也不能求出学校一共有多少人，所以条件(2)也不充分.

联合两个条件，可得 $\begin{cases}\frac{6}{11}x=\frac{7}{13}y,\\ \frac{1}{7}x+4=\frac{1}{6}y,\end{cases}$ 解得 $\begin{cases}x=154,\\ y=156,\end{cases}$ 总人数是310，所以联合充分.

2. (C)

【解析】结论的计算需要用到条件所给的收费标准，故从条件出发.

变量缺失型互补关系. 19元>7元，显然总路程超过了3千米，故起步价和里程价都不可缺少，需要联合.

里程价一共是 $19-7=12$(元)，$12\div2.4=5$(千米)，即超过起步价的12元最远可行驶5千米，则甲地到乙地的路程最远为8千米. 两个条件联合充分.

3. (C)

【解析】连续的奇数很多，显然无法唯一确定 $a+b$ 的值，需要其他条件的补充，故从条件出发. 且结论的值是唯一的，可以先通过举反例快速验证条件的不充分性.

条件(1)：举反例，令 $a=11$，$b=13$，$c=15$，故条件(1)不充分.

条件(2)：举反例，令 $b=3$，$c=5$，$a=1$，故条件(2)不充分.

联合两个条件，可知 b 和 c 是10～20之间的连续奇质数，有11，13和17，19两组符合题意，又 a 也是10～20之间的奇数，且 $a<b<c$，则 $a=15$，$b=17$，$c=19$，故 $a+b=32$，联合充分.

4. (C)

【解析】结论的计算需要用到条件所给的范围，故从条件出发. 且不等式可以用反例直接验证条件的不充分性，所以推导之前可以先举反例.

条件(1)：显然不充分.

条件(2)：举反例，令 $a=3$，$b=3$，则条件(2)不充分.

联合两个条件，由三角不等式得 $|a-b+b|\leqslant|a-b|+|b|\leqslant1+1$，所以 $|a|\leqslant2$，联合充分.

5. (B)

【解析】结论要求事件 A 的概率，P 的计算是建立在条件的背景前提下的，故从条件出发.

条件(1)：$P(A)=0.2\times0.3\times0.6+0.2\times0.7\times0.4+0.8\times0.3\times0.4=0.188$，不充分.

条件(2)：$P(A)=0.2\times0.3\times0.6+0.8\times0.3\times0.4=0.132$，充分.

6.（D）

【解析】“能确定 xxx 的值”型的题目，故从条件出发．

已知长方体内接于球，故长方体的体对角线＝球的直径．设长方体过一个顶点的三条棱长分别为 a，b，c．

条件(1)：已知 a，b，c，则长方体的体对角线为 $\sqrt{a^2+b^2+c^2}$，球的半径为 $\frac{\sqrt{a^2+b^2+c^2}}{2}$，半径能确定，故能确定球的体积，充分．

条件(2)：已知 ab，bc，ac，令 $ab=M$，$bc=N$，$ac=P$，三式相乘，再开方，得 $abc=\sqrt{MNP}$，则 $a=\frac{\sqrt{MNP}}{N}$，$b=\frac{\sqrt{MNP}}{P}$，$c=\frac{\sqrt{MNP}}{M}$，能求出 a，b，c 的值，故两个条件是等价关系，充分．

7.（A）

【解析】“能确定 xxx 的值”型的题目，故从条件出发．

条件(1)：由余式定理得 $\begin{cases}f(2)=5,\\f(-2)=-3\end{cases}\Rightarrow\begin{cases}8-8+2p+q=5,\\-8-8-2p+q=-3\end{cases}\Rightarrow\begin{cases}p=-2,\\q=9,\end{cases}$ 则 $p+q=7$，充分．

条件(2)：由因式定理得 $f\left(-\frac{1}{2}\right)=0\Rightarrow-\frac{1}{8}-\frac{1}{2}-\frac{p}{2}+q=0$，无法确定 $p+q$ 的值，不充分．

8.（A）

【解析】两个条件是 m 的取值范围，代入到题干条件中不好计算，但结论给出了关于集合 A 和 B 的运算，可以转化为对应的数学表达式，故从结论出发．

$A=\{x\mid-2\leqslant x\leqslant5\}$．若 $A\cap B=\varnothing$，则 $2m-1<-2$ 或 $m+1>5$，解得 $m<-\frac{1}{2}$ 或 $m>4$.

已知集合 B 是非空集合，故 $2m-1\geqslant m+1$，解得 $m\geqslant2$.

综上所述，若结论成立，则 m 的取值范围为 $m>4$.

故条件(1)充分，条件(2)不充分．

【易错警示】不要漏掉“B 是非空集合”，否则容易误选(D)项．

9.（D）

【解析】“能确定 xxx 的值”型的题目，故从条件出发．

条件(1)：利用均值不等式得 $x^2-xy+y^2\geqslant2xy-xy=xy=2$，当且仅当 $x=y=\sqrt{2}$ 时取等号，故 x^2-xy+y^2 的最小值为 2，条件(1)充分．

条件(2)：$y=3-x$，则 $x^2-xy+y^2=x^2-x(3-x)+(3-x)^2=3x^2-9x+9$，是关于 x 的二次函数，当 $x=\frac{3}{2}$ 时，函数有最小值 $\frac{9}{4}$，条件(2)充分．

10.（D）

【解析】结论的判断需要用到条件所给的 S_n 的等量关系，故从条件出发．

条件(1)：$S_{n+1}-S_n=S_n-(S_{n-1}-1)$，整理得 $a_{n+1}-a_n=1$，又 $a_2-a_1=1$，所以 $\{a_n\}$ 是等差数列，条件(1)充分．

条件(2)：$S_{n+1}-2-S_n=S_n-(S_{n-1}+1)$，解得 $a_{n+1}-a_n=1$，两个条件为等价关系，故条件(2)也充分．

满分必刷卷 4

难度：★★☆　　得分：________

条件充分性判断：每小题 3 分，共 30 分。要求判断每题给出的条件（1）和条件（2）能否充分支持题干所陈述的结论。(A)、(B)、(C)、(D)、(E)五个选项为判断结果，请选择一项符合试题要求的判断。

(A)条件(1)充分，但条件(2)不充分.

(B)条件(2)充分，但条件(1)不充分.

(C)条件(1)和条件(2)单独都不充分，但条件(1)和条件(2)联合起来充分.

(D)条件(1)充分，条件(2)也充分.

(E)条件(1)和条件(2)单独都不充分，条件(1)和条件(2)联合起来也不充分.

1. A，B 两家商店销售的某种商品原定价都是每件 20 元，现在两家商店促销，A 商店“九折优惠”，若小明要买 22 件这种商品. 则去 A 商店买更便宜.

(1)B 商店“买 10 件送 1 件”.

(2)B 商店“每满 100 元减 12 元”.

2. 设 a，b 为实数. 则 $||a|-|b||=|a+b|$.

(1)$b(a+b)\leqslant 0$.

(2)$b(a-b)\geqslant 0$.

3. 已知等差数列 $\{a_n\}$ 共有奇数项. 则可以确定数列的中间项.

(1)奇数项和为 44.

(2)偶数项和为 33.

4. 已知 4 名同学参加 3 项不同的竞赛. 则 $p>q$.

(1)每名同学都参加一项竞赛，有 p 种不同的结果.

(2)每项竞赛只允许有一名同学参加，有 q 种不同的结果.

5. 大树游泳馆有甲、乙、丙、丁四个注水管. 则能确定最快注满一池水的时间.

(1)同时打开甲、乙、丙，12 分钟可注满.

(2)同时打开乙、丙、丁，15 分钟可注满.

6. 已知直线 l_1：$x+ay-b=0$ 与直线 l_2：$(a+1)x+2y-14=0$，$l_1 /\!/ l_2$. 则可以确定 a 的值.

(1)$b=6$.

(2)$b=7$.

7. 已知 a，b 为实数．则 $|a+b|=2$.

(1)$\sqrt{12-6\sqrt{3}}=a+b\sqrt{3}$.

(2)a，b 是方程 $x^2-2x-4=0$ 的两根．

8. 已知数列 $\{a_n\}$ 的前 n 项和为 S_n，若 $S_{50}=150$，$S_{100}=180$. 则 $S_{150}=186$.

(1)数列 $\{a_n\}$ 是等差数列．

(2)数列 $\{a_n\}$ 是等比数列．

9. 在等腰直角$\triangle ABC$ 中，$\angle ACB=90^\circ$，$CO\perp AB$ 于点 O，E 为 BC 边上的点，连接 AE，与 CO 交于点 F. 则能确定$\dfrac{OF}{OA}$的值．

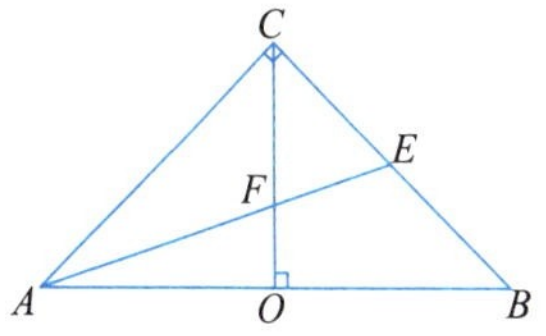

(1)点 E 为 BC 中点．

(2)$\dfrac{AC}{CE}=\sqrt{3}$.

10. 已知直线 $l_1/\!/l_2$，在 l_1 上有 4 个点，在 l_2 上有 7 个点．则 $n=126$.

(1)任取两点连成线段，这些线段在 l_1 和 l_2 之间最多有 n 个交点．

(2)这些点可以构成 n 个三角形．

满分必刷卷 4 答案详解

答案速查

1～5 (A)(A)(C)(C)(E)	6～10 (B)(B)(B)(D)(D)

1. (A)

【解析】比较 A，B 两家商店哪家更便宜，需要知道 B 商店的情况，故从条件出发.

A 商店：共花 $20\times22\times0.9=396$(元).

条件(1)：B 商店买 10 送 1，则买 22 件只需要花 20 件的钱，即 $20\times20=400$(元). $396<400$，故去 A 商店买更便宜，条件(1)充分.

条件(2)：B 商店 22 件共 $22\times20=440$(元)，每满 100 元减 12 元，可减 $4\times12=48$(元)，则共花 $440-48=392$(元). $396>392$，故去 B 商店买更便宜，条件(2)不充分.

2. (A)

【解析】结论是三角不等式等号成立的情况，由此可得出关于 a，b 的不等式，故从结论出发. 且不等式可以用反例直接验证条件的不充分性，所以推导前可以先举反例.

根据三角不等式 $||a|-|b||\leqslant|a+b|$ 可知，当 $ab\leqslant0$ 时，$||a|-|b||=|a+b|$ 成立. 故结论等价于 $ab\leqslant0$.

条件(1)：整理得 $ab+b^2\leqslant0$，因为 $b^2\geqslant0$，则 $ab\leqslant0$，所以条件(1)充分.

条件(2)：举反例，令 $a=b=1$，结论不成立，故条件(2)不充分.

3. (C)

【解析】"能确定 xxx 的值"型的题目，故从条件出发.

设等差数列 $\{a_n\}$ 的项数为 $2n+1(n\in\mathbf{N})$.

条件(1)：$S_{奇}=a_1+a_3+\cdots+a_{2n+1}=(n+1)a_{n+1}=44$，不知项数，所以无法确定中间项 a_{n+1}，不充分.

条件(2)：$S_{偶}=a_2+a_4+\cdots+a_{2n}=na_{n+1}=33$，不知项数，所以无法确定中间项 a_{n+1}，不充分.

联合两个条件，两式相减，得 $a_{n+1}=11$，故联合充分.

4. (C)

【解析】结论的 p 和 q 是建立在条件的背景前提下的，故从条件出发.

变量缺失型互补关系，两个条件缺一不可，需要联合.

由条件(1)，可得 $p=3^4=81$. 由条件(2)，可得 $q=4^3=64$. 故 $p>q$，联合充分.

5. (E)

【解析】"能确定 xxx 的值"型的题目，故从条件出发.

最快注满泳池的时间即为四管齐开注满泳池的时间，两个条件单独显然不充分，联合.

设分别单独打开甲、乙、丙、丁四个注水管，注满泳池需要 a，b，c，d 分钟，则有 $\begin{cases}\frac{1}{a}+\frac{1}{b}+\frac{1}{c}=\frac{1}{12},\\ \frac{1}{b}+\frac{1}{c}+\frac{1}{d}=\frac{1}{15},\end{cases}$ 两个方程无法求出 $\frac{1}{a}+\frac{1}{b}+\frac{1}{c}+\frac{1}{d}$ 的值，故联合也不充分.

6.（B）

【解析】“能确定 xxx 的值”型的题目，故从条件出发．

由两直线平行公式$\frac{A_1}{A_2}=\frac{B_1}{B_2}\neq\frac{C_1}{C_2}$可得$\frac{1}{a+1}=\frac{a}{2}\neq\frac{-b}{-14}$，解得 $a=-2$ 或 1.

条件(1)：当 $a=-2$ 或 1 时，$\frac{1}{a+1}=\frac{a}{2}\neq\frac{-b}{-14}$均成立，故 $a=-2$ 或 1，值不唯一，不充分．

条件(2)：当 $a=1$ 时，$\frac{1}{a+1}=\frac{a}{2}=\frac{-b}{-14}$，故 $a=1$ 舍去；当 $a=-2$ 时，$\frac{1}{a+1}=\frac{a}{2}\neq\frac{-b}{-14}$成立，值可以唯一确定，充分．

7.（B）

【解析】结论的计算需要用到条件所给的 a，b 的等量关系，故从条件出发．

条件(1)：$\sqrt{12-6\sqrt{3}}=3-\sqrt{3}=a+b\sqrt{3}$，举反例，令 $a=3-\sqrt{3}$，$b=0$，则 $|a+b|\neq 2$，不充分．

条件(2)：根据韦达定理，可得 $a+b=2$，故 $|a+b|=2$，充分．

【易错警示】有同学在条件(1)去掉外层根号后，根据有理项和无理项对应相等，得出 $a=3$，$b=-1$，误选(D)项．须注意，题干给出 a，b 为实数，并非有理数．

8.（B）

【解析】普通数列无法求解 S_{150}的值，需要知道数列的类型，而条件恰好给出了是等差数列或等比数列，故从条件出发．

条件(1)：数列$\{a_n\}$为等差数列，由等差数列连续等长片段和的结论，可知$(S_{150}-S_{100})+S_{50}=2(S_{100}-S_{50})$，解得 $S_{150}=90$，故条件(1)不充分．

条件(2)：数列$\{a_n\}$是等比数列，由等比数列连续等长片段和的结论，可知$(S_{150}-S_{100})\cdot S_{50}=(S_{100}-S_{50})^2$，解得 $S_{150}=186$，故条件(2)充分．

9.（D）

【解析】“能确定 xxx 的值”型的题目，且点 E 的位置不确定，图形是不确定的，故不能从结论出发，需要结合条件给的等量关系推导，故从条件出发．

条件(1)：因为 $CO\perp AB$，故 O 为 AB 的中点，又点 E 为 BC 中点，则点 F 为重心，$\frac{OF}{OC}=\frac{1}{3}$.

由直角三角形斜边上的中线等于斜边的一半，得 $OA=OC$，故$\frac{OF}{OA}=\frac{1}{3}$，条件(1)充分．

条件(2)：$\triangle ACE$ 是直角三角形，$\frac{AC}{CE}=\sqrt{3}$，即$\angle CAE=30°$，因此$\angle BAE=15°$，$\frac{OF}{OA}=\tan 15°$，

$\tan 15°$是一个确定的值，故能确定$\frac{OF}{OA}$的值，条件(2)充分．

【注意】“能确定 xxx 的值”型的题目，最终只要求出来的是唯一一个定值就是充分的，不用明确知道具体等于多少，本题 $\tan 15°$就是一个定值．

10.（D）

【解析】结论的计算是建立在条件的背景前提下的，故从条件出发．

条件(1)：如图所示，任一交点都是由 l_1 上的两个点和 l_2 上的两个点连接而成，要使交点最多，则在 l_1 上任取两个点，再在 l_2 上任取两个点，均可确定一个交点，故交点最多有 $C_4^2C_7^2=126$(个)，充分．

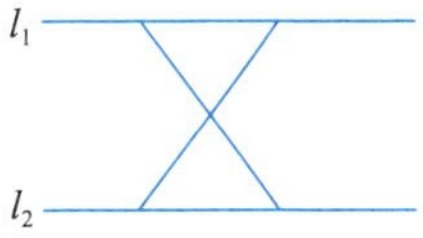

条件(2)：三个点只要不在一条直线即可构成一个三角形，因此在 l_1 上取 2 个点、l_2 上取 1 个点，或者在 l_1 上取 1 个点、l_2 上取 2 个点，则 $n=C_4^2C_7^1+C_4^1C_7^2=126$，充分．

满分必刷卷 5

难度：★★★　　　　得分：________

条件充分性判断：每小题 3 分，共 30 分。要求判断每题给出的条件（1）和条件（2）能否充分支持题干所陈述的结论。(A)、(B)、(C)、(D)、(E)五个选项为判断结果，请选择一项符合试题要求的判断。

(A)条件(1)充分，但条件(2)不充分．

(B)条件(2)充分，但条件(1)不充分．

(C)条件(1)和条件(2)单独都不充分，但条件(1)和条件(2)联合起来充分．

(D)条件(1)充分，条件(2)也充分．

(E)条件(1)和条件(2)单独都不充分，条件(1)和条件(2)联合起来也不充分．

1. 三条效率不同的注水管甲、乙、丙可同时向某泳池注水．则甲水管的注水速度比丙水管快．

(1)甲、乙同时注水 10 小时可注满水池．

(2)甲、乙、丙同时注水 5 小时可注满水池．

2. 如图所示，一个正方体铁块放入圆柱体水盆中，正好水满，已知水盆中原有一半的水．则能确定水盆的容积．

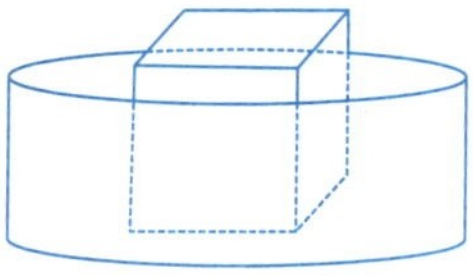

(1)已知铁块露出水面的高度．

(2)已知铁块沉入水中的高度．

3. 已知等比数列$\{a_n\}$，公比为q．则$|q|<1$.

(1)$a_1>a_{10}$.

(2)$a_1^2>a_{10}^2$.

4. 某种实验每次成功的概率均为p，且各次实验是否成功相互独立．则可以确定p的值．

(1)在两次实验中恰有一次成功的概率为$\frac{1}{2}$.

(2)在两次实验中恰有一次成功的概率为$\frac{4}{9}$.

5. 已知x，y为实数．则$|x-y|<\frac{2}{9}$.

(1)$|x+y|<\frac{1}{3}$.

(2)$|2x-y|<\frac{1}{6}$.

6. 已知关于 x 的方程 $x^2+kx+4k^2-3=0$ 的两个实根分别是 x_1，x_2. 则可以确定 k 的值 .

(1) $x_1+x_2=x_1x_2$.

(2) $4(x_1+x_2)=x_1x_2$.

7. 已知 a，b，c 是三个不同的质数 . 则 $a+b+c=24$.

(1) $ab+bc=119$.

(2) $a^2+b^2+c^2=227$.

8. 某编辑负责校对一本小说，原计划 13 天完成，校对三天后收到出版日期提前 2 天的通知 . 则该编辑能如期校对完小说 .

(1) 此编辑收到通知后每天增加 20% 的工作时间 .

(2) 此编辑收到通知后每天增加 30% 的工作时间 .

9. 方程在平面直角坐标系中的图像与 x 轴所围成的封闭图形的面积是 2.

(1) 方程为 $x^2-xy-2y^2+3y-1=0$.

(2) 方程为 $x^2-2xy-3y^2+2x+6y-3=0$.

10. 一只虫子沿三角形铁圈爬行，每次爬行都会去到另一个相邻的顶点，在每个顶点都会等可能地爬向另外两个顶点 . 则 n 次爬行后回到起点的概率不小于 $\frac{1}{4}$.

(1) $n=3$.

(2) $n=4$.

满分必刷卷 5 答案详解

答案速查

1～5 (E)(C)(B)(A)(C)	6～10 (D)(A)(B)(B)(D)

1. (E)

【解析】结论需要比较甲、丙的注水速度，需要用到条件所给的三个水管的等量关系，故从条件出发．

两个条件单独显然不充分，联合．

假设水池的总水量为单位 1，甲、乙、丙的注水效率分别为 a，b，c．

由条件(1)可知 $a+b=\frac{1}{10}$，由条件(2)可知 $a+b+c=\frac{1}{5}$，两式相减可得，$c=\frac{1}{10}=a+b$，又因为$b>0$，所以 $c>a$，即丙水管的注水速度比甲水管快，故联合也不充分．

2. (C)

【解析】"能确定 xxx 的值"型的题目，故从条件出发．

两个条件显然单独不充分，故联合．

设露出水面的高度为 a，沉入水中的高度为 b，则正方体棱长为 $a+b$. 当铁块放入水盆时，正好水满，所以$\frac{V_{盆}}{2}=V_{铁块沉入部分}=(a+b)^2b\Rightarrow V_{盆}=2(a+b)^2b$，两个条件联合充分．

3. (B)

【解析】结论中 q 的计算需要用到条件所给的关系式，故从条件出发．另外不等式可以先用反例直接验证条件的不充分性，所以推导前可以先举反例．

条件(1)：举反例，令 $a_1=1$，$q=-1$，则 $a_{10}=a_1q^9=-1<a_1$，此时$|q|=1$，结论不成立，条件(1)不充分．

条件(2)：$a_1^2>a_{10}^2\Rightarrow a_1^2>a_1^2q^{18}\Rightarrow q^{18}<1\Rightarrow|q|<1$，条件(2)充分．

4. (A)

【解析】"能确定 xxx 的值"型的题目，故从条件出发．

条件(1)：两次实验恰有一次成功的概率为 $C_2^1p(1-p)=\frac{1}{2}$，解得 $p=\frac{1}{2}$，故条件(1)充分．

条件(2)：两次实验恰有一次成功的概率为 $C_2^1p(1-p)=\frac{4}{9}$，解得 $p=\frac{1}{3}$或 $p=\frac{2}{3}$，值不能唯一确定，故条件(2)不充分．

5. (C)

【解析】结论的计算需要用到条件所给的关系式，故从条件出发．另外不等式可以用反例直接验证条件的不充分性，所以推导前可以先举反例．

条件(1)：举反例，令 $x=1$，$y=-1$，则 $|x-y|=2>\frac{2}{9}$，不充分．

条件(2)：举反例，令 $x=1$，$y=2$，则 $|x-y|=1>\frac{2}{9}$，不充分．

联合两个条件．构造三角不等式，令 $m(x+y)+n(2x-y)=x-y$，由对应项系数相等，可列方程组 $\begin{cases}m+2n=1,\\m-n=-1,\end{cases}$ 解得 $\begin{cases}m=-\frac{1}{3},\\n=\frac{2}{3}.\end{cases}$ 由三角不等式，可得

$$\left|\frac{2}{3}(2x-y)-\frac{1}{3}(x+y)\right|\leqslant\left|\frac{2}{3}(2x-y)\right|+\left|\frac{1}{3}(x+y)\right|<\frac{2}{3}\times\frac{1}{6}+\frac{1}{3}\times\frac{1}{3}=\frac{2}{9},$$

故两个条件联合充分．

6.(D)

【解析】“能确定 xxx 的值”型的题目，故从条件出发．

方程有两个实根，则 $\Delta=k^2-4(4k^2-3)\geqslant 0$，解得 $-\frac{2\sqrt{5}}{5}\leqslant k\leqslant\frac{2\sqrt{5}}{5}$.

条件(1)：根据韦达定理可得 $-k=4k^2-3$，解得 $k=\frac{3}{4}$ 或 $k=-1$，其中 $-1<-\frac{2\sqrt{5}}{5}$，舍去．故 k 的值可以唯一确定，条件(1)充分．

条件(2)：根据韦达定理可得 $-4k=4k^2-3$，解得 $k=-\frac{3}{2}$ 或 $k=\frac{1}{2}$，其中 $-\frac{3}{2}<-\frac{2\sqrt{5}}{5}$，舍去．故 k 的值可以唯一确定，条件(2)充分．

7.(A)

【解析】结论要确定 $a+b+c$ 的值，需要用到条件所给的 a，b，c 的等量关系，故从条件出发．

条件(1)：$ab+bc=b(a+c)=119=7\times 17$，故 $a+c=7$ 或 17，则 a，c 其中必有一个是 2. 不妨令 $a=2$，则 $c=5$ 或 15(舍去)，因此 $a+b+c=2+5+17=24$，故条件(1)充分．

条件(2)：因为 a 和 a^2 的奇偶性相同，故 $a+b+c$ 和 $a^2+b^2+c^2$ 的奇偶性也相同．$a^2+b^2+c^2$ 是奇数，那么 $a+b+c$ 也应该是奇数，显然不可能等于 24，故条件(2)不充分．

8.(B)

【解析】结论的计算需要用到条件所给的等量关系，故从条件出发．

每天的工作时间越长，如期校对完小说的可能性越大，若条件(1)充分，则条件(2)必然充分．两个条件是包含关系．

原计划需要 13 天，设每天校对 x 页，则小说总页数为 $13x$，校对三天后还剩 $10x$ 页．因为需提前 2 天完成，则剩余校对时间还有 8 天．

条件(1)：每天增加 20%的工作时间说明每天工作量增长 20%，即剩余 8 天每天校对 $1.2x$ 页，8 天可校对 $8\times 1.2x=9.6x$ 页，$9.6x<10x$，所以条件(1)不充分．

条件(2)：同理得，剩余 8 天每天校对 $1.3x$ 页，8 天可校对 $8\times 1.3x=10.4x$ 页，$10.4x>10x$，所以条件(2)充分．

9.（B）

【解析】结论的计算需要用到条件所给的方程，故从条件出发．

条件(1)：用双十字相乘法将方程左式因式分解可得

$$x^2-xy-2y^2+3y-1=0\Rightarrow(x+y-1)(x-2y+1)=0,$$

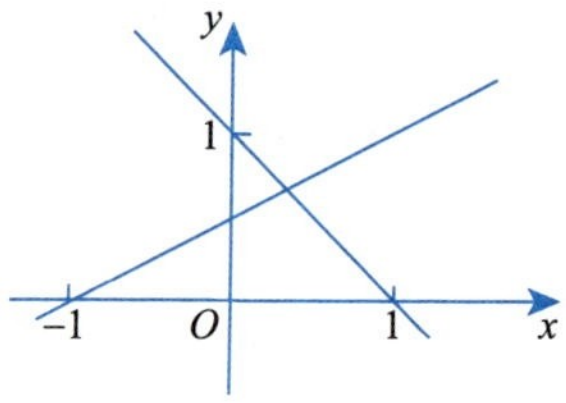

其表示的是 $x+y-1=0$ 和 $x-2y+1=0$ 两条直线，与 x 轴围成了一个三角形，如图所示．两条直线的方程联立，可解得两直线的交点为$\left(\frac{1}{3},\ \frac{2}{3}\right)$，两直线与 x 轴的交点分别为(1，0)和(−1，0)，故三角形的面积为$\frac{1}{2}\times2\times\frac{2}{3}=\frac{2}{3}$，条件(1)不充分．

条件(2)：同理可得

$$x^2-2xy-3y^2+2x+6y-3=0\Rightarrow(x+y-1)(x-3y+3)=0,$$

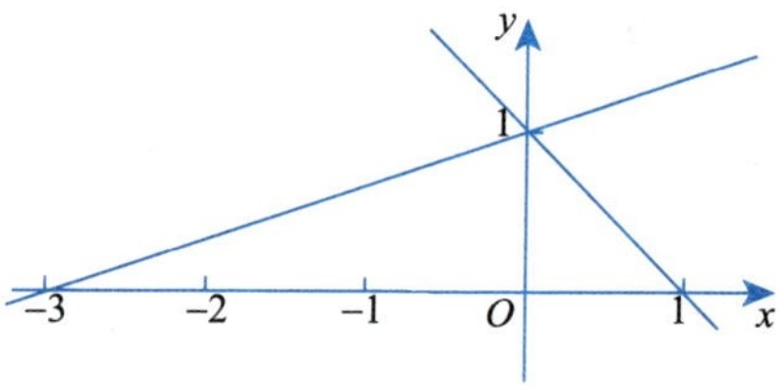

其表示的是 $x+y-1=0$ 和 $x-3y+3=0$ 两条直线，与 x 轴围成了一个三角形，如图所示．两条直线的方程联立，可解得两直线的交点为(0，1)，两直线与 x 轴的交点分别为(1，0)和(−3，0)，故三角形的面积为$\frac{1}{2}\times4\times1=2$，条件(2)充分．

10.（D）

【解析】结论有未知数 n，条件分别给出 n 的值，代入即可计算，故从条件出发．

设三角形的三个顶点是 A，B，C，起点是 A．

条件(1)：每次爬向另外两个顶点，都有 2 种选择，3 次爬行一共有 $2^3=8$(条)路线，其中能回到起点的有 2 条，分别是 $A\to B\to C\to A$，$A\to C\to B\to A$，故概率是$\frac{2}{8}=\frac{1}{4}$，条件(1)充分．

条件(2)：4 次爬行一共有 $2^4=16$(条)路线．

如果第 1 次爬向 B，则能回到起点的有 3 条，分别是 $A\to B\to A\to B\to A$，$A\to B\to A\to C\to A$，$A\to B\to C\to B\to A$；同理，如果第 1 次爬向 C，也有 3 条，故一共有 6 条路线．则概率是$\frac{6}{16}=\frac{3}{8}>\frac{1}{4}$，条件(2)充分．

满分必刷卷 6

难度：★★★　　　得分：________

条件充分性判断：每小题 3 分，共 30 分。要求判断每题给出的条件（1）和条件（2）能否充分支持题干所陈述的结论。(A)、(B)、(C)、(D)、(E)五个选项为判断结果，请选择一项符合试题要求的判断。

(A)条件(1)充分，但条件(2)不充分.

(B)条件(2)充分，但条件(1)不充分.

(C)条件(1)和条件(2)单独都不充分，但条件(1)和条件(2)联合起来充分.

(D)条件(1)充分，条件(2)也充分.

(E)条件(1)和条件(2)单独都不充分，条件(1)和条件(2)联合起来也不充分.

1. 在平面直角坐标系中有 A，B，C 三点，A，B 间的距离为 3，B，C 间的距离为 2. 则能确定 $\triangle ABC$ 的面积.

(1)$\angle ABC=30^\circ$.

(2)$\angle BAC=30^\circ$.

2. 设 m，n 为实数，圆 O_1：$(x-m)^2+(y+2)^2=9$，O_2：$(x+n)^2+(y+2)^2=1$. 则 $m^2+n^2\geqslant 8$.

(1)圆 O_1 与圆 O_2 内切.

(2)圆 O_1 与圆 O_2 外切.

3. 某学生参加考试，试卷共有 16 道多选题，答对一道题得 5 分，少选得 2 分，答错不得分. 则能确定他答对的题数.

(1)该学生得了 40 分.

(2)该学生答错的题数是一个质数.

4. 将 5 个小球放入 3 个不同的盒子，每个盒子至少有一个小球. 则不同的分配方法有 150 种.

(1)5 个小球完全相同.

(2)5 个小球互不相同.

5. 已知等比数列 $\{a_n\}$ 的各项均为正数，$a_1>1$. 则 $a_1a_2a_3\cdots a_{11}<1$.

(1)$a_5+a_6>a_5a_6+1$.

(2)$a_5a_6>1$.

6. 已知 $ab>0$. 则能确定 $a\geqslant b$.

(1)$a-\dfrac{1}{a}\geqslant b-\dfrac{1}{b}$.

(2)$a^2-b^2+a-b\geqslant 0$.

7. 已知 $abc\neq 0$. 则能确定代数式$\frac{|a|}{a}+\frac{|b|}{b}+\frac{|c|}{c}+\frac{|abc|}{abc}$的值.

(1)$a+b+c=0$.

(2)$abc<0$.

8. 若事件 A 和事件 B 相互独立. 则能确定事件 A 和事件 B 同时发生的概率.

(1)已知事件 A 和事件 B 至少发生一个的概率.

(2)已知事件 A 和事件 B 仅有一个发生的概率.

9. 某服装店决定售卖甲、乙两种不同款式的服装. 则能确定甲、乙两种服装的件数之比.

(1)甲服装进货价为 80 元一件，乙服装进货价为 100 元一件.

(2)若全部卖出后甲服装利润率为 8%，乙服装利润率为 −10%，则服装店最终不赚不赔.

10. 甲、乙两人分别从 A，B 两地同时出发，相向而行，经过 3 小时后相距 3 千米. 则能确定甲、乙两人的速度.

(1)A，B 两地相距 30 千米.

(2)再经过 2 小时，甲到 B 地所剩的路程是乙到 A 地所剩路程的 2 倍.

满分必刷卷 6　答案详解

答案速查

1~5　(A)(B)(E)(B)(A)	6~10　(A)(A)(C)(C)(E)

1. (A)

【解析】"能确定 xxx 的值"型的题目，故从条件出发．

条件(1)：由三角形面积公式可得，$S=\frac{1}{2}AB\cdot BC\cdot\sin\angle ABC=\frac{1}{2}\times3\times2\times\frac{1}{2}=\frac{3}{2}$，故条件(1)充分．

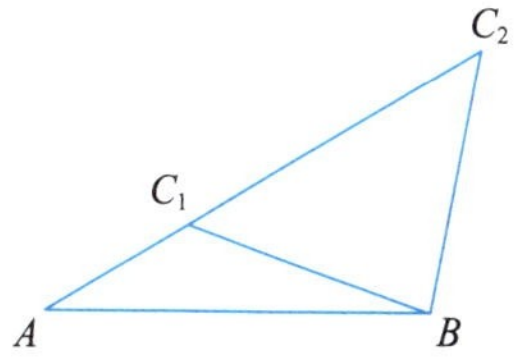

条件(2)：如图所示，符合条件的三角形有两个，面积显然不能唯一确定，故条件(2)不充分．

2. (B)

【解析】结论的计算需要用到条件所给的两圆的位置关系，故从条件出发．

圆 O_1 的圆心为$(m,-2)$，半径为 $r_1=3$；圆 O_2 的圆心为$(-n,-2)$，半径为 $r_2=1$. 两圆的圆心距 $d=|m+n|$．

条件(1)：两圆内切，则 $|m+n|=|r_1-r_2|=2$，由柯西不等式，得 $2(m^2+n^2)\geqslant(m+n)^2=4$，故 $m^2+n^2\geqslant2$. 条件(1)不充分．

条件(2)：两圆外切，则 $|m+n|=r_1+r_2=4$，同理得 $2(m^2+n^2)\geqslant(m+n)^2=16$，故 $m^2+n^2\geqslant8$. 条件(2)充分．

3. (E)

【解析】"能确定 xxx 的值"型的题目，故从条件出发．

根据题意可设该学生答对的有 x 道，少选的有 y 道，答错的有 z 道．

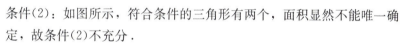

条件(1)：$\begin{cases}x+y+z=16,\\5x+2y=40,\end{cases}$ $5x$ 和 40 都是 5 的倍数，故 y 也是 5 的倍数，穷举可得$\begin{cases}y=0,\\x=8,\\z=8\end{cases}$或$\begin{cases}y=5,\\x=6,\\z=5\end{cases}$或$\begin{cases}y=10,\\x=4,\\z=2,\end{cases}$答对的题数不能唯一确定，不充分．

条件(2)：显然不充分．

联合两个条件，则有$\begin{cases}y=5,\\x=6,\\z=5\end{cases}$或$\begin{cases}y=10,\\x=4,\\z=2,\end{cases}$答对的题数也不能唯一确定，不充分．

4. (B)

【解析】结论的计算是建立在条件的背景前提下的，故从条件出发．

条件(1)：相同元素分配采用挡板法，共有 $C_4^2=6$(种)分配方法，不充分．

条件(2)：不同元素分配采用"先分组，后分配"，且注意消序，有"1，2，2"和"1，1，3"两种分法，故共有 $\left(\frac{C_5^1C_4^2C_2^2}{A_2^2}+\frac{C_5^1C_4^1C_3^3}{A_2^2}\right)A_3^3=150$(种)分配方法，充分．

5. (A)

【解析】结论的计算需要用到条件所给的关系式，故从条件出发．且不等式可以用反例直接验证条件的不充分性，所以推导前可以先举反例．

条件(1)：因式分解，得 $(a_5-1)(a_6-1)<0$. 因为 $a_1>1$，若 $a_5<1$，则一定有 $a_6<1$，不等式不成立，故 $a_5>1$，$a_6<1$，$a_1a_2a_3\cdots a_{11}=a_6^{11}<1$，条件(1)充分．

条件(2)：举反例，令数列 $\{a_n\}$ 为各项都为 2 的常数列，显然条件(2)不充分．

6. (A)

【解析】结论 a，b 的大小关系是建立在条件所给的两个不等式前提下的，故从条件出发．

条件(1)：移项得 $a-b+\frac{1}{b}-\frac{1}{a}\geqslant 0$，化简可得 $(a-b)\left(1+\frac{1}{ab}\right)\geqslant 0$. 因为 $ab>0$，则 $a-b\geqslant 0$，即 $a\geqslant b$，条件(1)充分．

条件(2)：化简可得 $(a-b)(a+b)+a-b\geqslant 0\Rightarrow(a-b)(a+b+1)\geqslant 0$，其中 $a+b+1$ 的正负性无法确定，则 $a-b$ 的正负性也无法确定，故条件(2)不充分．

7. (A)

【解析】"能确定 xxx 的值"型的题目，故从条件出发．

条件(1)：因为 $a+b+c=0$ 且 $abc\neq 0$，则有以下两种情况：

①a，b，c 为两正一负，设 $a<0$，$b>0$，$c>0$，则 $abc<0$，故

$$\frac{|a|}{a}+\frac{|b|}{b}+\frac{|c|}{c}+\frac{|abc|}{abc}=-1+1+1-1=0;$$

②a，b，c 为两负一正，设 $a<0$，$b<0$，$c>0$，则 $abc>0$，故

$$\frac{|a|}{a}+\frac{|b|}{b}+\frac{|c|}{c}+\frac{|abc|}{abc}=-1-1+1+1=0.$$

因此所求代数式的值为 0，条件(1)充分．

条件(2)：因为 $abc<0$，则有以下两种情况：

①a，b，c 为三负，则有 $\frac{|a|}{a}+\frac{|b|}{b}+\frac{|c|}{c}+\frac{|abc|}{abc}=-1-1-1-1=-4$；

②a，b，c 为两正一负，同条件(1)的①，则有 $\frac{|a|}{a}+\frac{|b|}{b}+\frac{|c|}{c}+\frac{|abc|}{abc}=0$.

因此所求代数式的值为 -4 或 0，不能唯一确定，条件(2)不充分．

8. (C)

【解析】"能确定 xxx 的值"型的题目，故从条件出发．

设事件 A 发生的概率为 P_A，事件 B 发生的概率为 P_B，则事件 A 和事件 B 同时发生的概率为 P_AP_B.

条件(1)：事件 A 和事件 B 至少发生一个的概率为

$$1-(1-P_A)(1-P_B)=P_A+P_B-P_AP_B=p_1,$$

因为 P_A+P_B 未知，故无法确定 P_AP_B，条件(1)不充分.

条件(2)：事件 A 和事件 B 仅有一个发生的概率为

$$P_A(1-P_B)+P_B(1-P_A)=P_A+P_B-2P_AP_B=p_2,$$

因为 P_A+P_B 未知，故无法确定 P_AP_B，条件(2)不充分.

联合两个条件，$p_1-p_2=P_AP_B$，故能确定事件 A 和事件 B 同时发生的概率，联合充分.

9.(C)

【解析】"能确定 xxx 的值"型的题目，故从条件出发.

条件(1)：只知两种服装单件进货价，显然不充分.

条件(2)：根据十字交叉法，如图所示，可得

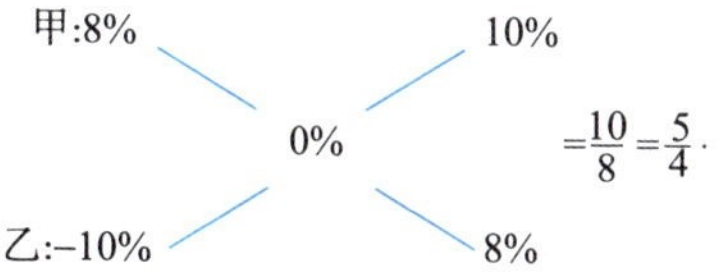

则甲、乙两种服装的成本比为 5∶4，但根据成本比无法得出两种服装的件数比，因此条件(2)也不充分.

联合两个条件，设甲、乙的成本分别为 $5x$，$4x$ 元，可得

$$甲件数:乙件数=\frac{甲成本}{甲进货价}:\frac{乙成本}{乙进货价}=\frac{5x}{80}:\frac{4x}{100}=25:16.$$

故两个条件联合充分.

10.(E)

【解析】"能确定 xxx 的值"型的题目，故从条件出发.

设甲、乙两人的速度分别为 v_1，v_2 千米/时.

条件(1)：3 小时的时间内甲、乙的相遇状态有两种情况：

未曾相遇过，则 $3(v_1+v_2)=30-3$，$v_1+v_2=9$①；

已经相遇过，相遇之后，两人又一共走了 3 千米，则 $3(v_1+v_2)=30+3$，$v_1+v_2=11$②.

不论哪种情况，甲、乙两人的速度都不能确定，条件(1)不充分.

条件(2)：设甲、乙两地相距 s 千米，则有 $s-5v_1=2(s-5v_2)$，解不出 v_1，v_2，条件(2)不充分.

联合两个条件，将 $s=30$ 代入 $s-5v_1=2(s-5v_2)$ 中，得 $2v_2-v_1=6$③，联立式①和式③得 $v_1=4$，$v_2=5$；联立式②和式③得 $v_1=\frac{16}{3}$，$v_2=\frac{17}{3}$. 两组解均符合题意，因此甲、乙两人的速度不能唯一确定，两个条件联合也不充分.

【易错警示】容易忽略甲、乙已经相遇过的情况，误选(C)项.

满分必刷卷 7

难度：★★★☆　　　　得分：________

条件充分性判断：每小题 3 分，共 30 分。要求判断每题给出的条件（1）和条件（2）能否充分支持题干所陈述的结论。(A)、(B)、(C)、(D)、(E)五个选项为判断结果，请选择一项符合试题要求的判断。

(A)条件(1)充分，但条件(2)不充分.

(B)条件(2)充分，但条件(1)不充分.

(C)条件(1)和条件(2)单独都不充分，但条件(1)和条件(2)联合起来充分.

(D)条件(1)充分，条件(2)也充分.

(E)条件(1)和条件(2)单独都不充分，条件(1)和条件(2)联合起来也不充分.

1. 集训营中的某班参加模考．则除前十名以外其他同学的平均成绩比全班同学的平均成绩低$\frac{1}{5}$.

(1)全班共有 60 名学生.

(2)前 10 名同学的平均成绩是全班同学的平均成绩的 2 倍.

2. 已知 a，b 为正数．则可以确定 ab^2 的最大值.

(1)$a+b^2=1$.

(2)$a^2+2b^2=1$.

3. 可以确定数列$\{\lg(a_nb_n)\}$是等差数列.

(1)数列$\{a_n\}$，$\{b_n\}$都是正项等比数列.

(2)数列$\{a_n\}$，$\{b_n\}$都是正项等差数列.

4. 从 0～9 这 10 个整数中任取五个不同的数字．则不同的取法有 100 种.

(1)五个数字中至多有两个奇数.

(2)五个数字中至少有两个奇数.

5. 直线 l：$ax+y-2=0(a\in\mathbf{R})$与圆 C：$(x-1)^2+(y-1)^2=4$ 相交于 A，B 两点．则能确定 a 的值.

(1)AB 的长为 $2\sqrt{2}$.

(2)$\triangle ABC$ 为等腰直角三角形.

6. 可以确定 $x+\frac{1}{x}$的值.

(1)$x^4-2x^2+1=0$.

(2)$x^4+x^3-4x^2+x+1=0$.

7. 设 n 为正整数．则能确定 n 除以 12 的余数．

(1)已知 n 除以 3 余 1.

(2)已知 n 除以 4 余 2.

8. 已知 a 是整数，$|4a^2-12a-27|$ 是质数．则可以确定 a 的值．

(1)$a>0$.

(2)$|a|<2$.

9. 已知等差数列 $\{a_n\}$ 的前 n 项和为 S_n．则可以确定 $\frac{1}{a_6}+\frac{4}{a_{16}}$ 的最小值．

(1)$a_n>0$.

(2)$S_{21}=21$.

10. 设 F，G 分别是平行四边形 $ABCD$ 中 BC，CD 的中点，O 是 AG 和 DF 的交点．则能确定 AO 的值．

(1)已知 OG.

(2)已知 CF.

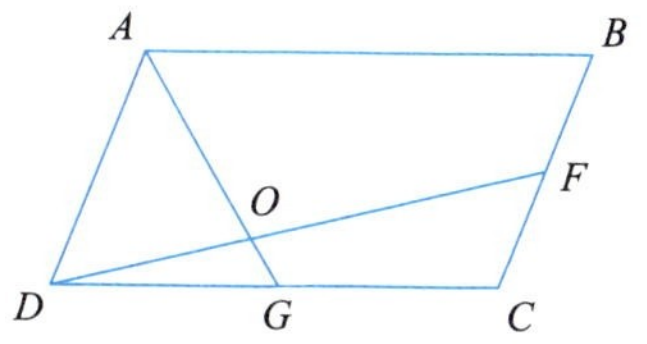

满分必刷卷 7 答案详解

答案速查

1～5 (C)(D)(A)(C)(D)	6～10 (C)(C)(B)(C)(A)

1. (C)

【解析】结论的计算需要用到条件所给的等量关系，故从条件出发．

两个条件显然单独皆不充分，联合．

根据条件可知，班级总人数为 60，则除了前 10 名以外其他同学共有 50 人．设全班同学的平均成绩为 a，则由条件(2)可知前 10 名同学的平均成绩应为 $2a$，故除了前 10 名以外其他同学的平均成绩为$\frac{60a-10\times 2a}{50}=\frac{4}{5}a$，即除前 10 名以外其他同学的平均成绩比全班同学的平均成绩低$\frac{1}{5}$．联合充分．

2. (D)

【解析】"能确定 xxx 的值"型的题目，故从条件出发．

条件(1)：方法一：将 $b^2=1-a$ 代入 ab^2，得 $ab^2=a(1-a)=-\left(a-\frac{1}{2}\right)^2+\frac{1}{4}$，是关于 a 的一元二次函数，且$\begin{cases}a>0,\\ b^2=1-a>0\end{cases}\Rightarrow 0<a<1$，对称轴 $a=\frac{1}{2}$在定义域内，故 ab^2 最大值为$\frac{1}{4}$，条件(1)充分．

方法二：$ab^2\leqslant\left(\frac{a+b^2}{2}\right)^2=\frac{1}{4}$，当且仅当 $a=b^2=\frac{1}{2}$时等号成立，则 ab^2 的最大值为$\frac{1}{4}$，故条件(1)充分．

条件(2)：$a^2+2b^2=a^2+b^2+b^2\geqslant 3\sqrt[3]{a^2\cdot b^2\cdot b^2}=3\sqrt[3]{(ab^2)^2}$，即 $3\sqrt[3]{(ab^2)^2}\leqslant 1$，$ab^2\leqslant\frac{\sqrt{3}}{9}$，当且仅当 $a^2=b^2=\frac{1}{3}$时等号成立，故 ab^2 的最大值为$\frac{\sqrt{3}}{9}$，条件(2)充分．

3. (A)

【解析】判定数列$\{\lg(a_nb_n)\}$的类型，需要用到条件所给的$\{a_n\}$，$\{b_n\}$的类型，故从条件出发．另外结论无需确定数列的通项，故推导前也可以先用反例直接验证条件的不充分性．

条件(1)：数列$\{a_n\}$，$\{b_n\}$都是正项等比数列，设它们的公比分别为 q_1，q_2．

$\lg(a_{n+1}b_{n+1})-\lg(a_nb_n)=\lg\frac{a_{n+1}b_{n+1}}{a_nb_n}=\lg(q_1q_2)$为固定常数，所以$\{\lg(a_nb_n)\}$是等差数列，条件(1)充分．

条件(2)：举反例，令 $a_n=n$，$b_n=n$，则 $\lg(a_{n+1}b_{n+1})-\lg(a_nb_n)=\lg\frac{a_{n+1}b_{n+1}}{a_nb_n}=\lg\frac{(n+1)^2}{n^2}$，不是一个固定常数，所以条件(2)不充分．

4.（C）

【解析】结论的计算是建立在条件的背景前提下的，故从条件出发.

0～9 这 10 个整数中奇数有 5 个，偶数有 5 个.

条件(1)：根据题意分情况讨论，0 个奇数，有 $C_5^5=1$(种)；1 个奇数，有 $C_5^1C_5^4=25$(种)；2 个奇数，有 $C_5^2C_5^3=100$(种). 则五个数字中至多两个奇数的取法共 126 种，条件(1)不充分.

条件(2)：从反面思考. 从 10 个数字中任取五个不同的数字共有 $C_{10}^5=252$(种)，则五个数字中至少两个奇数的取法共 $252-1-25=226$(种)，条件(2)不充分.

联合两个条件，可知符合要求的只有五个数字中有两个奇数三个偶数，共 100 种取法，故两个条件联合充分.

5.（D）

【解析】"能确定 xxx 的值"型的题目，且与圆相交的直线 l 有多条，显然无法确定 a 的值，而条件给出了一些限定情况，故从条件出发.

易知圆 C 的圆心为(1，1)，半径为 2，则 $AC=BC=r=2$，故 $AB=2\sqrt{2}=\sqrt{2}AC\Leftrightarrow\triangle ABC$ 为等腰直角三角形，两个条件为等价关系.

条件(1)：圆心 $C(1,1)$到直线 l 的距离 $d=\frac{|a+1-2|}{\sqrt{a^2+1}}=\frac{|a-1|}{\sqrt{a^2+1}}$. 由等腰直角三角形的性质，可知圆心 C 到斜边 AB 的距离也是斜边 AB 的中线，等于斜边 AB 的一半，即$\sqrt{2}$，故 $\frac{|a-1|}{\sqrt{a^2+1}}=\sqrt{2}$，解得 $a=-1$，能确定 a 的值，故条件(1)充分. 两个条件等价，故条件(2)也充分.

6.（C）

【解析】"能确定 xxx 的值"型的题目，故从条件出发. 可将条件中的式子变形，化简得出结论所求代数式 $x+\frac{1}{x}$的形式.

条件(1)：由完全平方公式可得$(x^2-1)^2=0\Rightarrow x^2-1=0\Rightarrow x=\pm1$，则 $x+\frac{1}{x}=\pm2$，故条件(1)不充分.

条件(2)：易知 $x\neq0$，方程两边同时除以 x^2 得

$$x^2+x-4+\frac{1}{x}+\frac{1}{x^2}=0\Rightarrow\left(x^2+\frac{1}{x^2}\right)+\left(x+\frac{1}{x}\right)-4=0,$$

整理可得$\left(x+\frac{1}{x}\right)^2+\left(x+\frac{1}{x}\right)-6=0\Rightarrow\left(x+\frac{1}{x}+3\right)\left(x+\frac{1}{x}-2\right)=0$，解得 $x+\frac{1}{x}=-3$ 或 2，故条件(2)不充分.

联合可得 $x+\frac{1}{x}=2$，故联合充分.

7.（C）

【解析】"能确定 xxx 的值"型的题目，故从条件出发.

条件(1)：举反例，令 $n=1$，4，则 n 除以 12 的余数分别为 1，4，不能唯一确定，不充分.

条件(2)：举反例，令 $n=2$，6，则 n 除以 12 的余数分别为 2，6，不能唯一确定，不充分.

联合两个条件，由"差同减差"可设 $n=12k-2=12(k-1)+10(k\in\mathbf{N}_+)$，则 n 除以 12 的余数为 10，故联合充分.

8. (B)

【解析】"能确定 xxx 的值"型的题目，故从条件出发．

对 $|4a^2-12a-27|$ 进行因式分解可得

$$|4a^2-12a-27|=|(2a-9)(2a+3)|=|2a-9|\times|2a+3|.$$

质数只能分解成 1×本身的形式，若 $|2a-9|=1$，解得 $a=4$ 或 5，则 $|2a+3|=11$ 或 13，符合题意；若 $|2a+3|=1$，解得 $a=-1$ 或 -2，则 $|2a-9|=11$ 或 13，亦符合题意．故 a 的取值共有 -1，-2，4，5 四种情况．

条件(1)：$a=4$ 或 5，不充分．

条件(2)：$a=-1$，充分．

9. (C)

【解析】"能确定 xxx 的值"型的题目，故从条件出发．

条件(1)：显然不充分．

条件(2)：由等差数列的求和公式得 $S_{21}=21a_{11}=21$，所以 $a_{11}=1$. 根据下标和定理得，$a_6+a_{16}=2a_{11}=2$，$\frac{1}{a_6}+\frac{4}{a_{16}}=\frac{1}{a_6}+\frac{4}{2-a_6}$，当 $a_6<0$ 且 a_6 趋于 0 时，$\frac{1}{a_6}+\frac{4}{a_{16}}$趋于负无穷，故没有最小值，条件(2)不充分．

联合两个条件，由于 $a_n>0$，所以 a_6 与 a_{16} 皆为正，由均值不等式可得

$$\frac{1}{a_6}+\frac{4}{a_{16}}=\frac{1}{2}(a_6+a_{16})\left(\frac{1}{a_6}+\frac{4}{a_{16}}\right)=\frac{1}{2}\left(1+4+\frac{a_{16}}{a_6}+\frac{4a_6}{a_{16}}\right)\geqslant\frac{1}{2}\left(1+4+2\sqrt{\frac{a_{16}}{a_6}\cdot\frac{4a_6}{a_{16}}}\right)=\frac{9}{2},$$

当且仅当$\frac{a_{16}}{a_6}=\frac{4a_6}{a_{16}}$，即 $a_{16}=2a_6$ 时等号成立，故可以确定$\frac{1}{a_6}+\frac{4}{a_{16}}$的最小值，联合充分．

【秒杀方法】联合后，根据均值不等式"和定化 1 型"的结论可直接得

$$\left(\frac{1}{a_6}+\frac{4}{a_{16}}\right)_{\min}=\frac{1}{2}\times(\sqrt{1\times1}+\sqrt{1\times4})^2=\frac{9}{2}.$$

10. (A)

【解析】"能确定 xxx 的值"型的题目，常规做法为从条件出发，但条件只给了长度的值，没有其他等量关系，如果从条件出发，推导结论，方向容易跑偏，难度较大．因为题干给出了确定的图形，可以从结论出发，根据题干和图形进行推导，求出结论所需条件．

延长 AB，与 DF 的延长线交于点 H，如图所示．

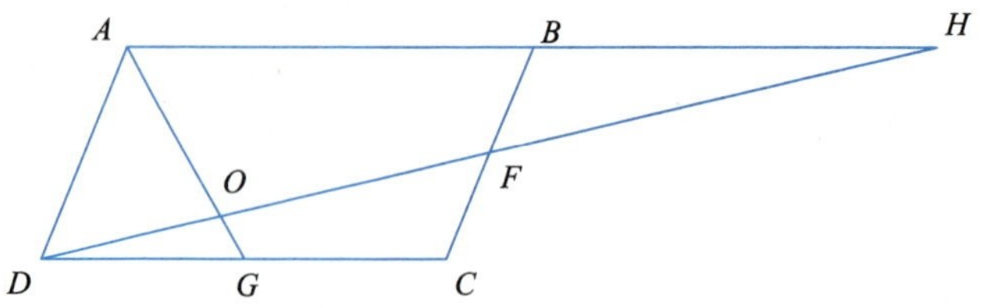

易知$\triangle BHF\cong\triangle CDF$(ASA)，故 $BH=CD=AB$，$AH=2AB=2CD$.

由沙漏模型可知，$\triangle ODG\backsim\triangle OHA$，则$\frac{OG}{AO}=\frac{GD}{AH}=\frac{\frac{1}{2}CD}{2CD}=\frac{1}{4}$.

条件(1)：已知 OG，即 $AO=4OG$，充分．

条件(2)：已知 CF，求不出 AO，不充分．

满分必刷卷 8

难度：★★★☆ 得分：________

条件充分性判断：每小题 3 分，共 30 分。要求判断每题给出的条件（1）和条件（2）能否充分支持题干所陈述的结论。(A)、(B)、(C)、(D)、(E)五个选项为判断结果，请选择一项符合试题要求的判断。

(A)条件(1)充分，但条件(2)不充分．

(B)条件(2)充分，但条件(1)不充分．

(C)条件(1)和条件(2)单独都不充分，但条件(1)和条件(2)联合起来充分．

(D)条件(1)充分，条件(2)也充分．

(E)条件(1)和条件(2)单独都不充分，条件(1)和条件(2)联合起来也不充分．

1. 袋子中有 n 个黑球，1 个白球，甲、乙两人依次循环不放回地随机取球，每次每人只能取一个球，抽到白球者胜．则甲胜的概率大于乙胜的概率．

(1)$n=5$.

(2)$n=6$.

2. 已知数列 $\{a_n\}$，$\{b_n\}$．则 $\frac{a_n}{a_{n+1}}<\frac{b_n}{b_{n+1}}(n\in\mathbf{N}_+)$．

(1)数列 $\{a_n\}$ 的前 n 项和 $S_n=\frac{n^2+n}{2}(n\in\mathbf{N}_+)$．

(2)数列 $\{b_n\}$ 的前 n 项和 $T_n=\frac{n^2+3n}{2}(n\in\mathbf{N}_+)$．

3. 甲、乙两人同时加工一批零件，每人各加工总量的一半．则能确定这批零件的总数．

(1)甲完成其任务的 $\frac{1}{3}$ 时，乙加工了 45 个零件．

(2)甲完成其任务的 $\frac{2}{3}$ 时，乙完成了其任务的一半．

4. 客车从甲城到乙城，货车从乙城到甲城，两车同时开出，相遇时客车距离乙城还有 192 千米．则两城间的距离为 480 千米．

(1)客车由甲城到乙城需行驶 10 小时，货车从乙城到甲城需行驶 15 小时．

(2)客车每小时行驶 32 千米，货车每小时行驶 48 千米．

5. 已知数列 $\{a_n\}$ 的前 n 项和为 S_n．则 $\frac{1}{a_1}+\frac{1}{a_2}+\cdots+\frac{1}{a_n}+\cdots=2$.

(1)$S_n=2a_n-1(n\geqslant1)$.

(2)$S_n=3a_n-1(n\geqslant1)$.

6. 已知实数 m，n. 则可以确定 $|m-3n|$ 的值.
(1)m，n 是方程 $2x^2-5x-1=0$ 的两根.
(2)$m>n$.

7. 若 x，y 为正偶数. 则可以确定 x^2+y^2 的值.
(1)$x^2-y^2=12$.
(2)$x^2y+xy^2=96$.

8. 已知函数 $f(x)=\lg\left(x+\frac{a}{x}-2\right)$，$x\in[2,+\infty)$. 则 $f(x)>0$.
(1)$a>2$.
(2)$a>1$.

9. 如图所示，一个矩形嵌套两个扇形，扇形的半径分别为矩形的长和宽，且已知矩形的长. 则可以确定空白部分的面积.

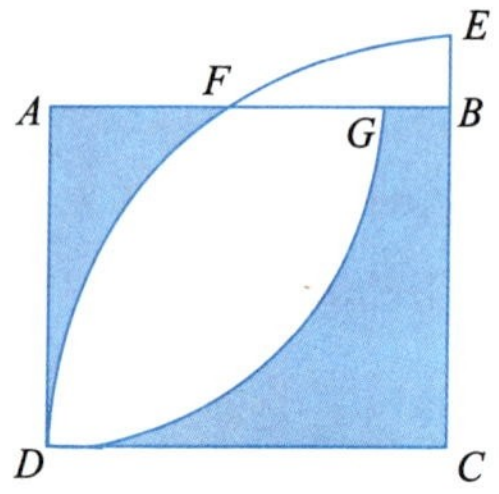

(1)已知 BE 的长.
(2)已知 BF 的长.

10. 在平面直角坐标系中有 5 个点. 则这 5 个点中必存在两个点，它们的横坐标之差小于 2.
(1)这 5 个点的横坐标取值范围是[0，10).
(2)这 5 个点的横坐标取值范围是[0，5).

满分必刷卷 8　答案详解

答案速查

1～5　(B)(C)(C)(A)(A)	6～10　(C)(D)(A)(D)(B)

1.(B)

【解析】题干有未知数 n，条件分别给出了 n 的值，代入即可计算，故从条件出发.

方法一：古典概型.

条件(1)：一共有 6 个球，将这 6 个球排成一排，则甲胜相当于白球在 1，3，5 号位，故甲胜的概率是 $\frac{3}{6}=\frac{1}{2}$，甲、乙两人的胜率相等，条件(1)不充分.

条件(2)：一共有 7 个球，将这 7 个球排成一排，则甲胜相当于白球在 1，3，5，7 号位，故甲胜的概率是 $\frac{4}{7}>\frac{1}{2}$，条件(2)充分.

方法二：抽签模型.

条件(1)：可将题干理解为共抽球 6 次，白球在第 1～6 次中，每次被抽到的概率均为 $\frac{1}{6}$，甲胜即白球在第 1，3，5 次中被抽到，概率为 $3\times\frac{1}{6}=\frac{1}{2}$，甲、乙两人的胜率相等，故条件(1)不充分.

条件(2)：同理，可将题干理解为共抽球 7 次，白球在第 1～7 次中，每次被抽到的概率均为 $\frac{1}{7}$，甲胜即白球在第 1，3，5，7 次中被抽到，概率为 $4\times\frac{1}{7}=\frac{4}{7}>\frac{1}{2}$，故条件(2)充分.

2.(C)

【解析】结论的大小比较需要用到条件所给的数列 $\{a_n\}$，$\{b_n\}$ 的等量关系，故从条件出发.

两个条件为变量缺失型互补关系，缺一不可，需要联合.

$S_n=\frac{1}{2}n^2+\frac{1}{2}n$，形如无常数项的二次函数，符合等差数列前 n 项和公式的特征，故 $\{a_n\}$ 是等差数列，且 $\begin{cases}d=\frac{1}{2}\times 2=1,\\ a_1=\frac{1}{2}+\frac{1}{2}=1,\end{cases}$ 故 $a_n=n$，$\frac{a_n}{a_{n+1}}=\frac{n}{n+1}$.

$T_n=\frac{1}{2}n^2+\frac{3}{2}n$，同理 $\{b_n\}$ 也是等差数列，首项为 2，公差为 1，故 $b_n=n+1$，$\frac{b_n}{b_{n+1}}=\frac{n+1}{n+2}$.

由糖水不等式可得 $\frac{n}{n+1}<\frac{n+1}{n+2}$，即 $\frac{a_n}{a_{n+1}}<\frac{b_n}{b_{n+1}}$，故两个条件联合充分.

3.(C)

【解析】“能确定 xxx 的值”型的题目，故从条件出发.

设这批零件总数为 x，则甲、乙各需完成 $\frac{1}{2}x$.

条件(1)：甲加工了$\frac{1}{2}x\cdot\frac{1}{3}=\frac{1}{6}x$，乙加工了 45 个，求不出 x，不充分．

条件(2)：甲、乙的效率之比是$\frac{2}{3}:\frac{1}{2}=4:3$，求不出 x，不充分．

联合两个条件，则有$\frac{x}{6}:45=4:3$，解得 $x=360$，故联合充分．

4.（A）

【解析】结论的计算需要用到条件所给的等量关系，故从条件出发．

条件(1)：行驶相同的路程，客车、货车的时间之比为 $10:15=2:3$，则客车、货车的速度之比为 $3:2$，故相遇时，客车、货车的路程之比为 $3:2$. 已知相遇时货车行驶 192 千米，则两城之间的距离为 $192\div\frac{2}{3+2}=480$(千米)，故条件(1)充分．

条件(2)：货车速度大于客车速度，两车相遇时，货车行驶 192 千米，则客车行驶路程小于 192 千米，显然路程和小于 480 千米，故条件(2)不充分．

5.（A）

【解析】结论求数列$\left\{\frac{1}{a_n}\right\}$的所有项之和，条件有明显的关于$\{a_n\}$的等量关系，故从条件出发．

条件(1)：当 $n=1$ 时，$S_1=2a_1-1$，$a_1=1$；

当 $n\geqslant2$ 时，$S_n=2a_n-1$，$S_{n-1}=2a_{n-1}-1$，两式相减可得 $a_n=2a_{n-1}$.

故数列$\{a_n\}$是一个以 1 为首项、2 为公比的等比数列，$\left\{\frac{1}{a_n}\right\}$是一个以 1 为首项、$\frac{1}{2}$为公比的等比数列，由无穷等比数列求和公式可得 $S=\frac{1}{1-\frac{1}{2}}=2$，条件(1)充分．

条件(2)：同理可得数列$\{a_n\}$是一个以$\frac{1}{2}$为首项、$\frac{3}{2}$为公比的等比数列，$\left\{\frac{1}{a_n}\right\}$是一个以 2 为首项、$\frac{2}{3}$为公比的等比数列，由无穷等比数列求和公式可得 $S=\frac{2}{1-\frac{2}{3}}=6$，条件(2)不充分．

6.（C）

【解析】“能确定 xxx 的值”型的题目，且条件有明显的关于 m，n 的信息，故从条件出发．

条件(1)：由韦达定理可知，$m+n=\frac{5}{2}$，$mn=-\frac{1}{2}$，$m-n=\pm\sqrt{(m+n)^2-4mn}=\pm\frac{\sqrt{33}}{2}$.

设 $m-3n=A(m+n)+B(m-n)$，则

$$\begin{cases}A+B=1,\\A-B=-3\end{cases}\Rightarrow\begin{cases}A=-1,\\B=2\end{cases}\Rightarrow m-3n=-(m+n)+2(m-n).$$

将 $m+n$ 和 $m-n$ 的值代入可得 $|m-3n|=\sqrt{33}-\frac{5}{2}$或$\sqrt{33}+\frac{5}{2}$，故条件(1)不充分．

条件(2)：显然不充分．

联合两个条件，因为 $m>n$，所以 $m-n=\frac{\sqrt{33}}{2}$，则 $|m-3n|=\sqrt{33}-\frac{5}{2}$，联合充分．

7.（D）

【解析】“能确定 xxx 的值”型的题目，故从条件出发．

条件(1)：方法一：$x^2-y^2=(x+y)(x-y)=12=12\times1=6\times2=4\times3$，因为 x，y 为正偶数，则 $x+y$ 和 $x-y$ 均为偶数，故 $\begin{cases}x+y=6,\\x-y=2\end{cases}\Rightarrow\begin{cases}x=4,\\y=2,\end{cases}$ 可以确定 $x^2+y^2=20$，所以条件(1)充分．

方法二：穷举法．

正偶数的完全平方数，分别为 4，16，36，64，…，其中差为 12 的，只有 4 和 16，因此 $x^2+y^2=20$，所以条件(1)充分．

条件(2)：设 $x=2m$，$y=2n(m，n\in\mathbf{N}_+)$，则

$$x^2y+xy^2=xy(x+y)=2m\cdot2n\cdot2(m+n)=96\Rightarrow mn(m+n)=12,$$

只有当 $\begin{cases}mn=3,\\m+n=4\end{cases}$ 时，m，n 有正整数解，此时 $m^2+n^2=10$，$x^2+y^2=4(m^2+n^2)=40$，所以条件(2)充分．

8.（A）

【解析】题干给出函数的具体解析式和定义域，$f(x)>0$ 是可以直接解的，故从结论出发，求出 a 的取值范围，再判断条件是否充分．

若结论成立，则 $f(x)=\lg\left(x+\frac{a}{x}-2\right)>0$，即 $f(x)=\lg\left(x+\frac{a}{x}-2\right)>\lg1$，易知外层对数函数为增函数，因此可得 $x+\frac{a}{x}-2>1$，因为 $x>0$，去分母可得 $x^2-3x+a>0$，即 $a>-x^2+3x$ 恒成立．

设一元二次函数 $g(x)=-x^2+3x$，其对称轴为 $x=\frac{3}{2}$，不在 $x\in[2，+\infty)$ 范围内，故最大值为 $g(2)=-2^2+3\times2=2$，则 $a>2$. 故条件(1)充分，条件(2)不充分．

9.（D）

【解析】“能确定 xxx 的值”型的题目，常规做法为从条件出发，但条件只给出了边的长度，由条件推导容易出现多个方向，计算量大，而题干给出了确定的图形，可以从结论出发，根据题干推导等价结论．

$$S_{空白}=S_{扇形DCE}-S_{右阴影部分}=S_{扇形DCE}-(S_{矩形}-S_{扇形DAG}),$$

因为两个扇形的半径分别为矩形的长和宽，圆心角为 90°是已知的，故只要知道矩形的宽，矩形的面积和两个扇形的面积都能求出，也就能确定空白部分的面积．

条件(1)：已知 BE，由题可知 $EC=DC$，则 $BC=DC-BE$. 矩形的宽可以求出，故能确定空白部分的面积，条件(1)充分．

条件(2)：连接 FC，FC 为扇形 DCE 的半径，则 FC 等于矩形的长．已知 BF，则由勾股定理可以求出 BC 的长，即矩形的宽可以求出，故能确定空白部分的面积，条件(2)充分．

10.（B）

【解析】结论的计算需要用到条件所给的 5 个点横坐标的取值范围，故从条件出发．

条件(1)：举反例，5 个点的横坐标分别为 0，2，4，6，8，不存在差值小于 2 的两个点，不充分．

条件(2)：将区间 $[0，5)$ 按照长度为 2 划分出 3 个区间：$[0，2)$，$[2，4)$，$[4，5)$. 5 个点必有 2 个在同一个区间内，这两个点的横坐标之差一定小于 2，故条件(2)充分．

满分必刷卷 9

难度：★★★☆ 得分：________

条件充分性判断：每小题 3 分，共 30 分。要求判断每题给出的条件（1）和条件（2）能否充分支持题干所陈述的结论。(A)、(B)、(C)、(D)、(E)五个选项为判断结果，请选择一项符合试题要求的判断。

(A)条件(1)充分，但条件(2)不充分.

(B)条件(2)充分，但条件(1)不充分.

(C)条件(1)和条件(2)单独都不充分，但条件(1)和条件(2)联合起来充分.

(D)条件(1)充分，条件(2)也充分.

(E)条件(1)和条件(2)单独都不充分，条件(1)和条件(2)联合起来也不充分.

1. 一片草地，每天生长的速度相同，已知一头牛一天的吃草量等于 5 只羊一天的吃草量．则可以确定这片草地供给 10 头牛与 75 只羊一起吃的天数．

(1)这片草地可供 16 头牛吃 20 天．

(2)这片草地可供 100 只羊吃 12 天．

2. 已知 a，b，c 皆为质数，且 a，b，c 成等差数列．则可以确定 a 的值．

(1)$a+b+c=33$.

(2)$a<b<c$.

3. 某车间需加工 1 000 个零件，准备分配给 6 个小组，每个小组的工作量相同．则可以确定每个小组原定的工作量．

(1)若每组按原定工作量工作，则不能完成任务．

(2)若每组比原来多加工 2 个，则可超额完成任务．

4. 已知二次函数 $f(x)=ax^2+bx+c$. 则能确定 $a+b+c$ 的值．

(1)曲线 $f(x)$经过点$(0,0)$，$(-1,1)$.

(2)曲线 $f(x)$与直线 $y=x$ 相切．

5. 甲、乙去某公司应聘，该公司的面试方案为：应聘者从 6 道备选题中一次性随机抽取 3 道题，至少正确完成 2 道题才可以通过面试．则甲通过面试的概率较大．

(1)应聘者甲只能正确完成 4 道题．

(2)应聘者乙每道题正确完成的概率都是$\frac{2}{3}$.

6. 已知 a 是实数．则方程 $x^2-(2-a)x+5-a=0$ 的两根都大于 2.

(1)$a<-4$.

(2)$a>-5$.

7. 如图所示，在矩形 $ABCD$ 中，E 为 CD 的中点，连接 AE，BD 交于点 P，过点 P 作 $PQ\perp BC$ 于点 Q. 则能确定 PQ 的值.

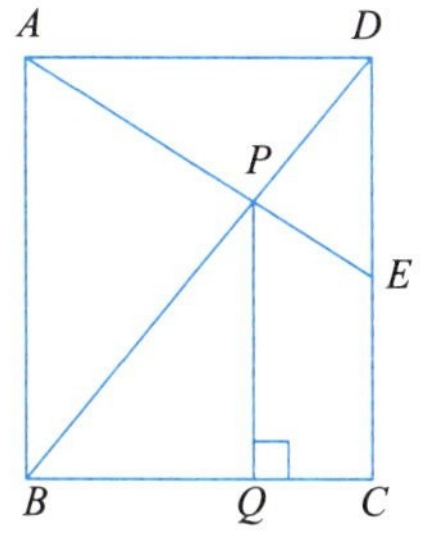

(1)已知 AD.

(2)已知 AB.

8. 已知公差不为 0 的等差数列 $\{a_n\}$ 的前 n 项和 S_n 有最小值. 则当 $S_n<0$ 时，n 的最大值为 13.

(1)$|a_7|=|a_8|$.

(2)$\frac{a_8}{a_7}<-1$.

9. 已知一组数据 x，y，30，29，31. 则能确定 $|x-y|$ 的值.

(1)这组数据的平均数为 30.

(2)这组数据的方差为 2.

10. 已知$\begin{cases}x\geqslant 0,\\x+4y\geqslant 5,\\y+4x\leqslant 5\end{cases}$围成平面区域 D. 则区域 D 被 $y=kx+\frac{5}{4}$ 分成面积相等的两部分.

(1)$k=\frac{7}{2}$.

(2)$k=-\frac{1}{5}$.

满分必刷卷 9 答案详解

答案速查

1～5 (C)(E)(E)(C)(C)	6～10 (C)(B)(D)(C)(A)

1.(C)

【解析】"能确定 xxx 的值"型的题目，故从条件出发．

设每只羊每天吃的草量为 1 个单位，则每头牛每天吃的草量为 5 个单位，每天新长草量为 x 个单位，原有草量为 y 个单位．

条件(1)：$y+20x=16\times5\times20$，显然无法确定 x，y 的值，不充分．

条件(2)：$y+12x=100\times1\times12$，显然无法确定 x，y 的值，不充分．

联合两个条件，解得$\begin{cases}x=50,\\y=600.\end{cases}$设 10 头牛和 75 只羊可吃 n 天，则有 $y+nx=(10\times5+75\times1)n$，将 x，y 的值代入，解得 $n=8$，联合充分．

2.(E)

【解析】"能确定 xxx 的值"型的题目，故从条件出发．另外条件的关系式可以用反例验证不充分性，所以推导前可以先举反例．

条件(1)：由 a，b，c 成等差数列可知，$a+c=2b$，则 $a+b+c=3b=33\Rightarrow b=11$. 此时有多种情况，如 3，11，19 或 5，11，17 等，无法唯一确定 a 的值，条件(1)不充分．

条件(2)：条件(1)的例子依然适用，故条件(2)不充分，联合也不充分．

3.(E)

【解析】"能确定 xxx 的值"型的题目，故从条件出发．

两个条件单独显然不充分，考虑联合．

设每个小组原定的工作量为 x. 由条件(1)可得 $6x<1\,000$，$x<\frac{500}{3}$；由条件(2)可得$6(x+2)>1\,000$，$x>\frac{494}{3}$. 故$\frac{494}{3}<x<\frac{500}{3}$，因为 x 是整数，则 $x=\frac{495}{3}=165$ 或 $x=\frac{498}{3}=166$，所求值不唯一，故联合也不充分．

4.(C)

【解析】"能确定 xxx 的值"型的题目，故从条件出发．

条件(1)：将点(0，0)，(−1，1)代入函数表达式可得$\begin{cases}c=0,\\a-b+c=1\end{cases}\Rightarrow\begin{cases}c=0,\\a-b=1,\end{cases}$无法求出 $a+b+c$ 的值，不充分．

条件(2)：由函数图像相切，可知新一元二次方程 $ax^2+(b-1)x+c=0$ 有两个相同的实根，即 $\Delta=(b-1)^2-4ac=0$，无法求出 $a+b+c$ 的值，不充分．

联合两个条件，可得$\begin{cases}c=0,\\a-b=1,\\(b-1)^2-4ac=0\end{cases}\Rightarrow\begin{cases}a=2,\\b=1,\\c=0,\end{cases}$则 $a+b+c=3$，可以唯一确定，故联合充分．

5.（C）

【解析】比较甲、乙两人通过面试的概率，需要用到条件所给的两个人的信息，故从条件出发．

变量缺失型互补关系，两个条件缺一不可，需要联合．

甲通过面试的概率为 $P_1=\frac{C_4^2\times C_2^1+C_4^3}{C_6^3}=\frac{4}{5}$；

乙通过面试的概率为 $P_2=C_3^2\times\left(\frac{2}{3}\right)^2\times\left(\frac{1}{3}\right)^1+\left(\frac{2}{3}\right)^3=\frac{20}{27}$.

$\frac{4}{5}=\frac{20}{25}>\frac{20}{27}$，则 $P_1>P_2$，故甲通过面试的概率较大．联合充分．

6.（C）

【解析】条件给出 a 的取值范围，代入方程中不好计算，但结论的描述可以转化为数学表达式进行计算，故从结论出发．

令 $f(x)=x^2-(2-a)x+5-a$. 若结论成立，则有

$$\begin{cases}\Delta\geqslant 0,\\f(2)>0,\\\frac{2-a}{2}>2\end{cases}\Rightarrow -5<a\leqslant -4.$$

故两个条件单独都不充分，联合充分．

7.（B）

【解析】“能确定 xxx 的值”型的题目，常规做法为从条件出发，但平面几何的题目一般会有多种解法，本题从条件出发不一定能直接找到准确的方法，试错成本高，从结论出发能更快速找到所需条件.

由沙漏模型可知$\triangle APB\backsim\triangle EPD$，相似比为 $AB:ED=2:1$，则 $BP:BD=2:(2+1)=2:3$.

由金字塔模型可知$\triangle BQP\backsim\triangle BCD$，则 $PQ:CD=BP:BD=2:3$，故 $PQ=\frac{2}{3}CD$.

条件(1)：已知 AD，求不出 PQ 的值，不充分．

条件(2)：$AB=CD$，则 $PQ=\frac{2}{3}AB$，充分．

8.（D）

【解析】结论要求 n 的最大值，需要用到条件所给的关系式，故从条件出发．

已知公差不为 0 的等差数列$\{a_n\}$的前 n 项和 S_n 有最小值，说明 $d>0$，则 $a_8=a_7+d>a_7$.

条件(1)：因为 $a_8>a_7$，由 $|a_7|=|a_8|$ 可得 $a_7<0$，$a_8>0$，$a_7+a_8=0$.

$S_{13}=13a_7<0$，$S_{14}=7(a_7+a_8)=0$，所以当 $S_n<0$ 时，n 的最大值为 13，故条件(1)充分．

条件(2)：因为 $a_8>a_7$，由$\frac{a_8}{a_7}<-1$可得 $a_7<0$，$a_8>0$，且 $a_8>-a_7$，则 $a_7+a_8>0$.

$S_{13}=13a_7<0$，$S_{14}=7(a_7+a_8)>0$，所以当 $S_n<0$ 时，n 的最大值为 13，故条件(2)充分．

9.（C）

【解析】“能确定 xxx 的值”型的题目，故从条件出发．

条件(1)：$\frac{1}{5}(x+y+30+29+31)=30\Rightarrow x+y=60$，不能唯一确定 $|x-y|$ 的值，不充分．

条件(2)：举反例，连续5个整数的方差为2，令 $x=32$，$y=33$，则 $|x-y|=1$；令 $x=28$，$y=32$，则 $|x-y|=4$. 不充分．

联合两个条件，则有 $\frac{1}{5}[(x-30)^2+(y-30)^2+0+1+1]=2\Rightarrow(x-30)^2+(y-30)^2=8$. 将 $y=60-x$ 代入，得 $2(x-30)^2=8$，解得 $\begin{cases}x=32,\\y=28\end{cases}$ 或 $\begin{cases}x=28,\\y=32,\end{cases}$ 故 $|x-y|=4$，联合充分．

10.（A）

【解析】题干不等式组围成的平面区域是具体已知的，能在坐标系中画出．结论含有未知数 k，而两个条件分别给出了 k 的值，故可以从条件出发．但从条件出发需要重复计算两次，计算量大，可以从结论出发，将所求直线在平面直角坐标系中画出，数形结合，从而求解使得结论成立的 k 值．

如图所示，阴影部分 $\triangle ABC$ 即为平面区域 D，且直线 $y=kx+\frac{5}{4}$ 恒过点 $A\left(0,\ \frac{5}{4}\right)$，由等面积模型知，若区域被分成面积相等的两部分，则直线过 BC 的中点 M. 点 $B(0,\ 5)$ 和点 $C(1,\ 1)$ 的中点坐标为 $M\left(\frac{1}{2},\ 3\right)$，则直线斜率为 $k_{AM}=\frac{3-\frac{5}{4}}{\frac{1}{2}-0}=\frac{7}{2}$，故条件(1)充分，条件(2)不充分．

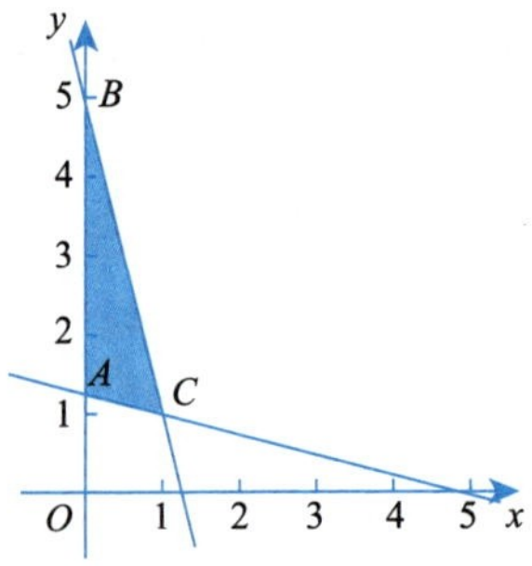

满分必刷卷 10

难度：★★★☆　　　　得分：________

条件充分性判断：每小题 3 分，共 30 分。要求判断每题给出的条件（1）和条件（2）能否充分支持题干所陈述的结论。(A)、(B)、(C)、(D)、(E)五个选项为判断结果，请选择一项符合试题要求的判断。

(A)条件(1)充分，但条件(2)不充分.

(B)条件(2)充分，但条件(1)不充分.

(C)条件(1)和条件(2)单独都不充分，但条件(1)和条件(2)联合起来充分.

(D)条件(1)充分，条件(2)也充分.

(E)条件(1)和条件(2)单独都不充分，条件(1)和条件(2)联合起来也不充分.

1. 已知某正整数除以 5 余 1，除以 7 余 3. 则可以确定该正整数的值.
   (1)该正整数除以 8 余 5.
   (2)该正整数不大于 200.

2. 函数 $f(x)=a^2x^2+(2a-1)x+1$ 在 $x\in[-1,1]$时恒大于 0.
   (1)$a<1$.
   (2)$a>1$.

3. 已知等差数列$\{a_n\}$的前 n 项和为 S_n，公差 $d>0$. 则能确定 $S_{10}\leqslant S_6$.
   (1)对于任意的正整数 n，$S_n\geqslant S_8$ 恒成立.
   (2)对于任意的正整数 n，$S_n\geqslant S_9$ 恒成立.

4. 已知 x，y 为实数. 则能确定 $x+y+2\geqslant 0$.
   (1)$y=\sqrt{2-x^2}$.
   (2)$|2x-2|+|y-1|=4$.

5. 现有六个数字. 则可以组成 42 个不同的六位偶数.
   (1)有一个 0，两个 1，三个 2.
   (2)有两个 0，两个 1，两个 2.

6. 甲、乙两地相距 60 千米，其中一部分是上坡路，其余是下坡路. 某人骑自行车从甲地到达乙地后沿原路返回，已知骑自行车上坡的速度是 10 千米/小时. 则能确定骑自行车下坡的速度.
   (1)已知此人往返的总时间.
   (2)已知此人往返上坡路与下坡路的时间之比.

7. 袋子中有红球和黑球共 10 个，随机取出 2 个球．则恰有 1 个红球的概率超过$\frac{1}{2}$.

(1)至少有 1 个红球的概率小于$\frac{13}{15}$.

(2)至少有 1 个黑球的概率小于$\frac{14}{15}$.

8. 关于 x 的方程 $x^2+3x-k=0$ 有两个不相等的实数根 a，b. 则能确定 $|a-b|$ 的值．

(1) $|a|+|b|=15$.

(2) $|a|+|b|=3$.

9. 现有甲、乙两种药液，甲种药液浓度为 45%，乙种药液浓度为 32%，取两种药液若干混合，得到浓度为 40%的药液．则甲种药液取了 120 千克．

(1)如果乙种药液少取 39 千克，混合后得到浓度为 42%的药液．

(2)如果乙种药液多取 65 千克，混合后得到浓度为 38%的药液．

10. 如图所示，4 个大小相同的小长方形和 2 个阴影长方形构成一个大的长方形．则可以确定这两个阴影长方形的周长之和．

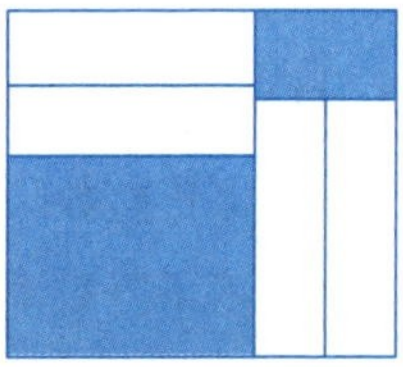

(1)已知这 6 个长方形构成的最大的长方形的长．

(2)已知这 6 个长方形构成的最大的长方形的宽．

满分必刷卷 10　答案详解

答案速查

1～5　(C)(B)(B)(D)(B)	6～10　(D)(C)(A)(D)(B)

1. (C)

【解析】"能确定 xxx 的值"型的题目，故从条件出发．

正整数除以 5 余 1，除以 7 余 3，由"差同减差"可设该正整数为 $35k-4(k\in\mathbf{N}_+)$，则该正整数为 31，66，101，136，171，206，⋯．

条件(1)：其中除以 8 余 5 的数有 101，381，⋯，不能唯一确定，故条件(1)不充分．

条件(2)：满足题干，且不大于 200 的数有 5 个，不能唯一确定，故条件(2)不充分．

联合两个条件，只有 101 符合题意，故联合充分．

2. (B)

【解析】本题明显结论所给信息更多，按照常规思路应该从结论出发．但函数的二次项和一次项都有 a，计算时需要分多种情况讨论，极为复杂，而条件给出了 a 的取值范围，可以省略很多计算量，还可以试着举反例验证条件的不充分性，故选择从条件出发．

条件(1)：举反例，当 $a=0$ 时，$f(x)=-x+1$，此时 $f(1)=0$，结论不成立，故条件(1)不充分．

条件(2)：当 $a>1$ 时，函数 $f(x)$ 为一元二次函数且图像开口向上，$\Delta=(2a-1)^2-4a^2=-4a+1$，必然小于 0，所以 $f(x)$ 恒大于 0，故条件(2)充分．

3. (B)

【解析】结论的大小比较需要用到条件所给的关于 S_n 的信息，故从条件出发．

等差数列 $\{a_n\}$ 的前 n 项和是类二次函数，又因为 $d>0$，所以开口向上，距离对称轴越近，函数值越小．

条件(1)：$S_n\geqslant S_8$ 恒成立说明二次函数的对称轴在区间[7.5，8.5]上，不能确定 S_{10} 和 S_6 谁距离对称轴更近，故条件(1)不充分．

条件(2)：$S_n\geqslant S_9$ 恒成立说明二次函数的对称轴在区间[8.5，9.5]上，可以确定 S_{10} 距离对称轴更近，则 $S_{10}<S_6$，故条件(2)充分．

4. (D)

【解析】结论的计算需要用到条件所给的与 x，y 相关的等量关系，故从条件出发．

$x+y+2\geqslant0$ 相当于点在直线 $y=-x-2$ 上或其上方．

条件(1)：整理得 $x^2+y^2=2(y\geqslant0)$，为上半圆圆周上的点，如图所示．圆上所有点都在直线 $y=-x-2$ 上方，满足 $x+y+2\geqslant0$，条件(1)充分．

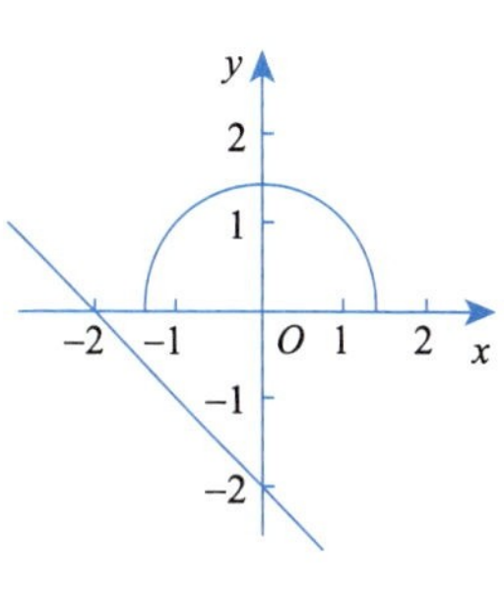

条件(2)：方程表示菱形．令 $x=1$，解得 $y=5$ 或 -3；令 $y=1$，解得 $x=-1$ 或 3. 故菱形的四个顶点分别为(1，5)，(1，−3)，(−1，1)，(3，1)，画出图像，如图所示．

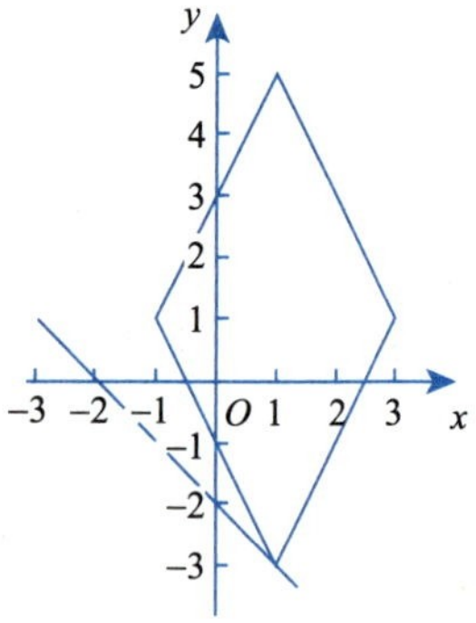

菱形最下方的点为点(1，−3)，其恰好在直线 $y=-x-2$ 上，所以菱形上的所有点都在直线 $y=-x-2$ 上或其上方，满足 $x+y+2\geqslant 0$，条件(2)充分．

5. (B)

【解析】结论的计算是建立在条件的背景前提下的，故从条件出发．

可以先将数字看成是不同元素，再对相同的数字消序．要求偶数，可以按照末位是 0 和末位是 2 进行分类．

条件(1)：第一类：末位为 0；剩余五个数字任意排列；最后再消序．共 $\frac{A_5^5}{A_2^2A_3^3}=10$(个)不同的六位偶数．

第二类：末位先从三个 2 里挑一个，即 C_3^1；首位从剩余的两个 1 和两个 2 里挑一个，即 C_4^1；剩余四个数字任意排列，即 A_4^4；最后再消序．共 $\frac{C_3^1C_4^1A_4^4}{A_2^2A_3^3}=24$(个)不同的六位偶数．

综上所述，共有 $10+24=34$(个)不同的六位偶数，条件(1)不充分．

条件(2)：第一类：末位先从两个 0 里挑一个，即 C_2^1；首位从剩余的两个 1 和两个 2 里挑一个，即 C_4^1；剩余四个数字任意排列，即 A_4^4；最后再消序．共 $\frac{C_2^1C_4^1A_4^4}{A_2^2A_2^2A_2^2}=24$(个)不同的六位偶数．

第二类：末位先从两个 2 里挑一个，即 C_2^1；首位从剩余的两个 1 和一个 2 里挑一个，即 C_3^1；剩余四个数字任意排列，即 A_4^4；最后再消序．共 $\frac{C_2^1C_3^1A_4^4}{A_2^2A_2^2A_2^2}=18$(个)不同的六位偶数．

综上所述，共有 $24+18=42$(个)不同的六位偶数，条件(2)充分．

6. (D)

【解析】“能确定 xxx 的值”型的题目，故从条件出发．

由于去时是上坡，回来时就是下坡，所以往返一趟上坡、下坡的总路程各自都是 60 千米，故上坡的总时间是 $60\div 10=6$(小时).

条件(1)：已知此人往返总时间为 a 小时，则下坡的总时间是 $a-6$ 小时，故下坡的速度是 $\frac{60}{a-6}$ 千米/小时，条件(1)充分．

条件(2)：已知此人往返上坡路与下坡路时间的比值为 b，因为上坡的总时间是 6 小时，则下坡的总时间是 $\frac{6}{b}$ 小时，故下坡的速度为 $60\div\frac{6}{b}=10b$(千米/小时)，条件(2)充分．

7. (C)

【解析】本题的结论是确定性的，且可以转化为数学表达式，通过化简可以得到红球的数量情况，故本题从结论出发，先求出等价结论，再判断条件是否充分．

设袋中红球的个数为 x，则黑球的个数为 $10-x$. 随机取出 2 个球，恰有一个红球的概率为

$\dfrac{C_x^1C_{10-x}^1}{C_{10}^2}=\dfrac{x(10-x)}{45}$. 若结论成立，则$\dfrac{x(10-x)}{45}>\dfrac{1}{2}$，又 x 为整数，解得 $x=4$，5，6.

条件(1)：随机取出 2 个球，至少有 1 个红球的概率为 $1-\dfrac{C_{10-x}^2}{C_{10}^2}<\dfrac{13}{15}$，解得 $x<6$，不充分.

条件(2)：随机取出 2 个球，至少有 1 个黑球的概率为 $1-\dfrac{C_x^2}{C_{10}^2}<\dfrac{14}{15}$，解得 $3<x<10$，不充分.

联合两个条件，可得 $3<x<6$，即 $x=4$，5，充分.

8.（A）

【解析】“能确定 xxx 的值”型的题目，故从条件出发. 且条件和结论都是含有字母的代数式，可以试着举反例验证条件的不充分性.

由韦达定理，得 $a+b=-3$.

条件(1)：因为 $|a|+|b|=15$，$|a+b|=3$，$|a+b|<|a|+|b|$，由三角不等式小于号成立的条件知，$ab<0$. 由三角不等式等号成立的条件知，$|a-b|=|a|+|b|=15$，条件(1)充分.

条件(2)：举反例，令 $a=0$，$b=-3$，则 $|a-b|=3$；令 $a=-1$，$b=-2$，则 $|a-b|=1$. 值不唯一，条件(2)不充分.

9.（D）

【解析】结论的计算需要用到条件所给的等量关系，故从条件出发.

根据题意，使用十字交叉法，如图所示.

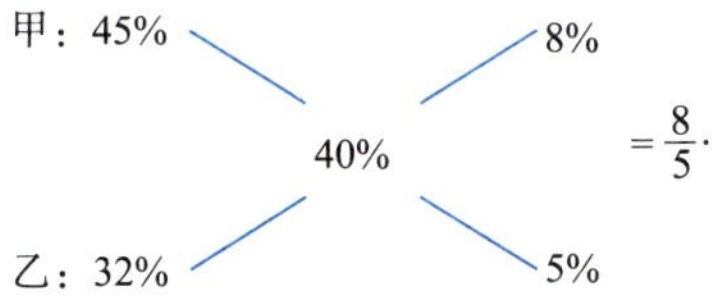

故甲、乙两种药液的质量比为 8∶5.

条件(1)：如图所示，根据条件可得

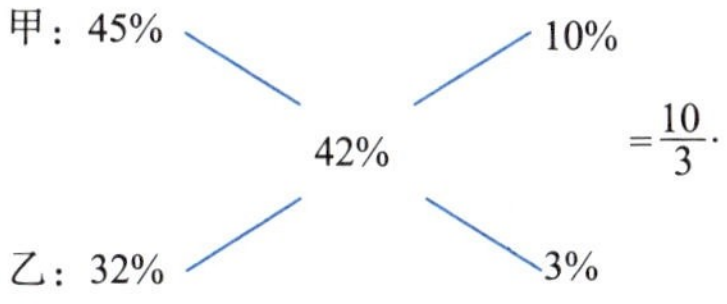

故甲、乙两种药液的质量比为 10∶3.

甲种药液质量不变，故统一甲种药液的份数，即原来甲∶乙＝40∶25，现在甲∶乙＝40∶12，故乙种药液少取了 $25-12=13$ 份，对应 39 千克，则 1 份为 3 千克，故甲种药液取了 $40\times3=120$(千克)，条件(1)充分.

条件(2)：如图所示，根据条件可得

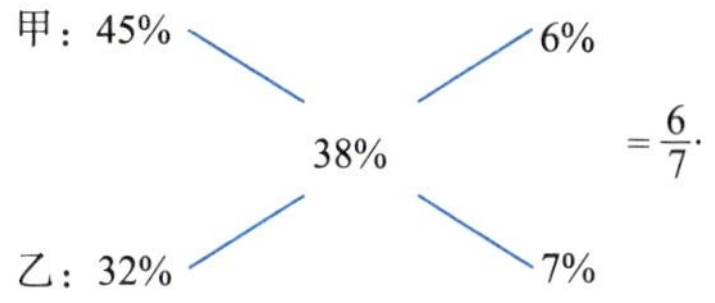

故甲、乙两种药液的质量比为6∶7.

同理，统一甲种药液的份数，即原来甲∶乙＝24∶15，现在甲∶乙＝24∶28，故乙种药液多取了28－15＝13份，对应65千克，则1份为5千克，故甲种药液取了24×5＝120(千克)，条件(2)也充分.

10. (B)

【解析】“能确定xxx的值”型的题目，常规做法为从条件出发，但本题给出了具体的图形，结论要确定阴影部分的周长之和，周长之和可以在图上通过设未知数表示出来，故可以从结论出发，先将阴影部分的周长转化成数学表达式，再用条件的已知信息来推导等价结论.

设最大的长方形的长和宽分别为x，y，4个小长方形每个长方形的长和宽分别为a，b，则左侧阴影的长为a，宽为$y-2b$；右侧阴影的长为$2b$，宽为$y-a$. 故两个阴影长方形的周长之和为$2[a+(y-2b)+2b+(y-a)]=4y$，显然知道最大的长方形的宽，即可求出阴影部分的周长之和，故条件(1)不充分，条件(2)充分.

满分必刷卷 11

难度：★★★★　　　　得分：________

条件充分性判断：每小题 3 分，共 30 分。要求判断每题给出的条件（1）和条件（2）能否充分支持题干所陈述的结论。(A)、(B)、(C)、(D)、(E)五个选项为判断结果，请选择一项符合试题要求的判断。

(A)条件(1)充分，但条件(2)不充分.

(B)条件(2)充分，但条件(1)不充分.

(C)条件(1)和条件(2)单独都不充分，但条件(1)和条件(2)联合起来充分.

(D)条件(1)充分，条件(2)也充分.

(E)条件(1)和条件(2)单独都不充分，条件(1)和条件(2)联合起来也不充分.

1. 设集合 $A=\{x\mid |x-a|<1,\ x\in\mathbf{R}\}$，$B=\{x\mid |x-b|>3,\ x\in\mathbf{R}\}$. 则 $A\subseteq B$.

(1) $|a-b|\leqslant 2$.

(2) $|a-b|\geqslant 4$.

2. 现有 5 张奖券，只有 1 张有奖，某人连续抽三次. 则中奖的概率比不中奖的概率大.

(1)每次抽完后将奖券放回.

(2)每次抽完后奖券不放回.

3. 甲、乙两位工人共同加工一批零件，已知甲每天比乙多做 3 个. 则这批零件的总数为 270.

(1)若甲、乙全程共同加工，则甲比乙多加工 54 个.

(2)两人 20 天完成任务，且乙中途请假 5 天，乙所完成的零件数恰好是甲的一半.

4. 已知关于 x 的方程 $x^2+(a^2-1)x+a-2=0$. 则可以确定 $-2<a<0$.

(1)方程有一根小于 -1.

(2)方程有一根大于 1.

5. 已知 S_n 是数列 $\{a_n\}$ 的前 n 项和. 则 $\{a_n\}$ 是等比数列.

(1) $a_{n+1}=2S_n(n\in\mathbf{N}_+)$.

(2) $a_1=1$.

6. 如图所示，在等腰梯形 $ABCD$ 中，$AB\parallel CD$，对角线 AC，BD 相交于点 O. 则能确定 $\triangle AOB$ 和 $\triangle COD$ 的面积比.

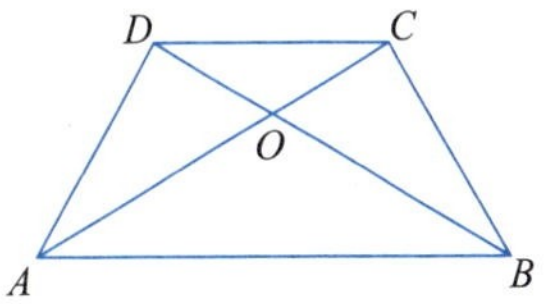

(1) $\angle ABD=30°$，$AC\perp BC$.

(2) $\angle ABD=45°$.

7. 已知 k 是正整数．则能确定 k 的值．

(1)关于 x 的方程 $2-\frac{k}{2-x}=\frac{x}{x-2}$ 的解为正整数．

(2)关于 x 的方程 $\frac{kx+2}{x-1}=1-\frac{1}{1-x}$ 的解为负整数．

8. 设 m 为实数，$f(x)=|x+m|+|x-1|+|x-2|$．则 $f(x)\geqslant 3$.

(1)$m\geqslant 1$.

(2)$0\leqslant m\leqslant 1$.

9. 已知 x，y，z 为正实数．则 $\frac{y^2}{xz}$ 的最小值可以确定．

(1)$x-2y+3z=0$.

(2)$3x-y+z=0$.

10. 设 a，b 是实数．则 $a^2+(b+2)^2$ 有最大值和最小值．

(1)$a^2+b^2-4a+3=0$.

(2)$a^2+b-4a+3=0$.

满分必刷卷 11 答案详解

答案速查

1～5 (B)(B)(B)(C)(E)	6～10 (A)(C)(A)(D)(A)

1. (B)

【解析】两个条件是 $a-b$ 的取值范围，代入到题干不好计算，而结论给出了关于集合 A 和 B 的关系，可以转化为对应的数学表达式，再计算，故从结论出发.

$A=\{x \mid a-1<x<a+1\}$，$B=\{x \mid x>b+3$ 或 $x<b-3\}$. 若 $A\subseteq B$，需满足 $a+1\leqslant b-3$ 或 $b+3\leqslant a-1$，即 $a-b\leqslant -4$ 或 $a-b\geqslant 4$，则 $|a-b|\geqslant 4$，故条件(1)不充分，条件(2)充分.

2. (B)

【解析】结论的计算是建立在条件的背景前提下的，故从条件出发.

条件(1)：因为每次抽完后将奖券放回，故每次抽奖的结果相互独立，中奖的概率都是$\frac{1}{5}$. 从反面思考，抽三次都不中奖的概率为$\left(\frac{4}{5}\right)^3=\frac{64}{125}>\frac{1}{2}$，说明中奖的概率小于不中奖的概率，条件(1)不充分.

条件(2)：每次抽完后不放回，连续抽三次，相当于一次性抽 3 张，则中奖的概率是$\frac{C_4^2C_1^1}{C_5^3}=\frac{3}{5}>\frac{1}{2}$，中奖的概率大于不中奖的概率，条件(2)充分.

3. (B)

【解析】结论的计算需要用到条件所给的等量关系，故从条件出发.

条件(1)：由于甲、乙加工时间相同，故加工时间 $t=\frac{54}{3}=18$(天)，但是不知道甲、乙两人每天加工零件的个数，故零件总数无法求得，条件(1)不充分.

条件(2)：设乙每天加工零件个数为 x，则甲每天加工零件个数为 $x+3$. 根据条件可得乙一共工作 15 天，甲工作 20 天，则 $15x=\frac{1}{2}(x+3)\times 20$，解得 $x=6$，因此乙加工 $15\times 6=90$(个)，甲加工 $9\times 20=180$(个)，零件总数为 270，条件(2)充分.

4. (C)

【解析】结论要确定 a 的取值范围，需要用到条件所给的根的分布情况，故从条件出发.

a 的取值范围跟方程的两根均相关，所以两个条件单独皆不充分，需要联合.

联合两个条件，令 $f(x)=x^2+(a^2-1)x+a-2$，则有$\begin{cases}f(1)<0,\\f(-1)<0,\end{cases}$解得$\begin{cases}-2<a<1,\\a<0\text{ 或 }a>1,\end{cases}$所以 $-2<a<0$，联合充分.

5.(E)

【解析】判断数列$\{a_n\}$的类型必须用到条件所给的等量关系，故从条件出发.

条件(1)：a_n 可以为0，不满足等比数列的条件，故条件(1)不充分.

条件(2)：显然不充分.

联合两个条件．当$n=1$时，$a_2=2S_1=2a_1$；

当$n\geqslant 2$时，由$a_{n+1}=2S_n$，可得$a_n=2S_{n-1}$，两式相减得$a_{n+1}-a_n=2a_n$，即$a_{n+1}=3a_n$，则$\frac{a_{n+1}}{a_n}=3\neq\frac{a_2}{a_1}$.

故数列$\{a_n\}$从第二项开始成等比数列，联合也不充分.

【易错警示】当下标出现"$n-1$"时，一定是在"$n\geqslant 2$"这个前提条件下才成立的．有同学忘记讨论当$n=1$时的情况，导致误选(C)项.

6.(A)

【解析】"能确定xxx的值"型的题目，且题干和结论的边、角关系都是未知的，则图形是不确定的，需要结合条件所给的边、角关系推导，故从条件出发.

条件(1)：等腰梯形为轴对称图形，故$\angle BAC=\angle ABD=30°$. 又$AC\perp BC$，则有$\angle CBA=60°$，故$\angle CBD=\angle CBA-\angle ABD=60°-30°=30°$，则$\frac{OB}{CO}=2\Rightarrow\frac{OB}{DO}=2$，所以$\frac{S_{\triangle AOB}}{S_{\triangle COD}}=\left(\frac{OB}{DO}\right)^2=4$.

条件(1)充分.

条件(2)：因为梯形是等腰梯形，$\angle ABD=45°$，则$\angle BAC=45°$，故$\angle AOB=90°$，$AC\perp BD$，即梯形两条对角线互相垂直．如图所示，显然$\triangle AOB$和$\triangle COD$的面积比无法唯一确定，条件(2)不充分.

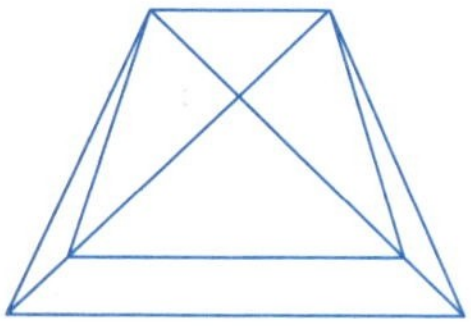

7.(C)

【解析】"能确定xxx的值"型的题目，且结论想确定k的值，必须通过条件给出的方程求解，故从条件出发.

条件(1)：去分母，得$2(x-2)+k=x$，解得$x=4-k$. 易知$x=2$是原方程的增根，故$x\neq 2$，即$4-k\neq 2$. 又方程的解为正整数，则$4-k>0$，解得$k<4$且$k\neq 2$. 又因为k是正整数，故$k=1$或3. 条件(1)不充分.

条件(2)：去分母，得$kx+2=x-1+1$，解得$x=\frac{2}{1-k}$. 方程的解为负整数，则$1-k=-1$或-2，即$k=2$或3. 条件(2)不充分.

联合两个条件，可得$k=3$，故联合充分.

8.(A)

【解析】结论中的不等式可看作求解$f(x)$的最小值，也可看作证明不等式是否成立．题干已知$f(x)$的表达式，①可以从条件出发，根据所给的m的取值范围求解$f(x)$的最小值；②也可以从结论出发，计算不等式成立的条件，从而判断条件是否充分.

$f(x)$中三个绝对值的零点分别为$-m$，1，2，由三个线性和的结论可知，当x取三个零点的中间值时，函数取得最小值，且$f(x)_{\min}=$最大零点$-$最小零点.

方法一：从条件出发．

条件(1)：当 $m\geqslant 1$ 时，$-m<1<2$，则 $f(x)_{\min}=2-(-m)=2+m\geqslant 3$，则 $f(x)\geqslant 3$，故条件(1)充分．

条件(2)：当 $0\leqslant m\leqslant 1$ 时，$-m<1<2$，则 $f(x)_{\min}=2-(-m)=2+m$．举反例，当 $m=0$ 时，$f(x)_{\min}=2-0=2<3$，故条件(2)不充分．

方法二：从结论出发．

当 $-m\leqslant 1$，即 $m\geqslant -1$ 时，$f(x)_{\min}=2-(-m)=2+m\geqslant 3$，解得 $m\geqslant 1$；

当 $1<-m<2$，即 $-2<m<-1$ 时，$f(x)_{\min}=2-1=1$，不符合题意；

当 $-m\geqslant 2$，即 $m\leqslant -2$ 时，$f(x)_{\min}=-m-1\geqslant 3$，解得 $m\leqslant -4$．

综上所述，$m\geqslant 1$ 或 $m\leqslant -4$，故条件(1)充分，条件(2)不充分．

9.（D）

【解析】“能确定 xxx 的值”型的题目，故从条件出发．

条件(1)：易知 $y=\dfrac{x+3z}{2}$，则 $\dfrac{y^2}{xz}=\dfrac{(x+3z)^2}{4xz}=\dfrac{x}{4z}+\dfrac{9z}{4x}+\dfrac{3}{2}\geqslant 2\sqrt{\dfrac{x}{4z}\cdot\dfrac{9z}{4x}}+\dfrac{3}{2}=3$，所以条件(1)充分．

条件(2)：易知 $y=3x+z$，则 $\dfrac{y^2}{xz}=\dfrac{(3x+z)^2}{xz}=\dfrac{9x}{z}+\dfrac{z}{x}+6\geqslant 2\sqrt{\dfrac{9x}{z}\cdot\dfrac{z}{x}}+6=12$，所以条件(2)也充分．

【易错警示】有同学根据惯性思维得出所求代数式为齐次分式，则需要知道每两个字母之间的数量关系，两个条件联合正好可以求出，误选(C)项．需注意求最值和求确定的值有本质区别．

10.（A）

【解析】结论需要确定代数式的最值，需要用到条件所给的 a，b 的等量关系，故从条件出发．

设点 $A(a,b)$，$B(0,-2)$，则 $a^2+(b+2)^2$ 可以看成 A，B 两点距离的平方．

条件(1)：方程 $a^2+b^2-4a+3=0$ 整理得 $(a-2)^2+b^2=1$，即点 A 是圆 C：$(x-2)^2+y^2=1$ 上一点．易知点 B 在圆 C 外，则 $AB_{\max}=BC+r=2\sqrt{2}+1$，$AB_{\min}=BC-r=2\sqrt{2}-1$，所以 $a^2+(b+2)^2$ 的最大值为 $(2\sqrt{2}+1)^2$，最小值为 $(2\sqrt{2}-1)^2$．条件(1)充分．

条件(2)：方程 $a^2+b-4a+3=0$ 整理得 $b=-a^2+4a-3$，即点 A 是抛物线 $y=-x^2+4x-3$ 上一点．抛物线开口向下，故点 A 的纵坐标可以趋于负无穷，则 AB 没有最大值，所以 $a^2+(b+2)^2$ 没有最大值，条件(2)不充分．

满分必刷卷 12

难度：★★★★　　　　得分：________

条件充分性判断：每小题 3 分，共 30 分。要求判断每题给出的条件（1）和条件（2）能否充分支持题干所陈述的结论。（A）、（B）、（C）、（D）、（E）五个选项为判断结果，请选择一项符合试题要求的判断。

(A)条件(1)充分，但条件(2)不充分.

(B)条件(2)充分，但条件(1)不充分.

(C)条件(1)和条件(2)单独都不充分，但条件(1)和条件(2)联合起来充分.

(D)条件(1)充分，条件(2)也充分.

(E)条件(1)和条件(2)单独都不充分，条件(1)和条件(2)联合起来也不充分.

1. 已知$\{a_n\}$是等比数列，S_n 是$\{a_n\}$的前 n 项和．则能确定$\{a_n\}$的公比．

(1)$a_n>0$.

(2)$S_9=13S_3$.

2. 利用长度为 a 厘米和 b 厘米的两种小钢管焊接成一根长钢管，每个焊接节点处需要损耗 1 厘米的钢管．则能够连接成一根 1 米的长钢管．

(1)$a=15$，$b=8$.

(2)$a=4$，$b=12$.

3. 已知 a，b，c 为实数．则能确定 ab 的值．

(1)$a+b+c=2$.

(2)$a^2+b^2-c^2=-4c+5$.

4. 方程 $ax^2+bx+\frac{1}{2}c=0$ 有实根的概率为$\frac{1}{3}$.

(1)a，b，c 为互不相等的小于 20 的质数且成等差数列．

(2)a，b，c 为小于 4 的正整数．

5. 一项工程交由甲、乙、丙三个工程队合作完成，工期为 10 天，已知甲单独完成需要 20 天，乙单独完成需要 12 天，甲、乙两个工程队不能合作且乙最多只有 4 天可参与该工程．则该工程可以在工期内完成．

(1)丙单独完成需要 24 天．

(2)丙单独完成需要 30 天．

6. $\sqrt{2x+1}>\sqrt{x+1}-1$.

(1)$x\geqslant\frac{1}{2}$.

(2)$-\frac{1}{2}\leqslant x\leqslant\frac{1}{2}$.

7. 已知狗跑 5 步的时间马跑 3 步，马跑 4 步的距离狗跑 7 步，狗先跑一段距离，马开始追狗．则可以确定当马追上狗时马跑的距离．

(1)狗先跑出 30 米．

(2)狗先跑出 30 步．

8. $|a+b|+|a+c|-|b-c|=0$.

(1)$|c|<|a|<|b|$.

(2)$b<c<0$，$a>0$.

9. 已知关于 x 的函数 $f(x)=x^2+(a-4)x+4-2a$，且 $a\in[-1,1]$. 则 $f(x)>0$.

(1)$x>3$.

(2)$x<1$.

10. 已知点(x,y)在平面区域 D 中，且 D 满足 $x\geqslant 1$，$x+y\leqslant 3$ 和 $y\geqslant a(x-3)$. 则 $2x+y$ 的最大值为 6.

(1)$-1<a\leqslant\frac{1}{2}$.

(2)$a>\frac{1}{2}$.

满分必刷卷12 答案详解

答案速查

1～5 (C)(B)(C)(B)(A)	6～10 (D)(A)(C)(D)(D)

1.(C)

【解析】"能确定xxx的值"型的题目，故从条件出发．

条件(1)：显然不充分．

条件(2)：显然 $q\neq 1$. $S_9=13S_3\Rightarrow\frac{S_9}{S_3}=13\Rightarrow\frac{1-q^9}{1-q^3}=\frac{(1-q^3)(1+q^3+q^6)}{1-q^3}=1+q^3+q^6=13$. 换元法，令 $q^3=t$，则 $t^2+t-12=0$，解得 $t=3$ 或 -4，即 $q=\sqrt[3]{3}$ 或 $\sqrt[3]{-4}$，故条件(2)不充分．

联合两个条件，因为 $a_n>0$，则 $q>0$，故 $q=\sqrt[3]{3}$，联合充分．

2.(B)

【解析】题干含有未知数 a，b，而两个条件分别给出了 a，b 的值，故从条件出发．

设长度为 a 厘米和 b 厘米的小钢管分别需要 x 根和 y 根．

条件(1)：$15x+8y-(x+y-1)=100$，整理得 $7(2x+y)=99$，由于99不是7的倍数，故方程无整数解，条件(1)不充分．

条件(2)：$4x+12y-(x+y-1)=100$，整理得 $3x+11y=99$，$11y$ 和99都是11的倍数，故 $3x$ 也是11的倍数，解得 $\begin{cases}x=11,\\y=6\end{cases}$ 或 $\begin{cases}x=22,\\y=3,\end{cases}$ 有解即充分，故条件(2)充分．

3.(C)

【解析】"能确定xxx的值"型的题目，故从条件出发．且条件中的参数比较多，直接推导比较困难，可以通过举反例验证条件的不充分性．

两个条件单独显然不充分，需联合．

联合两个条件，可得 $\begin{cases}a+b=2-c①,\\a^2+b^2=c^2-4c+5②,\end{cases}$ 将式①平方后与式②相减可得 $2ab=-1$，即 $ab=-\frac{1}{2}$，联合充分．

4.(B)

【解析】结论的计算是建立在条件的背景前提下的，故从条件出发．

根据条件可知 $a\neq 0$，则方程 $ax^2+bx+\frac{1}{2}c=0$ 有实根等价于 $\Delta=b^2-2ac\geqslant 0$.

条件(1)：显然 a，c 的大小不影响结果，不妨令 $a<c$，故小于20的质数且成等差数列有5种情

况：(3，5，7)，(3，7，11)，(3，11，19)，(5，11，17)，(7，13，19)，其中只有(3，11，19)满足 $b^2-2ac\geqslant 0$，则方程有实根的概率为$\frac{1}{5}$，条件(1)不充分．

条件(2)：a，b，c 均有 3 种取值，故共有 3^3 种情况．其中能使方程有实根的有：

当 $b=1$ 时，a，c 无取值；

当 $b=2$ 时，a，c 可取：(1，1)，(1，2)，(2，1)；

当 $b=3$ 时，a，c 可取：(1，1)，(1，2)，(1，3)，(2，1)，(2，2)，(3，1)．

故方程有实根的概率为$\frac{3+6}{3^3}=\frac{1}{3}$，条件(2)充分．

5.（A）

【解析】结论的判断需要用到丙的信息，故可以从条件出发．但是从条件出发需要计算两遍，根据题干和结论的表述可以列出关于丙的效率的不等式，故可以从结论出发，解出丙单独完成工程需要的时间范围，再判断条件是否充分．

判断工程是否能在工期内完成，应算最高效率．因为乙的效率最高，所以应该让乙尽可能多参与，即乙参与 4 天，则甲工作 6 天．丙没有限制，故丙做 10 天．

设丙单独完成需要 x 天．若结论成立，则$\frac{1}{20}\times 6+\frac{1}{12}\times 4+\frac{10}{x}\geqslant 1$，解得 $x\leqslant\frac{300}{11}\approx 27.3$. 故条件(1)充分，条件(2)不充分．

6.（D）

【解析】结论是具体的根式不等式，可以直接求解，故从结论出发，求出 x 的取值范围，再判断条件是否充分．

若结论成立，移项可得 $\sqrt{2x+1}+1>\sqrt{x+1}$，则有

$$\begin{cases}2x+1\geqslant 0,\\ x+1\geqslant 0,\\ (\sqrt{2x+1}+1)^2>(\sqrt{x+1})^2\end{cases}\Rightarrow\begin{cases}x\geqslant -\frac{1}{2},\\ x\geqslant -1,\\ 2\sqrt{2x+1}>-x-1,\end{cases}$$

当 $x\geqslant -\frac{1}{2}$时，$-x-1\leqslant -\frac{1}{2}<0$，所以 $2\sqrt{2x+1}>-x-1$ 在 $x\geqslant -\frac{1}{2}$时恒成立，故原根式不等式的解集为 $x\geqslant -\frac{1}{2}$. 因此两个条件单独都充分．

7.（A）

【解析】"能确定 xxx 的值"型的题目，故从条件出发．

狗的步频：马的步频＝5：3，狗的步长：马的步长＝4：7，根据速度＝步长×步频，可知狗的速度：马的速度＝20：21.

条件(1)：设当马追上狗时，马跑出了 x 米，根据相同时间内，路程之比＝速度之比，可得$\frac{\text{马的路程}}{\text{狗的路程}}=\frac{\text{马的速度}}{\text{狗的速度}}\Rightarrow\frac{x}{x-30}=\frac{21}{20}$，解得 $x=630$，充分．

条件(2)：没有任何关于实际距离的数据，显然不充分．

8. (C)

【解析】结论的计算需要用到条件所给的 a，b，c 的大小关系，故从条件出发．结论是唯一确定的值，而条件给的是 a，b，c 的大小关系和正负性，可以通过举反例来验证条件的不充分性．

条件(1)：举反例，令 $c=1$，$a=2$，$b=3$，则 $|a+b|+|a+c|-|b-c|=6$，不充分．

条件(2)：举反例，令 $b=-2$，$c=-1$，$a=3$，则 $|a+b|+|a+c|-|b-c|=2$，不充分．

联合两个条件，可得 $-c<a<-b$，则有 $a+b<0$，$a+c>0$，$b-c<0$，故 $|a+b|+|a+c|-|b-c|=-a-b+a+c+b-c=0$，联合充分．

9. (D)

【解析】两个条件是 x 的取值范围，代入到题干条件中不好计算，而题干给出了具体的函数表达式，结论可以进行转化直接计算，故从结论出发，求出 x 的取值范围，再判断条件是否充分．

方法一：$g(a)=x^2+ax-4x+4-2a=(x-2)a+x^2-4x+4$，将其看作是关于 a 的一元一次函数．一次函数为单调函数，故若当 $a\in[-1,1]$时，函数上限与下限都满足大于 0，则 $f(x)>0$ 恒成立．

$g(-1)=x^2-5x+6>0$，解得 $x<2$ 或 $x>3$；

$g(1)=x^2-3x+2>0$，解得 $x<1$ 或 $x>2$.

求交集可得 $x<1$ 或 $x>3$. 两个条件均是结论的子集，单独皆充分．

方法二：$f(x)=x^2+(a-4)x+4-2a=(x-2)[x-(2-a)]$. 令 $f(x)=0$，可解得 $x=2$ 或 $2-a$. 根据函数图像可知，若结论成立，需满足 $x>\max\{2,2-a\}$ 或 $x<\min\{2,2-a\}$. 已知 $a\in[-1,1]$，可得 $x>3$ 或 $x<1$. 两个条件均是结论的子集，单独皆充分．

10. (D)

【解析】题干有一条直线的斜率是未知数 a，条件给出了 a 的取值范围，根据 a 的取值范围可以把区域 D 画出，故可以从条件出发．另外，因为结论也给出了具体的最值，根据这个最值也能确定 a 的范围，故也可以从结论出发．

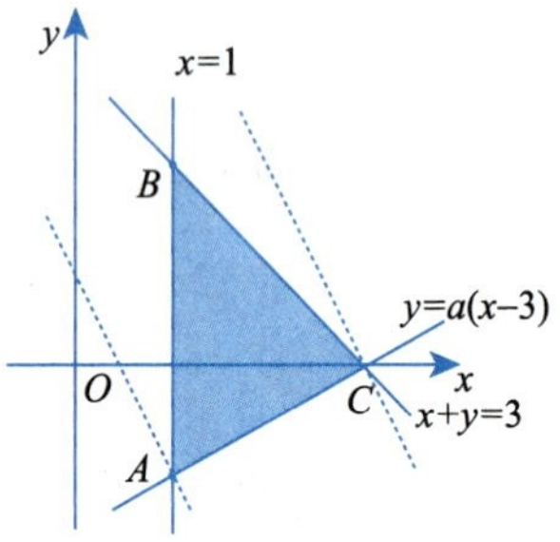

设 $c=2x+y$，则 $2x+y$ 的最大值为直线 $y=-2x+c$ 在 y 轴上的截距的最大值．

方法一：从条件出发．

根据题意可画出平面区域 D 所表示的为图中阴影部分，$B(1,2)$，$C(3,0)$，$A(1,-2a)$. 画图可知，当 $-1<a\leqslant\dfrac{1}{2}$ 或 $a>\dfrac{1}{2}$时，$y=-2x+c$ 均在经过点 C 时在 y 轴上的截距有最大值，最大值为 $2\times3+0=6$，故两个条件单独都充分．

方法二：从结论出发．

画图像如图所示，易知平面区域 D 在图中阴影部分内，$y=a(x-3)$恒过点 $C(3,0)$，$x+y=3$ 也过点 $C(3,0)$. 若结论成立，则$y=-2x+c$ 在过点 $C(3,0)$时取得最大值，即平面区域 D 存在，此时 $a>-1$. 两个条件均为该取值范围的子集，故单独皆充分．

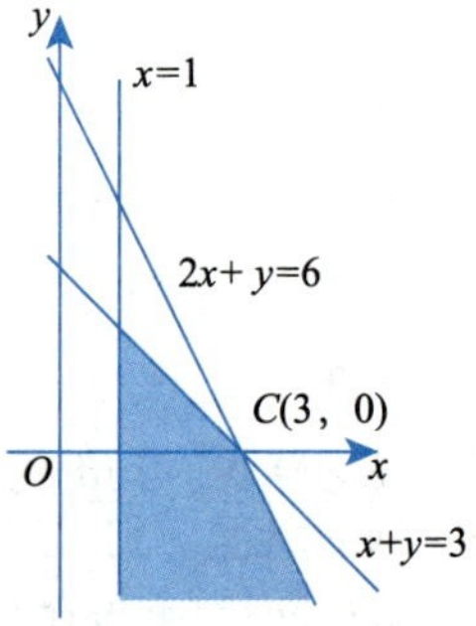

满分必刷卷 13

难度：★★★★☆　　　　得分：________

条件充分性判断：每小题 3 分，共 30 分。要求判断每题给出的条件（1）和条件（2）能否充分支持题干所陈述的结论。(A)、(B)、(C)、(D)、(E)五个选项为判断结果，请选择一项符合试题要求的判断。

(A)条件(1)充分，但条件(2)不充分.

(B)条件(2)充分，但条件(1)不充分.

(C)条件(1)和条件(2)单独都不充分，但条件(1)和条件(2)联合起来充分.

(D)条件(1)充分，条件(2)也充分.

(E)条件(1)和条件(2)单独都不充分，条件(1)和条件(2)联合起来也不充分.

1. 已知 a，b 是正整数，且 $\frac{b}{a}$ 是最简分数($a\neq1$). 则这样的最简分数有 7 个.

(1)a，b 的最小公倍数是 126.

(2)a，b 的最小公倍数是 156.

2. 已知圆 O_1：$x^2+y^2=1$，动点 P 在直线 l_1 上运动，现在以点 P 为圆心、半径为 $\sqrt{2}$ 作圆. 则能确定两圆公切线的数量.

(1)l_1：$y=-x+4$.

(2)l_1：$y=-x+2+\sqrt{2}$.

3. 已知数列 $\{b_n\}$ 中，$b_n=a_{n+1}-2a_n$. 则 $\{b_n\}$ 是等比数列.

(1)$a_1=1$.

(2)数列 $\{a_n\}$ 的前 n 项和为 S_n，且 $S_{n+1}=4a_n+2$.

4. 已知等比数列 $\{a_n\}$ 的公比 $q\neq1$. 则 $a_5+a_7>a_4+a_8$.

(1)$q>0$.

(2)$a_6<0$.

5. 如图所示，在 $\triangle ABC$ 中，AE 和 CF 的交点为 D. 则可以确定 $\triangle ACF$ 和 $\triangle CFB$ 的面积比.

(1)$DF=DC$.

(2)$AD=2DE$.

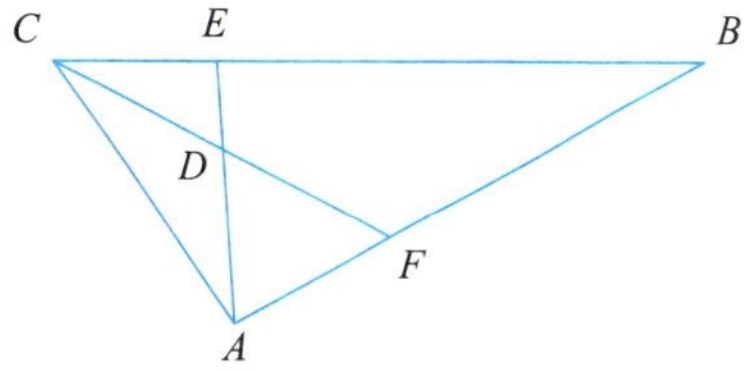

6. 袋中有红、黄、蓝三种颜色的小球各一个，每次从中抽取一个，记下颜色后再放回袋中，三种颜色的小球均出现过就停止取球. 则 $P=\frac{14}{81}$.

(1)恰好取 4 次停止取球的概率为 P.

(2)恰好取 5 次停止取球的概率为 P.

7. 已知 a，b 为实数．则 M 的最小值为 1.

(1)$M=a^2+2ab+3b^2+2a-2b+4$.

(2)$M=2a^2+2ab+2b^2+2a-4b+6$.

8. A，B，C 三个机器人围绕一个圆形轨道高速运动，它们顺时针同时同地出发后，A 在 2 秒时第一次追上 B，2.5 秒时第一次追上 C. 则能确定 A 每分钟运动的圈数．

(1)已知圆形轨道的周长．

(2)当 C 追上 B 时，C 和 B 的运动路程之比是 3∶2.

9. 甲、乙、丙三人解一些题目，只有一人能解出的题为难题，三人都能解出的题为简单题．则可以确定难题比简单题多出的数量．

(1)三人共解出了 100 道题．

(2)每个人都解出了其中的 60 道题．

10. 已知 t 为实数．则 $\left(\frac{\sqrt{5}-1}{2}\right)^t+\left(\frac{\sqrt{5}+1}{2}\right)^t>2$.

(1)$t=\sqrt{5-2\sqrt{6}}$.

(2)$t=\sqrt{7+4\sqrt{3}}$.

满分必刷卷 13　答案详解

答案速查

1～5　(D)(A)(C)(B)(C)	6～10　(B)(A)(B)(C)(D)

1. (D)

【解析】结论的计算需要用到条件所给的限定条件，故从条件出发.

因为$\frac{b}{a}$是最简分数，则 a，b 互质，故 a，b 的最小公倍数为 ab.

条件(1)：$ab=126=2\times3\times3\times7=1\times126=2\times63=7\times18=9\times14$. 故 a，b 的取值共有 8 种情况，其中$\frac{126}{1}$不符合题意，故$\frac{b}{a}$的取值有 7 个，条件(1)充分.

条件(2)：$ab=156=2\times2\times3\times13=1\times156=3\times52=4\times39=12\times13$. 故 a，b 的取值共有 8 种情况，其中$\frac{156}{1}$不符合题意，故$\frac{b}{a}$的取值有 7 个，条件(2)也充分.

2. (A)

【解析】"能确定 xxx 的值"型的题目，故从条件出发.

由 O_1：$x^2+y^2=1$，可得圆心为(0，0)，半径为 $r_1=1$. 圆 P 的半径为 $r_2=\sqrt{2}$.

条件(1)：圆 O_1 的圆心到直线 l_1：$y=-x+4$ 的距离为 $d=\frac{|0+0-4|}{\sqrt{2}}=2\sqrt{2}$. 因为动点 P 在直线 l_1：$y=-x+4$ 上运动，所以 $|PO_1|\geqslant2\sqrt{2}$，两圆半径和 $r_1+r_2=1+\sqrt{2}<2\sqrt{2}$，所以 $|PO_1|>r_1+r_2$，两圆外离，公切线有 4 条，条件(1)充分.

条件(2)：同理，圆 O_1 到直线 l_1：$y=-x+2+\sqrt{2}$ 的距离为 $d=\frac{|0+0-2-\sqrt{2}|}{\sqrt{2}}=\sqrt{2}+1$，则 $|PO_1|\geqslant\sqrt{2}+1=r_1+r_2$. 当 $|PO_1|=r_1+r_2$ 时，两圆外切，公切线有 3 条；当 $|PO_1|>r_1+r_2$ 时，两圆外离，公切线有 4 条. 故条件(2)不充分.

3. (C)

【解析】结论要确定数列$\{b_n\}$的类型，需要用到条件所给的等量关系，故从条件出发.

条件(1)：显然不充分.

条件(2)：当 $n=1$ 时，$S_2=a_1+a_2=4a_1+2\Rightarrow a_2=3a_1+2\Rightarrow b_1=a_2-2a_1=a_1+2$，但当 $a_1=-2$ 时，$b_1=0$，不符合等比数列的性质，故条件(2)不充分.

联合两个条件，$a_1=1$，则 $b_1=a_1+2=3$.

当 $n\geqslant2$ 时，$a_{n+1}=S_{n+1}-S_n=(4a_n+2)-(4a_{n-1}+2)=4a_n-4a_{n-1}$，则

$$a_{n+1}-2a_n=2(a_n-2a_{n-1})\Rightarrow b_n=2b_{n-1},$$

即$\{b_n\}$是首项为 3、公比为 2 的等比数列，联合充分.

4. (B)

【解析】两个条件给出了取值范围，代入不等式中不好计算，但结论给出了关于数列$\{a_n\}$的不等式，可以进行等价转化，故从结论出发．

因为数列$\{a_n\}$是等比数列，所以$a_5+a_7=a_4q+a_4q^3$，$a_4+a_8=a_4+a_4q^4$，两式作差可得

$$\begin{aligned}a_5+a_7-a_4-a_8&=a_4(q+q^3-1-q^4)=a_4[(q-1)+q^3(1-q)]\\&=a_4(q-1)(1-q^3)=a_4(q-1)(1-q)(1+q+q^2)\\&=-a_4(q-1)^2(1+q+q^2).\end{aligned}$$

因为$q\neq 1$，故$(q-1)^2(1+q+q^2)>0$恒成立，若结论成立，需满足$a_4<0$.

条件(1)：$q>0$推不出$a_4<0$，不充分．

条件(2)：$a_6<0$，因为等比数列偶数项正负性相同，故$a_4<0$，充分．

5. (C)

【解析】“能确定xxx的值”型的题目，且点E，F的位置不能确定，故图形是不确定的，需要利用条件所给的等量关系推导，故从条件出发．

条件(1)：由$DF=DC$可知，D是CF的中点，但是点F的位置不确定，故无法确定$\triangle ACF$和$\triangle CFB$的面积比，不充分．

条件(2)：同理可得，点F的位置不确定，故无法确定$\triangle ACF$和$\triangle CFB$的面积比，不充分．

联合两个条件．连接BD．设$S_{\triangle CED}=1$，由等面积模型可知$S_{\triangle ACD}=2$，$S_{\triangle ADF}=2$．设$S_{\triangle EDB}=x$，则$S_{\triangle BDF}=S_{\triangle CBD}=x+1$，$S_{\triangle ABD}=2x$．易知$S_{\triangle ABD}=S_{\triangle BDF}+S_{\triangle ADF}$，即$2x=x+1+2$，解得$x=3$．故$\dfrac{S_{\triangle ACF}}{S_{\triangle CFB}}=\dfrac{S_{\triangle ADF}}{S_{\triangle BDF}}=\dfrac{2}{3+1}=\dfrac{1}{2}$，两个条件联合充分．

6. (B)

【解析】结论要求P的值，P的计算是建立在条件的背景前提下的，故从条件出发．

条件(1)：每次均有3种颜色可选，故4次取球的总事件有3^4种情况．

取4次停止取球，则第4次取出第3种颜色的球，即C_3^1；前3次取出2种颜色的球即可，每次取球有两种情况，减去全是同一种颜色的球的情况，即2^3-2．故所求概率为$\dfrac{C_3^1\times(2^3-2)}{3^4}=\dfrac{2}{9}$，条件(1)不充分．

条件(2)：每次均有3种颜色可选，故5次取球的总事件有3^5种情况．

取5次停止取球，则第5次取出第3种颜色的球，即C_3^1；前4次取出2种颜色的球即可，每次取球有两种情况，减去全是同一种颜色的球的情况，即2^4-2．故所求概率为$\dfrac{C_3^1\times(2^4-2)}{3^5}=\dfrac{14}{81}$，条件(2)充分．

7. (A)

【解析】结论需要确定M的最小值，需要用到条件所给的有关M的关系式，故从条件出发．

条件(1)：配方可得

$$\begin{aligned}M&=\frac{1}{2}\times 2(a^2+2ab+3b^2+2a-2b+4)\\&=\frac{1}{2}(2a^2+4ab+6b^2+4a-4b+8)\\&=\frac{1}{2}(a^2+4ab+4b^2+a^2+4a+4+2b^2-4b+2+2)\\&=\frac{1}{2}[(a+2b)^2+(a+2)^2+2(b-1)^2]+1,\end{aligned}$$

当 $a=-2$，$b=1$ 时，三个完全平方式同时等于 0，此时 M 取得最小值 1，条件(1)充分．

条件(2)：配方可得

$$\begin{aligned}M&=2a^2+2ab+2b^2+2a-4b+6\\&=a^2+2ab+b^2+a^2+2a+1+b^2-4b+4+1\\&=(a+b)^2+(a+1)^2+(b-2)^2+1,\end{aligned}$$

三个完全平方式不能同时等于 0，故 M 的最小值不为 1，条件(2)不充分．

8.(B)

【解析】"能确定 xxx 的值"型的题目，故从条件出发．

设 A，B，C 三个机器人的速度分别为 v_A，v_B，v_C，圆形轨道的周长是 s．根据题意，有

$$\begin{cases}2(v_A-v_B)=s,\\2.5(v_A-v_C)=s.\end{cases}$$

条件(1)：已知 s，求不出 v_A，也就求不出 A 运动一圈的时间及每分钟运动的圈数，不充分．

条件(2)：方程组整理得 $\begin{cases}v_B=v_A-\dfrac{s}{2},\\v_C=v_A-\dfrac{s}{2.5}.\end{cases}$ 时间一定时，路程之比等于速度之比，故 $\dfrac{v_B}{v_C}=\dfrac{2}{3}\Rightarrow$

$\dfrac{v_A-\dfrac{s}{2}}{v_A-\dfrac{s}{2.5}}=\dfrac{2}{3}\Rightarrow v_A=0.7s$，即 A 每秒运动 0.7 圈，故 A 每分钟运动 $60\times0.7=42$(圈)，充分．

9.(C)

【解析】"能确定 xxx 的值"型的题目，故从条件出发．

条件(1)：已知三人共解出的题量，但每个人解出多少道题未知，简单题、难题的数量都未知，无法确定，不充分．

条件(2)：只知道甲、乙、丙各自解出了 60 道题，但是三人解出的题有多少重合未知，即简单题、难题的数量都未知，也不充分．

联合两个条件，三人解出的题目情况如图所示，其中①②③表示只有一人解出的题，即为难题；④⑤⑥表示只有两人解出的题；⑦为三人全解出的题，即为简单题．

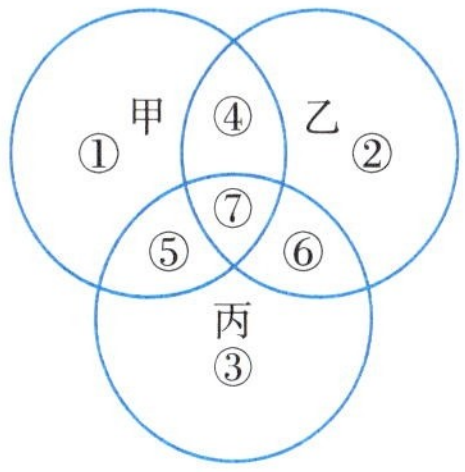

根据三集合非标准型公式，可得 $\begin{cases}60+60+60-④-⑤-⑥-2\times⑦=100,\\①+②+③+④+⑤+⑥+⑦=100,\end{cases}$ 两式相加，可得①+②+③-⑦=20，即难题比简单题多 20 道．两个条件联合充分．

10.(D)

【解析】条件所给 t 的值很复杂，结论的不等式也很复杂，从条件出发将 t 代入结论显然不现实，故本题需要先对结论的不等式进行化简，即从结论出发．

$\dfrac{\sqrt{5}-1}{2}\times\dfrac{\sqrt{5}+1}{2}=1$，换元法，令 $a=\dfrac{\sqrt{5}-1}{2}$，则 $\dfrac{\sqrt{5}+1}{2}=\dfrac{1}{a}$，结论可化为 $a^t+\dfrac{1}{a^t}>2$．易知 $a^t>0$，

根据均值不等式可得 $a^t+\dfrac{1}{a^t}\geqslant2\sqrt{a^t\cdot\dfrac{1}{a^t}}=2$，当 $t=0$ 时，代数式取到 2．故结论等价于 $t\neq0$，显然两个条件单独均充分．

满分必刷卷 14

难度：★★★★★　　　　得分：________

条件充分性判断：每小题 3 分，共 30 分。要求判断每题给出的条件（1）和条件（2）能否充分支持题干所陈述的结论。(A)、(B)、(C)、(D)、(E)五个选项为判断结果，请选择一项符合试题要求的判断。

(A)条件(1)充分，但条件(2)不充分.

(B)条件(2)充分，但条件(1)不充分.

(C)条件(1)和条件(2)单独都不充分，但条件(1)和条件(2)联合起来充分.

(D)条件(1)充分，条件(2)也充分.

(E)条件(1)和条件(2)单独都不充分，条件(1)和条件(2)联合起来也不充分.

1. 电影院有 1 000 个座位. 则可以确定总排数.

(1)总排数是奇数且大于 16.

(2)从第二排起，每排比前一排多一个座位.

2. 能确定 $m+n$ 的值.

(1)m，n 是方程 $x^2+\frac{4}{x^2}-3\left(x+\frac{2}{x}\right)=0$ 的两个根.

(2)方程 $(m+n-2)x^2+(m+n)x+2=0$ 有两个相等的实根.

3. 已知 S_n 是数列 $\{a_n\}$ 的前 n 项和. 则能确定 $\{a_n\}$ 的通项.

(1)$a_n>0$.

(2)$S_n=a_n^2+\frac{1}{2}a_n(n=1, 2, \cdots)$.

4. 已知 $ab>0$. 则圆 $x^2+y^2=2y$ 与直线 $x-ay=b$ 没有交点.

(1)$|a-b|>\sqrt{1+a^2}$.

(2)$|a+b|>\sqrt{1+a^2}$.

5. 纸箱里有编号为 1 到 9 的 9 个完全相同的球. 则 $P=\frac{1}{21}$.

(1)不放回地随机取 9 次，每次取 1 个球，所有的偶数球被连续取出的概率为 P.

(2)有放回地随机取 3 次，每次取 1 个球，偶数球取出的次数大于奇数球的概率为 P.

6. 一辆汽车从甲地开往乙地. 则能确定甲、乙两地之间的距离.

(1)若汽车匀速行驶 2 小时后减速 20%，则会延误 1 小时到乙地.

(2)若汽车匀速行驶到最后 100 千米，才减速 20%，则会延误 20 分钟到乙地.

7. 学生会有纪检部、宣传部、文体部、组织部、生活部五个部门招新，每名同学最少加入一个，最多加入三个部门．则至少有 9 名同学加入的部门完全相同．

(1)全校共有 203 名同学参与学生会纳新．

(2)加入两个部门的同学有 82 名．

8. 已知 a，b，c 是$\triangle ABC$ 的三边长．则$\triangle ABC$ 是直角三角形．

(1)$2a^4+2c^4+b^4=2a^2b^2+2b^2c^2$.

(2)$\dfrac{a^4+b^4-c^4}{2}=-a^2b^2$.

9. 已知函数 $f(x)=|x+1|-2|x-a|(a>0)$. 则函数 $f(x)$的图像与 x 轴围成的图形的面积大于 6.

(1)$a>3$.

(2)$a>1$.

10. 已知 m，n 是实数，且 $m\neq1$. 则 $|m+n|+\left|\dfrac{1}{m-1}-n\right|$的最小值是 1.

(1)$m>1$.

(2)$m<1$.

满分必刷卷 14 答案详解

答案速查

1～5 (C)(D)(C)(D)(A)	6～10 (C)(D)(D)(A)(B)

1.(C)

【解析】"能确定 xxx 的值"型的题目，故从条件出发.

条件(1)：显然不充分.

条件(2)：设共有 x 排座位，第一排有 m 个座位，则每排座位数构成了以 m 为首项、1 为公差的等差数列，由等差数列求和公式可得 $xm+\frac{x(x-1)}{2}=1\,000$，$x$ 的值不唯一，不充分.

联合两个条件，将上述方程变形为 $m=\frac{1\,000}{x}-\frac{x-1}{2}$，$x$ 为奇数，则$\frac{x-1}{2}$为整数，又 m 为整数，故$\frac{1\,000}{x}$为整数，即 x 为 1 000 的奇因数，$1\,000=2^3\times5^3$，1 000 的奇因数有 5，25，125. 由于 $x>16$，故 $x=5$ 舍去；当 $x=25$ 时，$m=28$ 符合题意；当 $x=125$ 时，$m=-54<0$，舍去. 故总排数为 25，两个条件联合充分.

2.(D)

【解析】"能确定 xxx 的值"型的题目，故从条件出发.

条件(1)：令 $x+\frac{2}{x}=t$，由对勾函数的性质可知，$t\geqslant2\sqrt{2}$ 或 $t\leqslant-2\sqrt{2}$.

$x^2+\frac{4}{x^2}=t^2-4$，方程可转化为 $t^2-3t-4=0$，解得 $t=4$ 或 $t=-1$(舍去)，即 $x+\frac{2}{x}=4$，整理可得 $x^2-4x+2=0$，由韦达定理得 $m+n=4$，故条件(1)充分.

条件(2)：方程有两个相等的实根，则

$$\Delta=(m+n)^2-4\times2(m+n-2)=0$$
$$\Rightarrow(m+n)^2-8(m+n)+16=0$$
$$\Rightarrow(m+n-4)^2=0\Rightarrow m+n=4.$$

故条件(2)充分.

3.(C)

【解析】结论要确定$\{a_n\}$的通项，需要用到条件所给的等量关系，故从条件出发.

条件(1)：显然不充分.

条件(2)：当 $n=1$ 时，$S_1=a_1=a_1^2+\frac{1}{2}a_1$，解得 $a_1=\frac{1}{2}$或 0，结果不唯一，不充分.

联合两个条件，当 $n=1$ 时，$a_1=\frac{1}{2}$；

当 $n\geqslant 2$ 时，$S_n=a_n^2+\frac{1}{2}a_n$，$S_{n-1}=a_{n-1}^2+\frac{1}{2}a_{n-1}$，两式相减可得

$$a_n=a_n^2+\frac{1}{2}a_n-a_{n-1}^2-\frac{1}{2}a_{n-1}$$

$$\Rightarrow a_n^2-a_{n-1}^2-\frac{1}{2}a_n-\frac{1}{2}a_{n-1}=0$$

$$\Rightarrow (a_n+a_{n-1})\left(a_n-a_{n-1}-\frac{1}{2}\right)=0.$$

因为 $a_n>0$，则 $a_n-a_{n-1}-\frac{1}{2}=0$，即 $a_n-a_{n-1}=\frac{1}{2}$，故 $\{a_n\}$ 是首项为 $\frac{1}{2}$、公差为 $\frac{1}{2}$ 的等差数列，$a_n=a_1+(n-1)d=\frac{1}{2}n$. 联合充分 .

4.（D）

【解析】结论给出具体直线与圆的交点情况，本身可以转化为数学表达式进行计算，故从结论出发，求出 a，b 的关系式，再判断条件是否充分 .

圆与直线没有交点，即圆心到直线的距离大于半径 .

将圆的方程化为标准式得 $x^2+(y-1)^2=1$，则圆心坐标为 $(0,1)$，半径为 1. 将直线方程化为一般式得 $x-ay-b=0$. 由点到直线的距离公式可得 $d=\frac{|-a-b|}{\sqrt{a^2+1}}$，则

$$d>r\Rightarrow \frac{|-a-b|}{\sqrt{a^2+1}}>1\Rightarrow |a+b|>\sqrt{a^2+1},$$

故条件(2)充分 . 又 $ab>0$，则 $|a+b|>|a-b|$，故 $|a-b|>\sqrt{1+a^2}\Rightarrow |a+b|>|a-b|>\sqrt{1+a^2}$，条件(1)也充分 .

5.（A）

【解析】结论要求 P 的值，P 的计算是建立在条件的背景前提下的，故从条件出发 .

条件(1)：从纸箱中不放回地随机取 9 次，共有 A_9^9 种情况 .

相邻用捆绑法 . 将 4 个偶数球捆绑在一起，和剩余 5 个球全排列，即 A_6^6；4 个偶数球再内部排列，即 A_4^4. 故所有偶数球被连续取出的概率为 $P=\frac{A_6^6A_4^4}{A_9^9}=\frac{1}{21}$. 条件(1)充分 .

条件(2)：每次取出一个球是偶数球的概率为 $\frac{4}{9}$，是奇数球的概率为 $\frac{5}{9}$.

取出偶数球的次数大于奇数球，有两种情况：

①3 次都是偶数球，概率为 $\left(\frac{4}{9}\right)^3$；

②3 次中 2 次是偶数球，1 次是奇数球，概率为 $C_3^2\times\left(\frac{4}{9}\right)^2\times\frac{5}{9}$.

故所求概率为 $P=\left(\frac{4}{9}\right)^3+C_3^2\times\left(\frac{4}{9}\right)^2\times\frac{5}{9}=\frac{304}{729}$. 条件(2)不充分 .

6.（C）

【解析】"能确定 xxx 的值"型的题目，故从条件出发.

设原来车速为 v 千米/小时，预计从甲地到乙地所需时间为 t 小时，则甲、乙两地之间的距离为 vt 千米.

条件(1)：$2v+0.8v\cdot(t+1-2)=vt$，解得 $t=6$，但是无法求出车速，故求不出两地之间的距离，不充分.

条件(2)：$\frac{100}{0.8v}-\frac{100}{v}=\frac{1}{3}$，解得 $v=75$，但是无法求出行驶全程所需时间，故求不出两地之间的距离，不充分.

联合两个条件，甲、乙两地之间的距离为 $vt=75\times6=450$(千米)，联合充分.

7.（D）

【解析】结论的计算需要用到条件所给的已知信息，故从条件出发.

每名同学可以加入一个、两个或三个部门，加入一个部门有 $C_5^1=5$(种)选择方案，加入两个部门有 $C_5^2=10$(种)选择方案，加入三个部门有 $C_5^3=10$(种)选择方案，一共 25 种方案. 若要使每种方案的人数尽量少，则应该将学生均分给每种方案.

条件(1)：$203\div25=8\cdots\cdots3$，平均每种方案 8 名学生还余 3 人，说明至少有 9 名同学加入的部门完全相同，条件(1)充分.

条件(2)：$82\div10=8\cdots\cdots2$，平均每种方案 8 名学生还余 2 人，说明至少有 9 名同学加入的部门完全相同，条件(2)充分.

8.（D）

【解析】结论要确定三角形的形状，需要知道 a，b，c 的数量关系，故从条件出发.

条件(1)：方法一：等式两边同时乘 2，可得 $4a^4+4c^4+2b^4=4a^2b^2+4b^2c^2$，移项拆项可得 $4a^4+b^4-4a^2b^2+4c^4+b^4-4b^2c^2=0$，配方得$(2a^2-b^2)^2+(2c^2-b^2)^2=0$，解得 $b^2=2a^2=2c^2$，则 $a=c$ 且 $a^2+c^2=b^2$，故$\triangle ABC$ 是等腰直角三角形，条件(1)充分.

方法二：移项得 $2a^4+2c^4+b^4-2a^2b^2-2b^2c^2=0$，凑三项完全平方式可得 $a^4+c^4+b^4-2a^2b^2-2b^2c^2+2a^2c^2+a^4+c^4-2a^2c^2=0$，配方可得$(a^2-b^2+c^2)^2+(a^2-c^2)^2=0$，解得 $a^2-b^2+c^2=0$ 且 $a^2-c^2=0$，故$\triangle ABC$ 是等腰直角三角形，条件(1)充分.

条件(2)：$a^4+b^4-c^4=-2a^2b^2$，移项配方可得$(a^2+b^2)^2-c^4=0$，$(a^2+b^2+c^2)(a^2+b^2-c^2)=0$. 因为 a，b，c 是三角形三边长，因此 $a^2+b^2+c^2>0$，只能 $a^2+b^2-c^2=0$，故$\triangle ABC$ 为直角三角形，条件(2)充分.

9.（A）

【解析】条件给出的是 a 的取值范围，代入到函数表达式中需要重复计算两遍，但是根据结论中面积的范围可以列出关于 a 的不等式，从而解出 a 的取值范围，进而判断条件是否充分，故从结论出发.

函数中两个绝对值的零点分别为 -1，a，根据题意可知 $a>0$，则 $-1<a$，故

$$f(x)=\begin{cases}x-1-2a, & x<-1,\\ 3x+1-2a, & -1\leqslant x\leqslant a,\\ -x+1+2a, & x>a.\end{cases}$$

如图所示，函数$f(x)$的图像与x轴围成的图形是三角形，三角形的三个顶点分别为$A\left(\frac{2a-1}{3}，0\right)$，$B(2a+1，0)$，$C(a，a+1)$，则三角形$ABC$的面积为$S=\frac{1}{2}\left(2a+1-\frac{2a-1}{3}\right)\cdot(a+1)=\frac{2}{3}(a+1)^2$. 若结论成立，则有$S=\frac{2}{3}(a+1)^2>6\Rightarrow a>2$. 故条件(1)充分，条件(2)不充分.

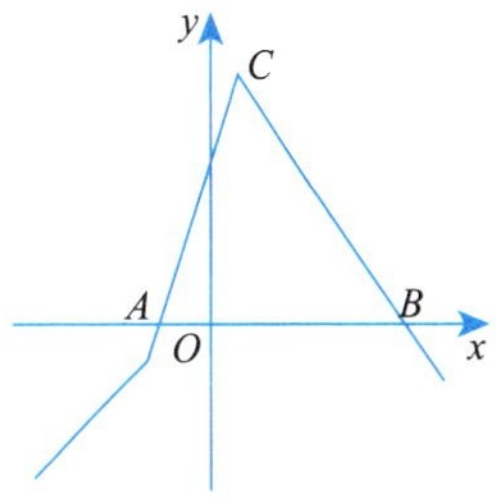

10.（B）

【解析】结论所给代数式较为复杂，且条件给出的范围代入结论无法计算，故从结论出发，将结论中的代数式化简，再判断条件是否充分.

由三角不等式可知，$|m+n|+\left|\frac{1}{m-1}-n\right|\geqslant\left|m+n+\frac{1}{m-1}-n\right|=\left|m+\frac{1}{m-1}\right|$.

若结论成立，则$\left|m+\frac{1}{m-1}\right|$的最小值为1. 换元，令$m-1=t$，则

$$m+\frac{1}{m-1}=m-1+\frac{1}{m-1}+1=t+\frac{1}{t}+1,$$

由对勾函数的性质知，$t+\frac{1}{t}+1\geqslant3$ 或 $t+\frac{1}{t}+1\leqslant-1$，即$\left|t+\frac{1}{t}+1\right|\geqslant1$，且当$t=-1$，即$m=0$时，$\left|t+\frac{1}{t}+1\right|=1$. 故若要结论成立，则$m$的取值范围需包含$m=0$，故条件(1)不充分，条件(2)充分.

满分必刷卷 15

难度：★★★★★　　　　得分：________

条件充分性判断：每小题3分，共30分。要求判断每题给出的条件（1）和条件（2）能否充分支持题干所陈述的结论。(A)、(B)、(C)、(D)、(E)五个选项为判断结果，请选择一项符合试题要求的判断。

(A)条件(1)充分，但条件(2)不充分.

(B)条件(2)充分，但条件(1)不充分.

(C)条件(1)和条件(2)单独都不充分，但条件(1)和条件(2)联合起来充分.

(D)条件(1)充分，条件(2)也充分.

(E)条件(1)和条件(2)单独都不充分，条件(1)和条件(2)联合起来也不充分.

1. 已知数列$\{a_n\}$的各项均不为0. 则数列$\left\{\frac{1}{a_n}-1\right\}$为等比数列.

(1)$a_{n+1}a_n=2a_n-a_{n+1}(n\in \mathbf{N}_+)$.

(2)$a_1=2$.

2. 已知正整数a，b都不是3的倍数. 则a^3+b^3是9的倍数.

(1)$a+b$不是3的倍数.

(2)$a-b$不是3的倍数.

3. 如图所示，在矩形$ABCD$中，点P在AD上，点Q在BC上，且$AP=CQ$，连接CP，QD. 则能确定$CP+QD$的最小值.

(1)已知AB.

(2)已知BC.

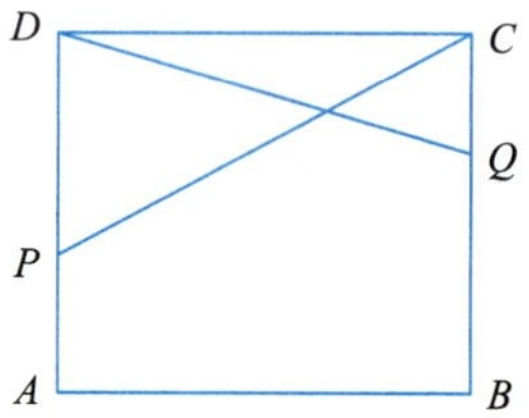

4. 已知圆C的圆心横、纵坐标都是正整数，且圆C截x轴所得弦长为2. 则可以确定圆C.

(1)圆C截y轴所得弦长为4.

(2)圆C截y轴所得弦长为6.

5. 某市气象局正在测算今年前两个季度的降水量，发现与去年同期相比，增长量相同. 则可以确定该市今年上半年降水量比去年同期的增幅.

(1)已知今年第一季度和第二季度的降水量比去年同期的增幅.

(2)已知去年第一季度和第二季度的降水量.

6. 某学校和工厂之间有一条公路，工程师在下午1点离厂步行向学校走去，校车下午2点从学校出发接工程师，途中相遇，工程师便立刻上车赶往学校. 则可以确定校车速度与工程师步行速度之比.

(1)校车在学校和工厂之间往返共需1小时.

(2)校车下午2点40分到达学校.

7. $x^2+y^2+z^2-xy-xz-yz$ 的最小值为$\frac{27}{4}$.

(1)$x-y=3$.

(2)$z-y=3$.

8. 已知关于 x 的方程 $2x^2-3x-2k=0$ 有两个实根．则有且只有一个根在区间$(-1, 1)$内．

(1)$-\frac{1}{2}\leqslant k<2$.

(2)$-\frac{9}{16}<k<\frac{5}{2}$.

9. 某赛车俱乐部举办拉力赛，用一列上下排列的六面旗帜表示一个参赛号，设参赛号中有黑旗 x 面，红旗 y 面，白旗 z 面(x，y，$z\in\mathbf{N}_+$)，旗子除颜色外均相同，不同的颜色排序表示不同的参赛号．则至少有 200 个不同的参赛号．

(1)$x<y$.

(2)$z>2$.

10. 如图所示，在$\triangle ABC$ 中，G，O 都是三角形内部的点，$GO /\!/ BC$.
则 $AB+AC=2BC$.

(1)G 是$\triangle ABC$ 的重心．

(2)O 是$\triangle ABC$ 的内心．

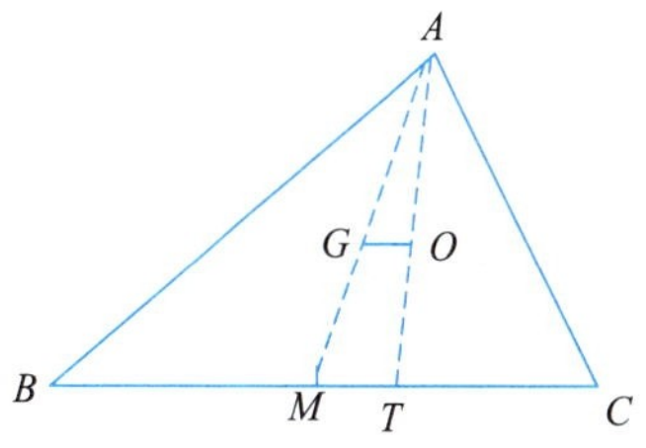

满分必刷卷15 答案详解

答案速查

1～5 (C)(B)(C)(D)(A)	6～10 (C)(D)(A)(A)(C)

1.(C)

【解析】结论中数列的判定需要用到条件所给的等量关系，故从条件出发.

条件(1)：若 $a_{n+1}=a_n=1$，此时$\frac{1}{a_n}-1=0$，不是等比数列，不充分.

条件(2)：显然不充分.

联合两个条件，条件(1)所给式子左、右两边同时除以 $a_{n+1}a_n$，可得$\frac{2}{a_{n+1}}-\frac{1}{a_n}=1$，凑配可得$\frac{2}{a_{n+1}}-2=\frac{1}{a_n}-1$，即$\frac{1}{a_{n+1}}-1=\frac{1}{2}\left(\frac{1}{a_n}-1\right)$，又$\frac{1}{a_1}-1=-\frac{1}{2}$，故数列$\left\{\frac{1}{a_n}-1\right\}$是首项为$-\frac{1}{2}$、公比为$\frac{1}{2}$的等比数列，联合充分.

2.(B)

【解析】结论的计算需要用到条件所给的关于 a，b 的代数式的特点，故从条件出发. 且数域中的数过多，可以先举反例快速验证一下条件的不充分性.

条件(1)：举反例，令 $a=b=1$，则 $a^3+b^3=2$ 不是 9 的倍数，不充分.

条件(2)：$a-b$ 不是 3 的倍数，则 a，b 两个数除以 3 分别余 1 和 2，且两个数哪个余 1 哪个余 2 不影响最后结果，不妨设 $a=3m+1$，$b=3n+2(m,\ n\in\mathbf{N})$，则

$$a^3+b^3=(a+b)(a^2-ab+b^2)=(a+b)[(a+b)^2-3ab],$$

其中 $a+b=3m+1+3n+2=3(m+n+1)$是 3 的倍数，则$(a+b)^2-3ab$ 也是 3 的倍数，故$(a+b)[(a+b)^2-3ab]$是 9 的倍数，充分.

3.(C)

【解析】"能确定 xxx 的值"型的题目，常规做法为从条件出发，但图里的边、角关系有很多，也没有已知的数据，所以直接由条件求 $CP+QD$ 的最小值很容易没有头绪，或者方向推导错误，故可以从结论出发，根据题干条件推导等价结论.

连接 PB，易知四边形 $BPDQ$ 是平行四边形，故 $PB=QD$，$CP+QD=CP+PB$，故结论转化为求 $CP+PB$ 的最小值. 作点 B 关于 AD 的对称点 B'，连接 CB'，与 AD 的交点即为所求点 P，CB'即为所求 $CP+QD$ 的最小值. $CB'=\sqrt{(2AB)^2+BC^2}$，故要求 $CP+QD$ 的最小值，需要同时知道 AB 和 BC 的值，两个条件单独皆不充分，联合充分.

4.（D）

【解析】结论的计算需要用到条件所给的等量关系，故从条件出发．

设圆 C 的圆心为(a, b)，半径为 r.

条件(1)：根据垂径定理可得$\begin{cases} r^2-b^2=\left(\frac{2}{2}\right)^2, \\ r^2-a^2=\left(\frac{4}{2}\right)^2, \end{cases}$两式作差得 $b^2-a^2=3$，即两个平方数之差是 3，只有 4 和 1，故$\begin{cases} a=1, \\ b=2, \end{cases}$解得 $r=\sqrt{5}$，条件(1)充分．

条件(2)：同理可得 $b^2-a^2=8$，即两个平方数之差是 8，只有 9 和 1，解得$\begin{cases} a=1, \\ b=3, \end{cases}$$r=\sqrt{10}$，条件(2)充分．

5.（A）

【解析】"能确定 xxx 的值"型的题目，且计算结论所求的增幅需要知道条件所给的信息，故可以从条件出发，但从条件出发需要重复计算两遍，故也可以从结论出发简化计算，直接推导出结论所求的今年上半年降水量比去年同期的增幅的关系式，再判断条件能否推出等价结论．

设今年前两个季度降水量比去年同期的增幅分别是 a，b，去年前两个季度降水量分别是 x，y. 由前两个季度降水量的增长量相同，可得 $ax=by$. 则该市今年上半年降水量比去年同期的增幅为

$$w=\frac{ax+by}{x+y}=\frac{2ax}{x+\frac{ax}{b}}=\frac{2}{\frac{1}{a}+\frac{1}{b}}.$$

故条件(1)充分，条件(2)不充分．

6.（C）

【解析】"能确定 xxx 的值"型的题目，故从条件出发．

条件(1)：易知校车从学校到工厂需要走 30 分钟，但没有其他已知条件，显然不充分．

条件(2)：易知校车 2 点 20 分接到工程师，即从学校到接到工程师需要开车 20 分钟，但没有其他已知条件，显然不充分．

联合两个条件，可知校车接到工程师比到工厂少开车 10 分钟，而校车少走的这段路程工程师从 1 点走到 2 点 20 分，共 80 分钟．路程相等时，速度和时间成反比，故校车速度与工程师步行速度之比为 80∶10＝8∶1，两个条件联合充分．

7.（D）

【解析】结论想确定代数式的最小值，必须通过条件给出的 x，y，z 的关系式求解，故从条件出发．

$$x^2+y^2+z^2-xy-xz-yz=\frac{1}{2}[(x-y)^2+(y-z)^2+(z-x)^2].$$

条件(1)：由 $x-y=3$ 可得 $z-x=z-y-3$. 令 $y-z=t$，则

$$原式=\frac{1}{2}[3^2+t^2+(-t-3)^2]=\frac{1}{2}(18+2t^2+6t)=t^2+3t+9,$$

最小值为$\frac{36-9}{4}=\frac{27}{4}$，充分．

条件(2)：由$z-y=3$可得$z-x=3+y-x$．令$x-y=t$，则

$$原式=\frac{1}{2}[t^2+3^2+(3-t)^2]=\frac{1}{2}(2t^2-6t+18)=t^2-3t+9,$$

最小值为$\frac{36-9}{4}=\frac{27}{4}$，充分．

8.(A)

【解析】两个条件是k的取值范围，代入到题干也不好计算，而结论给出具体的根的分布情况，可以转化为数学表达式计算，故从结论出发，求出k的取值范围，再判断条件是否充分．

令$f(x)=2x^2-3x-2k$，对称轴为$x=\frac{3}{4}$，若结论成立，只能是较小的根在区间$(-1,1)$内，

画图易知$\begin{cases}f(-1)>0,\\f(1)\leqslant 0,\end{cases}$解得$-\frac{1}{2}\leqslant k<\frac{5}{2}$.

条件(1)充分，条件(2)不充分．

【易错警示】有同学直接用$f(1)f(-1)<0$求解k的取值范围，误选(E)项．须注意区间$(-1,1)$是开区间，$f(1)f(-1)<0$忽略了一根在$(-1,1)$内，另一根在区间端点的情况．

9.(A)

【解析】结论的计算需要用到条件所给的x，y，z的关系，故从条件出发．

条件(1)：当$x<y$时，(x,y,z)分为四类：

①(1，2，3)；②(1，3，2)；③(1，4，1)；④(2，3，1).

其中，第①②④类，每类都可以表示$\frac{A_6^6}{A_2^2A_3^3}=60$(个)参赛号；第③类可以表示$\frac{A_6^6}{A_4^4}=30$(个)参赛号．故一共可以表示$60\times3+30=210$(个)参赛号，条件(1)充分．

条件(2)：当$z>2$时，(x,y,z)分为三类：

①(1，2，3)；②(2，1，3)；③(1，1，4).

其中，第①②类，每类都可以表示60个参赛号；第③类可以表示30个参赛号．故一共可以表示$60\times2+30=150$(个)参赛号，条件(2)不充分．

10.(C)

【解析】结论为三角形三边的等量关系，显然需要一些限制条件确定三角形的形状，仅从题干一定无法确定，图形是任意三角形，故需要条件的补充，本题从条件出发．

当点G，O仅有一个确定时，三角形显然有多种情况，无法判断结论是否成立，故两个条件单独皆不充分，需要联合．

因为$GO\parallel BC$，且G是重心，故$\frac{AG}{GM}=\frac{AO}{OT}=\frac{2}{1}$. 连接$CO$，根据角平分线定理，$\frac{AC}{CT}=\frac{AO}{OT}=\frac{2}{1}$，即$AC=2CT$. 连接$BO$，同理得$AB=2BT$. 故$AB+AC=2(BT+CT)=2BC$，联合充分．

fighting

Day 1

学习 开篇 P1-P2+ 第 1 部分 P4-P7

条充题型说明 + 条充题破题本质

今日重难点：
- 条充题的等价转化

Day 2

学习 第 1 部分 P8-P16

2 大破题思路

今日重难点：
- 思路 1 从条件出发
- 思路 2 从结论出发

Day 3

学习 第 2 部分 P18-P26

5 大命题陷阱——陷阱 1-3

今日重难点：
- 陷阱 1 单独充分陷阱
- 陷阱 2 “指定对象取值”陷阱

Day 4

学习 第 2 部分 P27-P34

5 大命题陷阱——陷阱 4-5

今日重难点：
- 陷阱 5 范围或定义域陷阱

Day 5

学习 第 3 部分 P36-P49

7 大条件关系——类型 1-4

今日重难点：
- 类型 2 包含关系
- 类型 3 等价关系
- 类型 4 互补关系之变量缺失

Day 6

学习 第 3 部分 P50-P60

7 大条件关系——类型 5-7

今日重难点：
- 类型 5 互补关系之定性定量
- 类型 6 其他互补关系
- 类型 7 相互独立关系

Day 7 复盘日

- **条充题破题技巧复盘** 把例题再过一遍，看自己能否判断题目是从条件出发还是从结论出发
- **5 大命题陷阱复盘** 把 5 大命题陷阱再过一遍，要做到能将每种情况基本复述出来
- **7 大条件关系复盘** 把例题再过一遍，看自己能否判断题目的条件关系，定位选项范围

Day 8 刷题

学习 第 4 部分 P62-P72

专项冲刺 1 算术

Day 9 刷题

学习 第 4 部分 P73-P78

专项冲刺 2　整式与分式

400

Day 10 刷题

学习 第 4 部分 P79-P90

专项冲刺 3　函数、方程、不等式

400

Day 11 刷题

学习 第 4 部分 P91-P99

专项冲刺 4　数列

400

Day 12 刷题

学习 第 4 部分 P100-P116

专项冲刺 5　几何

400

Day 13 刷题

学习 第 4 部分 P117-P128

专项冲刺 6　数据分析

Day 14 刷题

学习 第 4 部分 P129-P140

专项冲刺 7　应用题

Day 15 复盘日

错题整理 整理回顾专项 1-7 中的错题，如果某一专项出错较多，可以回归《母题 800 练》，重新学一遍对应的母题模型

Day 16 刷题

学习 第 5 部分 P142-P153

条充真题：2021 年、2022 年

Day 17 刷题

学习 第 5 部分 P154-P163

条充真题：2023 年、2024 年

Day 18 刷题

学习 第 5 部分 P164-P169

条充真题：2025 年

Day 19 复盘日

- 条充题破题技巧复盘 回顾条充破题思路，判断第 5 部分中每道真题是从条件出发还是从结论出发
- 错题整理 整理并二刷第 5 部分的错题，吃透每道真题

Day 20 刷题

学习 第 6 部分 P172-P185

满分必刷卷 1-3

Day 21 刷题

学习 第 6 部分 P186-P199

满分必刷卷 4-6

Day 22 刷题

学习 第 6 部分 P200-P209

满分必刷卷 7-8

Day 23 复盘日

错题整理 整理并二刷第 6 部分卷 1- 卷 8 的错题，巩固对应考点

Day 24 刷题

学习 第 6 部分 P210-P220

满分必刷卷 9-10

Day 25 刷题

学习 第 6 部分 P221-P230

满分必刷卷 11-12

Day 26 刷题

学习 第 6 部分 P231-P241

满分必刷卷 13-14

Day 27 刷题

学习 第 6 部分 P242-P246

满分必刷卷 15

Day 28 复盘日

错题整理 整理并二刷第 6 部分卷 9- 卷 15 的错题，巩固对应考点